JN056976

双書㉔・大数学者の数学

クロネッカー①
青春の夢と楕円関数
楕円関数論2

高瀬正仁

現代数学社

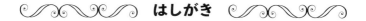

デデキントへの手紙より

　楕円関数論に寄せるクロネッカーの関心は早くから示されていました．全集の第 4 巻を参照すると，

「虚数乗法が生起する楕円関数について」(1857 年)

「楕円関数の虚数乗法について」(1862 年)

「楕円関数によるペルの方程式の解法について」(1863 年)

「楕円関数の等分が依拠する代数方程式について」(1875/76 年)

という 4 篇の論文が目に留まりますが，これらを踏まえてさらに「楕円関数の理論に寄せる」という統一表題のもとで 22 篇もの論文を書き続けるという状況が現れたのは真に瞠目に価する出来事でした．1883 年から 1890 年にかけてのことで，最初の 3 篇がプロイセンの科学アカデミーで報告されたのは 1883 年 4 月 19 日と記録されています．1823 年 12 月 7 日の生れのクロネッカーはこの時点ですでに 59 歳．最後の第 22 論文が 1890 年 7 月 31 日に報告されたときは 66 歳．しかも翌年末 12 月 29 日に亡くなりましたので，この長大な連作は未完結のまま後世にゆだねられるという成り行きになりました．何かしら強固な数学的意志に支えられて遂行されたことと推測されますが，この点を考えていくうえで，連作の公表が開始される 3 年前の 1880 年 3 月 15 日付でクロネッカーがデデキントに送った手紙には有力なヒントが書き留められています．ク

ロネッカーはこの手紙で「最愛の青春の夢」に言及し，行く手に立ちはだかっていた困難の数々を克服したという確信を伝えました．若い日に心情のカンバスに描写した数学の夢を生涯にわたって追い続け，ようやく解決の目途が立ったという主旨のいかにもうれしそうな報告です．それからまた3年の歳月が流れ，満を持していよいよ解決への道を開こうとして試みられたのが晩年の連作です．

　デデキントへの手紙に見られる「青春の夢」は，「整係数アーベル方程式が円周等分方程式で汲み尽くされるのと同様に，有理数の平方根を伴うアーベル方程式は特異モジュールをもつ楕円関数の変換方程式で汲み尽くされる」という言葉で言い表されました．前半の「整係数アーベル方程式が円周等分方程式で汲み尽くされる」という部分はハインリッヒ・ウェーバーにより証明されました[1]ので，今日の語法では「クロネッカー＝ウェーバーの定理」と呼ばれています．この事実の延長線上で語られたのが，「有理数の平方根を伴うアーベル方程式は特異モジュールをもつ楕円関数の変換方程式で汲み尽くされる」という命題です．証明を手にしていたわけではありませんからこのような現象が本当に現れるのか否か定かではなく，厳密にはまだ命題と呼ぶのは適切とは言えませんが，クロネッカーはこれを確信して証明する努力を重ねていた模様です．この状況を指して，クロネッカーは「青春の夢」と呼んだのでした．

アーベル方程式の真の性質とは

　「アーベル方程式」はアーベルが提案したある特定のタイプの

---

[1]　ウェーバーの証明の瑕疵をのちにヒルベルトが補いました．

代数方程式で，代数的に可解であることは当の本人のアーベル自身が確認したとおりです．そのアーベル方程式が「有理数の平方根を伴っている」というのは係数域に課された限定条件に関する文言で，クロネッカーの言葉のとおりに再現すれば，m は有理数として，$\sqrt{m}$ という形の数により生成される数域が考えられているように思います．クロネッカー＝ウェーバーの定理で係数域として有理整数域が指定されていたことに対応します．係数域を限定するとアーベル方程式の姿形が特定され，しかもクロネッカー＝ウェーバーの定理の場合の円周等分方程式，言い換えると円関数の周期等分方程式や「青春の夢」の場合の「特異モジュールをもつ楕円関数の変換方程式」のように，ある特定の解析関数に随伴する代数方程式が想定されています．

　アーベルの「不可能の証明」[※2] とガウスの円周等分方程式論によく象徴されているように，代数方程式には代数的に解けるものと解けないものがあります．この事実を踏まえ，若い日のクロネッカーは代数的可解方程式の真実の姿は何かという問いを立てました．茫漠としてさながら白昼夢のような問いですが，不思議な魅力が備わっていてなぜかしら強くこころをひかれます．クロネッカー＝ウェーバーの定理や「青春の夢」の真意はこの問いに秘められています．なぜなら，代数的可解方程式としてアーベル方程式を指定し，そのうえで係数域を限定す

[※2] 次数が4をこえる一般代数方程式は代数的に可解ではないことの証明．アーベルの論文「4次をこえる一般方程式を代数的に解くのは不可能であることの証明」において公表されました．この論文の表題に見られる「不可能であることの証明」という文言により，この命題は「不可能の証明」と呼び慣わされるようになりました．

れば，それだけのことでアーベル方程式の出所がすっかり明る
みに出されてしまうからです.

この間の消息について，クロネッカー自身の言葉に耳を傾け
てみたいと思います．クロネッカーは 1853 年の論文

　　　「代数的に解ける方程式について」

においてこんなふうに語っています.

　実際のところ，（アーベルが『クレルレの数学誌』第 4 巻で取
　り扱ったもの[3]と，2 項方程式に関するもの[4]とを除いて）
　与えられた可解条件を満たす方程式というのははたして存
　在するのかどうかということは，まったく知ることができ
　なかったのである．そのうえ，そのような方程式を**作る**こ
　ともほとんどできなかったし，他の数学上の研究を通じて
　も，いかなる場所でもそのような方程式に導かれたことは
　なかった．これに加うるに，アーベルとガロアによって与
　えられた，上述の非常に一般的に知られている可解方程式
　の二つの性質，特に 2 通りの判定基準のうちの一方につい
　て私が後ほど示すように，可解方程式の真の性質を明るみ
　に出すというよりも，むしろ覆い隠す役割を果たすといっ
　てもよいようなものであった．そうして**可解方程式それ自
　体**（**die auflösbaren Gleichungen selbst**）は，ある種の暗闇
　の中にとどまっていた．この闇は，整係数 5 次方程式の根
　に関する，ほとんど注意を払われることのなかったように
　思われる非常に特殊なアーベルの覚書により，ごくわずか

---

[3]　アーベルの論文「ある種の代数的可解方程式の族について」.

[4]　クロネッカーの念頭にあるのは円周等分方程式です.

な部分が明らかにされたにすぎない．そうして，**すべての可解方程式を見つけること**（**alle auflösbaren Gleichungen zu finden**）という問題の解決を通じてはじめて，完全に吹き払うことができたのである．

代数方程式の代数的可解条件はアーベルとガロアによりみいだされましたが，クロネッカーにはなお不満がありました．代数的可解条件は代数的可解方程式の真の性質に根ざしているわけではなく，真の性質はかえって可解条件により覆い隠されてしまうと思われたからです．クロネッカーが知りたかったのは可解方程式それ自体の属性で，そのための唯一の手立てはすべての可解方程式を見つけることであるというのがクロネッカーの所見です．クロネッカーの言葉が続きます．

可解方程式それ自体は，「すべての可解方程式を見つけること」という問題の解決を通じてのみ，完全に解明することができる．実際，そのとき，無限に多くの新たな可解方程式が手に入るばかりでなく，存在する可能性のあるあらゆる可解方程式がいわば**眼前に**（**vor Augen**）得られることになる．そうして具体的に書き表された根の形状のおかげで，可解方程式のすべての性質を発見して提示することができるようになるのである．

若い日のクロネッカーの夢はクロネッカー＝ウェーバーの定理とデデキント宛書簡で語られた「青春の夢」に限定されていたのではなく，はるかに広々と広がっていたことがはっきりと諒解されます．本当はこの広大な夢の全体を指して「青春の夢」と呼ぶのが相応しいと思いますが，クロネッカー自身はデ

デキントへの手紙では現に今直面している課題に限定して，「有理数の平方根を伴うアーベル方程式」と「特異モジュールをもつ楕円関数の変換方程式」との関係を「青春の夢」と呼びました．

クロネッカーの連作を読む

　楕円関数論の形成に寄与した数学者たちのすべての作品に丹念に目を通さなければなりませんが，クロネッカーの諸論文に遍在する神秘感の魅力は格別で，強くこころを惹かれます．クロネッカーの 22 篇の連作の解明を志して，現代数学社の数学誌『現代数学』に「クロネッカーの楕円関数論」という表題で 2021 年 10 月号から 2022 年 10 月号まで 13 回にわたって連載を続けたところ，おおむね第 X 論文まで進んで一段落という恰好になりました．この連載が本書の土台です．クロネッカーは第 I 論文で

$$(\mathfrak{A}) \quad \log \varLambda(\sigma, \tau, w_1, w_2) = -\frac{1}{2\pi} \lim_{h=\infty} \lim_{k=\infty} \sum_{m, n} \frac{e^{2(m\sigma+n\tau)\pi i}}{a_0 m^2 + b_0 mn + c_0 n^2}$$

という方程式を書き下し，これを主方程式（Hauptgleichung）と呼びました．左辺はテータ関数を用いて組立てられる表示式，右辺は 2 次形式に関連する量で，楕円関数と 2 次形式の間に橋が架けられたような思いがします．ここから先は主方程式を主題とする変奏曲の演奏が続いて第 X 論文に達します．精密な計算の重なりそのものが，長い歳月にわたるクロネッカーの苦心を物語っています．

　「クロネッカーの楕円関数論」の連載終了後，同じ『現代数学』の 2022 年 11 月号から 2023 年 3 月号まで「オイラーの楕円関数論―加法定理への道を開く」という表題で連載し，5 回

まで進んで完結しました．この連載を基礎にして付録が成立しました．目標は次に挙げるオイラーの2論文を紹介することでした．

(E251)「微分方程式 $\dfrac{mdx}{\sqrt{1-x^4}} = \dfrac{ndy}{\sqrt{1-y^4}}$ の積分について」

(E252)「求長不能曲線の弧の比較に関するさまざまな観察」

　オイラーが腐心していたのは楕円関数論というよりも微分方程式論で，1751年ころ，

$$\frac{dx}{\sqrt{1-x^4}} = \frac{dy}{\sqrt{1-y^4}}$$

という形の変数分離型の常微分方程式の代数的積分の探索に成功したのですが，その積分にいわば埋め込まれているひとつの事実に気づきました．それはレムにスケート積分，すなわちレムにスケート曲線の弧長積分

$$\int \frac{dx}{\sqrt{1-x^4}}$$

に対する加法定理でした．この発見により今日の楕円関数論の端緒が開かれました．

　クロネッカーの連作は第XI論文に移ると調子が一転し，今度は楕円関数を主題とする計算が続きます．その様子を観察するのは今後に課せられた大きな課題です．

目　次

はしがき ……………………………………………………………………………… i

第 1 章　青春の夢（Jugendtraum）」をめざして ………… 1

レオポルト・クロネッカー　*1*

連作「楕円関数の理論に寄せる」　*4*

不変量 $\Lambda(\sigma, \tau, w_1, w_2)$　*6*

$\Lambda(\sigma, \tau, w_1, w_2)$ の無限積表示　*9*

対数への移行　*11*

フーリエ級数　*13*

第 2 章　不変量 $\Lambda(\sigma, \tau, w_1, w_2)$ の主方程式 …………… 15

$\log \Lambda(\sigma, \tau, w_1, w_2)$ 再掲　*15*

ひとつの公式．フーリエ級数の観察より　*19*

主方程式　*21*

不変量 $\Lambda(\sigma, \tau. w_1, w_2)$ の変換公式　*24*

第 3 章　数論的同値性と解析的不変量 …………………… 27

不変量 $\Lambda(\sigma, \tau. w_1, w_2)$ の第 2 の変換公式　*27*

不変量 $\Lambda(\sigma, \tau. w_1, w_2)$ の第 3 の変換公式　*28*

数論的同値性と解析的不変量　*30*

w_1' と $-w_2'$ のみたす 2 次方程式　*32*

2 次形式の視点より　*33*

テータ関数の変換公式より　*35*

関数 Λ の新たな表示式をめざす　*38*

第 4 章　$\Lambda(\sigma, \tau, w_1, w_2)$ の主方程式の最終形 ············ *41*

$\Lambda(\sigma, \tau. w_1, w_2)$ の表示式の変形の続き　*41*

式変形の続き　*43*

アーベルの級数変形法より　*45*

もうひとつのパラメータ　*49*

極限等式への移行　*49*

主方程式の最終形に向う　*52*

第 5 章　関数 $L(a_0, c_0)$ の構成 ································ *55*

主方程式と $\log \Lambda$ の不変性　*55*

ディリクレの方法より　*57*

奇妙な等式　*58*

変換公式　*60*

関数 $L(a_0, c_0)$ に向う　*62*

関数 $L(a_0, c_0)$　*66*

第 6 章　関数 Λ の変換公式から「注目すべき関係式」へ ··· *67*

関数 $\log \Gamma$ を $2c$ 個の無限級数に区分けする　*67*

関数 Λ の変換公式　*70*

関数 Λ の変換公式の直接的な確認　*71*

第 III 論文にもどって　*74*

「注目すべき関係式」へ　*77*

「注目すべき関係式」　*79*

第7章　2次形式のアリトメチカ的（数論的）理論 ·· 81

「注目すべき関係式」を変形する　　*81*

2次形式の数論的理論に向う　　*83*

基本判別式の三つの類型　　*85*

ディリクレの『数論講義』より　　*88*

2次形式による数の表現　　*89*

合同式 $n^2 \equiv D \pmod{m}$　　*92*

ペルの方程式　　*93*

ペルの方程式 $t^2 - Du^2 = \sigma^2$ の解の個数を数える．$D < 0$ の場合　　*98*

判別式 D が正の場合　　*101*

隣接形式　　*103*

被約形式　　*105*

第8章　2次形式のアリトメチカ的（数論的）理論（続）

·· *109*

2次形式の類数　　*109*

2次合同式 $x^2 \equiv D \pmod{p^\pi}$ の根の個数を数える　　*111*

連立合同式の解の個数　　*114*

2次合同式 $x^2 \equiv D \pmod{k}$ の場合には　　*116*

合同式 $z^2 \equiv D \pmod{\sigma m}$ の根の個数　　*116*

$D > 0$ の場合　　*119*

第9章　ディリクレにならう ···································· *125*

クロネッカーに返る　　*125*

再びディリクレにならう　　*129*

式変形の続き　　*131*

さらに式変形を続ける　　*134*

再びクロネッカーに返る　　*136*

第 10 章　2 次形式の類数公式 ┈┈┈┈┈┈┈┈┈┈┈┈┈ *139*

類数公式の探索　*139*

出発点　*141*

x, y に課された条件を変更する　*142*

$D < 0$ の場合　*144*

補助的命題　*147*

$D > 0$ の場合　*148*

類数公式　*151*

クロネッカーの論文IXに移る　*152*

第 11 章　関数 $L(a_0, c_0)$ と不変量 $M(\Delta_0)$ ┈┈┈┈┈┈ *155*

不変量 $M(\Delta_0)$ の導入の準備　*155*

$M(\Delta_0)$ の数値決定をめざす　*157*

等式 ($\mathfrak{M}^\circ$) から等式 (☺) へ　*158*

等式 (☺) の左辺の式変形の続き　*161*

等式 (☺) の右辺の式変形　*164*

第 X 論文へ　*165*

第 12 章　ガウス級数とその一般化をめぐって ┈┈┈ *169*

振り返って　*169*

等式 (𝔲) の変形の続き　*170*

極限 $\rho = 0$ への移行　*174*

円関数と楕円関数　*174*

ヤコビにならって　*180*

これからの展望　*182*

■付　録

オイラーの楕円関数論 ——加法定理への道を開く ····· *183*

曲線の弧長測定から微分方程式へ　　*183*

レムニスケートの等分方程式　　*196*

レムニスケート積分の倍角の公式　　*211*

完全代数的積分の探究　　*224*

レムニスケート積分の加法定理にはじまる　　*239*

索　引 ·· *257*

第 1 章

「*青春の夢 (Jugendtraum)*」をめざして

レオポルト・クロネッカー

　1880 年，レオポルト・クロネッカーは 3 月 15 日付でデデキントに手紙を書き，「クロネッカーの青春の夢」を語りました．該当する箇所を引くと次のとおりです．

> この数箇月間，私はある研究に立ち返って鋭意心を傾けてきました．この研究が終結にいたるまでには多くの困難が行く手に立ちはだかっていたのですが，今では最後の困難を克服したと信じます．そのことをあなたにお知らせするよい機会と思います．それは私の**最愛の青春の夢**（Es handelt sich um **meinen liebsten Jugendtraum**）のことです．詳しく申し上げますと，整係数アーベル方程式が円周等分方程式で汲み尽くされるのと同様に，**有理数の平方根を伴うアーベル方程式は特異モジュールをもつ楕円関数の変換方程式で汲み尽くされる**という事実の証明のことなのです．（『プロイセン議事報告』，1895 年，115 頁）

　クロネッカーは 1823 年 12 月 7 日，プロイセンのリグニツという町に生れた人ですから，1880 年 3 月 15 日の時点で満 56 歳

になっています．若い日に数学研究の場において 1 個の問題を
造形して長い歳月にわたって思索を継続し，ようやく解決の見通
しがついたという確信をデデキントに伝えたのでした．クロネッ
カー自身はこの問題を「最愛の青春の夢」と呼びました．これが
「クロネッカーの青春の夢」という呼び名の典拠です．

　クロネッカーが心に描いた青春の夢の世界は代数方程式論と数
論と楕円関数論でつくられています．クロネッカーは郷里のリグ
ニツのギムナジウムに入学してクンマーと出会い，それからベル
リン大学に進んでディリクレと出会いました．ベルリン大学に在
学中にクンマーがブレスラウ大学の正教授に就任するという出来
事があり，これを受けてクロネッカーは一時期ブレスラウ大学に
移り，ギムナジウム時代に続いてまたクンマーに学びました．ブ
レスラウ大学で 1 年ほどすごしたのち，ベルリン大学にもどった
クロネッカーはディリクレの指導のもとで学位取得論文「複素単
数について」を書きました．後年の代数的整数論の黎明がここに
告げられています．この論文を提出したのは 1845 年 7 月 30 日．
8 月 14 日の口頭試問を経て，同年 9 月 10 日付で学位を授与さ
れました．クンマーに捧げられたことが明記されていることも真
にめざましい印象を誘います．13 歳の年長のクンマーは当初は
クロネッカーの数学の師匠でしたが，いつしか数学を語り合う親
しい友になりました．

　大学に所属する数学者の道を歩むのであれば，学位取得に続
いて大学教授資格の取得 (ハビリタツィオン，Habilitation) をめ
ざさなければなりませんが，クロネッカーはなぜかこの道を歩ま
ず，大学を離れて帰郷しました．母方の伯父の銀行業や農業の
支援に従事したのですが，この時期にもクンマーとの文通は継続
されました．1853 年 5 月，クロネッカーはパリに向う途次ベル

リンで旧師のディリクレに会い，1篇の論文を託しました．それは

「代数的に解ける方程式について」

という論文で，「青春の夢」の原型があざやかに芽生えています．1845年にベルリン大学を離れてから，この間に8年という歳月が流れる中で，クロネッカーはクンマーとの文通を数学の糧（かて）にしつつ，しかもまったく独自に代数方程式論に心を寄せ続けていたのでした．1853年6月20日，ディリクレはプロイセンの科学アカデミーでクロネッカーの論文を報告し，論文そのものもこの月の科学アカデミーの月報に掲載されました．クロネッカーはこうして数学者たちの世界に立ち返りました．

　「青春の夢」は代数的整数論と代数方程式論に加えてもうひとつの理論の出会いと融合の場において描かれます．デデキント宛の手紙に見られるように，それは楕円関数の理論です．クロネッカーはすでに早い時期に楕円関数論を取り上げていて，

　　「虚数乗法が生起する楕円関数について」（『プロイセン月報』1857年，455 - 460頁）

　　「楕円関数の虚数乗法について」（『プロイセン議事報告』1862年，363 - 372頁）

という2篇の論文があります．「虚 数 乗 法（complexe Multiplikation）」という謎めいた印象の伴う言葉がここで語られました．デデキント宛の手紙に見られる「特異モジュール（singulären Moduln）」の一語とともに，「青春の夢」が紡ぎ出すクロネッカーの世界の神秘的な彩りをもっともよく象徴しています．かつて無限解析の扉を開いたライプニッツの2論文をスイスのバーゼルで目にしたベルヌーイ兄弟（兄のヤコブと弟のヨハン）

は，理解はできないけれどもすっかり魅了され，まるでエニグマのようだと語り合ったということです．弟のヨハンがそんな消息を伝えています．エニグマというのは「深い神秘感を秘めた謎」というほどの意味合いの言葉で，古いギリシア語に由来すると言われています．知的もしくは論理的には理解し難いが，それにもかかわらず深遠な魅力が感知されて心を奪われてしまうということを，ヨハンは言いたかったのであろうと思います．そのようなヨハンの感慨はクロネッカーの諸論文を見る者にとってもそのままあてはまります．

連作「楕円関数の理論に寄せる」

クロネッカーは 1883 年から 1890 年にかけて，「楕円関数の理論に寄せる」という通し表題のもとで 22 編の論文を書き継ぎました．まず科学アカデミーで報告し，次いで科学アカデミーの議事報告に掲載するという形で推移しています．各々の論文の報告日と掲載誌は次のとおりです．

1883 年 4 月 19 日, I, II, III.『プロイセン議事報告』, 1883 年, 497 - 506 頁.

1883 年 4 月 26 日, IV, V.『プロイセン議事報告』, 1883 年, 525 - 530 頁.

1885 年 6 月 30 日, VI-X.『プロイセン議事報告』, 1885 年, 761 - 784 頁.

1886 年 6 月 29 日, XI-XIII.『プロイセン議事報告』, 1886 年, 701 - 752 頁.

1889 年 3 月 14 日, XIV-XVII.『プロイセン議事報告』,

1889 年，199 - 220 頁．

1889 年 3 月 28 日，XVIII.『プロイセン議事報告』，1889 年，
255 - 275 頁．

1889 年 4 月 4 日，XIX.『プロイセン議事報告』，1889 年，
309 - 317 頁．

1890 年，XX-XXI.『プロイセン議事報告』．1890 年 1 月
30 日，99 - 120 頁．2 月 6 日，123 - 130 頁．3 月 13 日，
219 - 241 頁．3 月 20 日，307 - 318 頁．

3 月 13 日の途中の 230 頁の前半までが XX．230 頁の後半
から 241 頁まで，および 307 頁から 318 頁まで，XXI．

1890 年 7 月 31 日，XXII.『プロイセン議事報告』，1890 年，
1025 - 1029 頁．

連作の冒頭で，クロネッカーは二つの研究を挙げて，この連作
全体のねらいを簡潔に語っています．二つの研究というのは，ひ
とつは一般不変量に関する研究，もうひとつは特異モジュール
をもつ楕円関数に関する研究で，これらの研究において到達した
いろいろな結果の報告を念頭に置いて，そのための準備を整えよ
うとする意図がありました．土台を築き，その上に諸結果を構築
するという大掛かりな構想がうかがわれますが，これを果せない
まま 1891 年 12 月 29 日に世を去りました．晩年のクロネッカー
は「青春の夢」の実現をめざし，たいへんな苦心を重ねて苦闘を
続けていたのでした．

第 1 論文の冒頭で，楕円関数論についてこれまでに書き継い
できた諸論文で用いた記号をそのまま使うことが宣言されまし
た．具体的に挙げられた論文は次の 3 篇です．

「楕円関数を用いるペルの方程式の解法について」（1863 年 1

月 22 日報告，『プロイセン月報』，44 - 50 頁）

「平方剰余相互法則のガウスの第 4 証明について」（1880 年 7 月
29 日と 10 月 28 日に 2 回に分けて報告．『プロイセン月報』，
686 - 698 頁，854 - 860 頁）

「楕円関数の理論に寄せる」（1881 年 12 月 22 日報告，『プロイセ
ン月報』，1165 - 1172 頁）

このように述べたうえで，クロネッカーは関数

$$\vartheta(\zeta, w) = \sum_{\nu} e^{\frac{1}{4}(\nu^2 w + 4\nu\zeta - 2\nu)\pi i} \quad (\nu = \pm 1, \pm 3, \pm 5, \cdots)$$

を書きました．これをテータ関数と呼ぶことにします．ここまで
のところを前置きとして，ここから先はクロネッカーが試みてい
る精緻な計算に丹念に追随していきたいと思います．クロネッ
カーの名を冠する「極限公式」との遭遇が，この解読の歩みの一
里塚の役割を果すよう，期待しています．

不変量 $\Lambda(\sigma, \tau, w_1, w_2)$

クロネッカーのテータ関数は無限級数により表されています
が，クロネッカーはこれを次に挙げるような無限積の形に表示し
ました．

$$\vartheta(\zeta, w) = 2e^{\frac{1}{4}w\pi i} \sin \zeta\pi \prod_n (1 - e^{2nw\pi i}) \prod_{n, \varepsilon} (1 - e^{2(nw + \varepsilon\zeta)\pi i})$$

$$(\varepsilon = +1, -1; n = 1, 2, 3, \cdots)$$

テータ関数の無限積表示は 1880 年の論文「平方剰余相互法則
のガウスの第 4 証明について」に記されています（同誌，857 頁
参照）．これらの 2 通りの表示を基礎にして，テータ関数にまつ
わる多種多様な計算が繰り広げられていきます．

テータ関数 $\vartheta(\zeta, w)$ は 2 個の変数 ζ, w の関数ですが，これを ζ

に関して 1 回微分して得られる導関数を $\vartheta'(\zeta,w)$ と表記すると,

$$\vartheta'(\zeta,w)=\sum_\nu \nu\pi i e^{\frac{1}{4}(\nu^2 w+4\nu\zeta-2\nu)\pi i}$$

となります. ここで, $\zeta=0$ と置くと,

$$\vartheta'(0,w)=\sum_\nu \nu\pi i e^{\frac{1}{4}(\nu^2 w-2\nu)\pi i}$$

$$=\pi i \sum_\nu \nu e^{-\frac{\nu\pi i}{2}}\cdot e^{\frac{1}{4}\nu^2 w\pi i}$$

$$=\pi\sum_\nu i(-i)^\nu \nu e^{\frac{1}{4}\nu^2 w\pi i}$$

と計算が進みます. ここで, $e^{-\frac{\nu\pi i}{2}}=(-i)^\nu$ を用いました. また, ν は奇数であることに留意すると, $i(-i)^\nu=(-1)^\nu i^{\nu+1}=-(-1)^{\frac{\nu+1}{2}}=(-1)^{\frac{\nu-1}{2}}$ と変形されます. これで, 等式

$$\vartheta'(0,w)=\pi\sum_\nu (-1)^{\frac{\nu-1}{2}}\nu e^{\frac{1}{4}\nu^2 w\pi i}\quad(\nu=\pm1,\pm3,\pm5,\cdots)$$

が得られました.

　今度はテータ関数の無限積表示から出発して導関数 $\vartheta'(\zeta,w)$ を計算すると,

$$\vartheta'(\zeta,w)=2e^{\frac{1}{4}w\pi i}\cdot\pi\cos\zeta\pi\cdot\prod_n(1-e^{2nw\pi i})$$

$$\times\prod_{n,\varepsilon}(1-e^{2(nw+\varepsilon\zeta)\pi i})+2e^{\frac{1}{4}w\pi i}\sin\zeta\pi(\cdots\cdots)$$

という形になります. 右辺に見られる無限積 $\prod\limits_{n,\varepsilon}(1-e^{2(nw+\varepsilon\zeta)\pi i})$ において, ε は二つの値 $+1,-1$ をとりますから, この積は

$$\prod_n(1-e^{2(nw+\zeta)\pi i})\prod_n(1-e^{2(nw-\zeta)\pi i})$$

と同じです. このことに留意して, 上記の $\vartheta'(\zeta,w)$ の表示式において $\zeta=0$ と置くと,

$$\vartheta'(0,w)=2\pi e^{\frac{1}{4}w\pi i}\prod(1-e^{2nw\pi i})^3$$

$$(\nu=\pm1,\pm3,\pm5,\cdots;n=1,2,3,\cdots)$$

という等式が現れます．それゆえ，

$$\left(\frac{2\pi}{\vartheta'(0,w)}\right)^{\frac{1}{3}}\vartheta(\zeta,w) = \left(\frac{2\pi}{2\pi e^{\frac{1}{4}w\pi i}\prod(1-e^{2nw\pi i})^3}\right)^{\frac{1}{3}}$$

$$\times 2e^{\frac{1}{4}w\pi i}\sin\zeta\pi\prod_{n}(1-e^{2nw\pi i})\prod_{n,\varepsilon}(1-e^{2(nw+\varepsilon\zeta)\pi i})$$

$$= 2(e^{\frac{1}{4}w\pi i})^{\frac{2}{3}}\sin\zeta\pi\prod(1-e^{2(nw+\varepsilon\zeta)\pi i})$$

$$= 2e^{\frac{1}{6}w\pi i}\sin\zeta\pi\prod_{n,\varepsilon}(1-e^{2(nw+\varepsilon\zeta)\pi i})$$

$$(\varepsilon = +1, -1; n = 1,2,3,\cdots)$$

となります．

　ここで，ζ にはいかなる限定も課されることがなく完全に任意ですが，w についてはそうではなく，クロネッカーは「wi の実部が負」という限定を課しました．これは $\vartheta(\zeta,w)$ や $\vartheta'(0,w)$ を規定する無限積 $\prod_{n}(1-e^{2nw\pi i})$, $\prod_{\varepsilon,n}(1-e^{2(nw+\varepsilon\zeta)\pi i})$ の収束を保証する条件です．実際，wi の実部を a とすると，$|e^{2nw\pi i}| = e^{2n\pi a}$, $|e^{2(nw+\varepsilon\zeta)\pi i}| = |e^{2\varepsilon\zeta\pi i}|e^{2n\pi a}$ となりますから，$a < 0$ であれば無限級数 $\sum|e^{2nw\pi i}| = \sum e^{2n\pi a}$, $\sum|e^{2(nw+\varepsilon\zeta)\pi i}| = |e^{2\varepsilon\zeta\pi i}|\sum e^{2n\pi a}$ はいずれも収束します．これらの収束が上記の無限積の収束を支えています．

　ここまでの計算を踏まえて，あらためて σ, τ は任意の複素数とし，w_1, w_2 には「$w_1 i$ と $w_2 i$ の実部が負」という限定を課して，クロネッカーは

$$(4\pi^2)^{\frac{1}{3}}e^{\tau^2(w_1+w_2)\pi i}\frac{\vartheta(\sigma+\tau w_1, w_1)\vartheta(\sigma-\tau w_2, w_2)}{(\vartheta'(0,w_1)\vartheta'(0,w_2))^{\frac{1}{3}}}$$

という表示式をつくり，これを

$$\Lambda(\sigma, \tau, w_1, w_2)$$

という記号で表しました．クロネッカーの楕円関数論の主役のひとつがこうして登場しました．

$\Lambda(\sigma, \tau, w_1, w_2)$ の無限積表示

クロネッカーは 量 $\Lambda(\sigma, \tau, w_1, w_2)$ の探究に向い, まず簡明な無限積表示

$$\Lambda(\sigma, \tau, w_1, w_2) = e^{(\tau^2 - \tau + \frac{1}{6})(w_1 + w_2)\pi i} \prod_{\alpha, \varepsilon, n} \left(1 - e^{2(nw_\alpha + \varepsilon \tau w_\alpha \pm \varepsilon \sigma)\pi i}\right)$$

を書きました. 積の記号のもとに3個の添え字 α, ε, n が記されています. それぞれのとりうる値は, α については $\alpha = 1, 2$. ε については $\varepsilon = +1, -1$. n は ε と連繋し, $\varepsilon = +1$ に対しては $n = 0, 1, 2, 3, \cdots$, $\varepsilon = -1$ に対しては $n = 1, 2, 3, \cdots$ という値をとります. また, $\pm \varepsilon \sigma$ には正負の符号が附されていますが, $\alpha = 1$ に対応して上側の正符号を採用し, $\alpha = 2$ には下側の負符号を採用します.

式変形を重ねてこの等式を確認してみます. ここまでのところで得られた等式をそのまま代入すると,

$$\Lambda(\sigma, \tau, w_1, w_2)$$
$$= e^{\tau^2(w_1 + w_2)\pi i} \left(\frac{2\pi}{\vartheta'(0, w_1)}\right)^{\frac{1}{3}} \vartheta(\sigma + \tau w_1, w_1)$$
$$\times \left(\frac{2\pi}{\vartheta'(0, w_2)}\right)^{\frac{1}{3}} \vartheta(\sigma - \tau w_2, w_2)$$
$$= e^{\tau^2(w_1 + w_2)\pi i} \times 2e^{\frac{1}{6}w_1 \pi i} \sin(\sigma + \tau w_1)\pi$$
$$\times \prod_{n, \varepsilon} \left(1 - e^{2(nw_1 + \varepsilon(\sigma + \tau w_1))\pi i}\right)$$
$$\times 2e^{\frac{1}{6}w_2 \pi i} \sin(\sigma - \tau w_2)\pi \prod_{n, \varepsilon} \left(1 - e^{2(nw_2 + \varepsilon(\sigma - \tau w_2))\pi i}\right)$$
$$= 4e^{(\tau^2 + \frac{1}{6})(w_1 + w_2)\pi i} \cdot \sin(\sigma + \tau w_1)\pi \cdot \sin(\sigma - \tau w_2)\pi$$
$$\times \prod_{n, \varepsilon} \left(1 - e^{2(nw_1 + \varepsilon(\sigma + \tau w_1))\pi i}\right) \cdot \prod_{n, \varepsilon} \left(1 - e^{2(nw_2 + \varepsilon(\sigma - \tau w_2))\pi i}\right)$$

という形になります. ここに現れる二つの無限積のうち, 後者の積 $\prod_{n, \varepsilon} \left(1 - e^{2(nw_2 + \varepsilon(\sigma - \tau w_2))\pi i}\right)$ において ε の符号を $-\varepsilon$ に

取り替えても積の値は変らないことに留意して, この積を $\prod_{n,\varepsilon}(1-e^{2(nw_2-\varepsilon(\sigma-\tau w_2))\pi i})$ と表記すると,

$$\Lambda(\sigma,\tau,w_1,w_2)=4e^{(\tau^2+\frac{1}{6})(w_1+w_2)\pi i}\cdot\sin(\sigma+\tau w_1)\pi\cdot\sin(\sigma-\tau w_2)\pi$$
$$\times\prod_{\alpha,\varepsilon,n}(1-e^{2(nw_\alpha+\varepsilon\tau w_\alpha\pm\varepsilon\sigma)\pi i})$$

というきれいな形に表されます. $\pm\varepsilon\alpha$ に附されている正負の符号は, $\alpha=1$ と $\alpha=2$ の場合に対応して上側の正符号と下側の負符号をそれぞれ採用します.

式変形の継続をめざして

$$A=\sin(\sigma+\tau w_1)\pi\cdot\sin(\sigma-\tau w_2)\pi$$

と置いてみます. A は二つの正弦関数の積ですが, 一般に正弦関数を複素指数関数を用いて

$$\sin x=\frac{e^{ix}-e^{-ix}}{2i},\ \sin y=\frac{e^{iy}-e^{-iy}}{2i}$$

と表示すると, これらの積は

$$\sin x\sin y=\frac{e^{ix}-e^{-ix}}{2i}\cdot\frac{e^{iy}-e^{-iy}}{2i}$$
$$=\frac{1}{4}(-e^{(x+y)i}+e^{(x-y)i}+e^{-(x-y)i}-e^{-(x+y)i})$$

と表されます. そこで $x=(\sigma+\tau w_1)\pi,\ y=(\sigma-\tau w_2)\pi$ と置くと, $x+y=(2\sigma+\tau w_1-\tau w_2)\pi,\ x-y=\tau(w_1+w_2)\pi$ により,

$$A=\frac{1}{4}(-e^{(2\sigma+\tau w_1-\tau w_2)\pi i}+e^{\tau(w_1+w_2)\pi i}$$
$$+e^{-\tau(\omega_1+w_2)\pi i}-e^{-(2\sigma+\tau w_1-\tau w_2)\pi i})$$
$$=\frac{1}{4}e^{-\tau(w_1+w_2)\pi i}(-e^{2(\sigma+\tau w_1)\pi i}$$
$$+e^{2\tau(w_1+w_2)\pi i}+1-e^{-2(\sigma-\tau w_2)\pi i})$$

となります. 他方, 証明するべき等式の無限積において, $n=0,\ \varepsilon=+1,\ \alpha=1,2$ に対応する因子は二つありますが, それ

らの積を B と表記すると,

$$B = (1 - e^{2(\tau w_1 + \sigma)\pi i})(1 - e^{2(\tau w_2 - \sigma)\pi i})$$
$$= 1 - e^{2(\tau w_1 + \sigma)\pi i} - e^{2(\tau w_2 - \sigma)\pi i} + e^{2\tau(w_1 + w_2)\pi i}$$

となります. これで A と B は

$$A = \frac{1}{4} e^{-\tau(w_1 + w_2)\pi i} B$$

という関係で結ばれていることがわかりました. それゆえ,

$$\Lambda(\sigma, \tau, w_1, w_2)$$
$$= 4e^{(\tau^2 + \frac{1}{6})(w_1 + w_2)\pi i} \cdot A \cdot \prod_{\alpha=1,2,;\varepsilon=+1,-1;n=1,2,\cdots} (\cdots)$$
$$= e^{(\tau^2 - \tau + \frac{1}{6})(w_1 + w_2)\pi i} \cdot B \cdot \prod_{\alpha=1,2,;\varepsilon=+1,-1;n=1,2,\cdots} (\cdots)$$
$$= e^{(\tau^2 - \tau + \frac{1}{6})(w_1 + w_2)\pi i} \cdot \prod_{\alpha=1,2,\varepsilon=+1,n=0,1,2,\cdots;\varepsilon=-1,n=1,2,\cdots} (\cdots)$$

これで確認されました.

対数への移行

　量 $\Lambda(\sigma, \tau, w_1, w_2)$ の無限積表示から対数に移行すると, $\Lambda(\sigma, \tau, w_1, w_2)$ の対数の無限級数表示が得られます. 対数をとると, 等式

$$\log \Lambda(\sigma, \tau, w_1, w_2)$$
$$= \left(\tau^2 - \tau + \frac{1}{6}\right)(w_1 + w_2)\pi i + \sum_{\alpha, \varepsilon, n} \log(1 - e^{2(nw_\alpha + \varepsilon\tau w_\alpha \pm \varepsilon\sigma)\pi i})$$

が現れます. 右辺の和において, α のとる値は 1 と 2 です. ε は二つの値 $1, -1$ をとりますが, n は ε と連動し, $\varepsilon = 1$ のときは $n = 0, 1, 2, 3, \cdots$, $\varepsilon = -1$ に対しては $n = 1, 2, 3, \cdots$ という値をとります. $\pm\varepsilon\sigma$ に附されている正負の符号については, 既述のように $\alpha = 1$ のときは上側の正符号を採用し, $\alpha = 2$ のときは下側の負符号を採用します.

　ここでクロネッカーは量 σ, τ に対し，$(nw_\alpha + \varepsilon\tau w_\alpha \pm \varepsilon\sigma)i$ の実部が $\varepsilon = +1, -1$ に対して負になるという条件を課しました．この限定のもとで，無限級数展開

$$\log(1 - e^{2(nw_\alpha + \varepsilon\tau w_\alpha \pm \varepsilon\sigma)\pi i}) = -\sum_m \frac{1}{m} e^{2m(nw_\alpha + \varepsilon\tau w_\alpha \pm \varepsilon\sigma)\pi i} \quad (m = 1, 2, 3, \cdots)$$

が許されます．

　この無限級数展開の左辺は複素対数ですから若干の注意を要します．クロネッカー自身は，「左辺の対数については，その絶対値が可能な限り小さくなるようにとらなければならない」と附言していますが，これを今日の語法で言い換えると対数の主値をとるということにほかなりません．実際，対数の主値であれば，$|z| < 1$ に対し無限級数展開

$$\log(1 - z) = -\sum_{m=1}^{\infty} \frac{z^m}{m}$$

が成立します．また，$(nw_\alpha + \varepsilon\tau w_\alpha \pm \varepsilon\sigma)i$ の実部が負という限定条件について考えると，まず $\varepsilon = +1$ の場合，この数値の実部は $nw_\alpha i + (\tau w_\alpha \pm \sigma)i$ の実部です．もう少し詳しく観察すると，$\alpha = 1$ のときは $nw_1 i + (\tau w_1 + \sigma)i$ の実部であり，$\alpha = 2$ に対しては $nw_2 i + (\tau w_2 - \sigma)i$ の実部です．そうして w_1, w_2 には $w_1 i, w_2 i$ の実部がどちらも負になるという限定が課されていますから，$nw_1 i + (\tau w_1 + \sigma)i$ と $nw_2 i + (\tau w_2 - \sigma)i$ の実部は n が大きくなるのにつれて減少し，最も小さい n に対して最大になります．$\varepsilon = +1$ のとき，n の最小値は 0 ですから，$(\tau w_1 + \sigma)i$ と $(\tau w_2 - \sigma)i$ の実部が負でなければならないことがわかります．$\varepsilon = -1$ の場合にも同様に考えていきますが，この場合には n の最小値は 1 であることに留意します．これで，σ, τ に課された限定は，4個の量

$$(\tau w_1 + \sigma)i, \ w_1 i - (\tau w_1 + \sigma)i,$$
$$(\tau w_2 - \sigma)i, \ w_2 i - (\tau w_2 - \sigma)i$$

の実部が負になることと言い換えられることがわかりました.

フーリエ級数

量 $\Lambda(\sigma, \tau, w_1, w_2)$ に見られる 4 個の変数 σ, τ, w_1, w_2 のうち σ, w_1, w_2 に対しては限定条件が課されました. ここでクロネッカーは残る変数 τ にも, 実であり, 非負であり, しかも 1 より小さいという条件を課し, この限定のもとで, 等式

$$\frac{1}{2\pi^2}\sum_n \frac{e^{2n\tau\pi i}}{n^2} = \tau^2 - \tau + \frac{1}{6} (n = \pm 1, \pm 2, \pm 3, \cdots)$$

を書きました. これを確認してみます.

左辺の式は

$$\frac{1}{2\pi^2}\sum_{n=\pm 1, \pm 2, \pm 3, \cdots} \frac{e^{2n\tau\pi i}}{n^2} = \frac{1}{2\pi^2}\sum_{n=1}^{\infty} \frac{1}{n^2}(e^{2n\tau\pi i} + e^{-2n\tau\pi i})$$

$$= \frac{1}{\pi^2}\sum_{n=1}^{\infty} \frac{\cos 2n\tau\pi}{n^2}$$

と変形されますから, 証明するべき等式は

$$\sum_{n=1}^{\infty} \frac{\cos 2n\tau\pi}{n^2} = \pi^2\tau^2 - \pi^2\tau + \frac{\pi^2}{6}$$

となります. ここでさらに $x = 2\tau\pi$ と置くと,

$$\sum_{n=1}^{\infty} \frac{\cos nx}{n^2} = \frac{1}{4}x^2 - \frac{\pi}{2}x + \frac{\pi^2}{6}$$

という形になりますが, これは関数 $f(x) = \frac{1}{4}x^2 - \frac{\pi}{2}x + \frac{\pi^2}{6}$ の $0 \leqq x \leqq 2\pi$ におけるフーリエ級数展開そのものです. 実際,

$$f(x) = \frac{1}{2}a_0 + \sum_{n=1}^{\infty} (a_n \cos nx + b_n \sin nx)$$

と置いて係数 $a_0, a_n, b_n (n = 1, 2, 3, \cdots)$ の数値を計算すると,

$$a_0 = \frac{1}{\pi} \int_0^{2\pi} f(t)dt = 0$$

$$a_n = \frac{1}{\pi} \int_0^{2\pi} f(t) \cos ntdt = \frac{1}{n^2}$$

$$b_n = \frac{1}{\pi} \int_0^{2\pi} f(t) \sin ntdt = 0$$

と算出されます（積分値の計算過程は略しました）.

これで $\log(1 - e^{2(nw_\alpha + \varepsilon\tau w_\alpha \pm \varepsilon\sigma)\pi i})$ と $\tau^2 - \tau + \frac{1}{6}$ の無限級数展開が得られました. そこでこれらを前述の $\log \Lambda(\sigma, \tau, w_1, w_2)$ の表示式に代入すると,

$$\log \Lambda(\sigma, \tau, w_1, w_2)$$
$$= \frac{(w_1 + w_2)i}{2\pi} \sum_{n_0} \frac{e^{2n_0\tau\pi i}}{n_0^2} - \lim_{k=\infty} \lim_{h=\infty} \sum_{\alpha, \varepsilon, m, n} \frac{1}{m} e^{2m(nw_\alpha + \varepsilon\tau w_\alpha \pm \varepsilon\sigma)\pi i}$$

$n_0 = \pm 1, \pm 2, \pm 3, \cdots; \alpha = 1, 2; \varepsilon = +1, -1;$

$m = 1, 2, \cdots, h; \varepsilon = -1$ に対しては $n = 1, 2, \cdots, k; \varepsilon = +1$ に対しては $n = 0, 1, 2, \cdots, k$

という無限級数による表示に到達します.

（**注記**）クロネッカーの諸論文の掲載誌について

『プロイセン月報』は『プロイセン王立科学アカデミー月報』の略記で, 原誌名は

Monatsberichte der Königlichen Preussische Akademie des Wissenschaften zu Berlin.

『プロイセン議事報告』は『プロイセン月報』の後継誌. 『プロイセン王立科学アカデミー議事報告』の略記で, 原誌名は

Sitzungsberichte der Königlich Preussischen Akademie der Wissenschaften zu Berlin.

第 2 章

不変量 $\Lambda(\sigma, \tau, w_1, w_2)$ の主方程式

〜〜〜〜〜〜〜〜〜〜〜〜〜〜〜〜〜〜〜〜〜〜〜〜〜〜〜〜〜〜〜〜

$\log \Lambda(\sigma, \tau, w_1, w_2)$ 再掲

前回，不変量 $\Lambda(\sigma, \tau, w_1, w_2)$ の対数の無限級数表示

$$\log \Lambda(\sigma, \tau, w_1, w_2)$$
$$= \frac{(w_1+w_2)i}{2\pi} \sum_{n_0} \frac{e^{2n_0\tau\pi i}}{n_0^2} - \lim_{k=\infty} \lim_{h=\infty} \sum_{\alpha, \varepsilon, m, n} \frac{1}{m} e^{2m(nw_\alpha + \varepsilon\tau w_\alpha \pm \varepsilon\sigma)\pi i}$$

$n_0 = \pm 1, \pm 2, \pm 3, \cdots ; \alpha = 1, 2 ; \varepsilon = +1, -1 ; m = 1, 2, \cdots, h ;$

$\varepsilon = -1$ に対しては $n = 1, 2, \cdots, k$;

$\varepsilon = +1$ に対しては $n = 0, 1, 2, \cdots, k$

に到達するところまで進みました．この等式の右辺の二つの無限
級数のうち，クロネッカーは後者の無限級数

$$\lim_{k=\infty} \lim_{h=\infty} \sum_{\alpha, \varepsilon, m, n} \frac{1}{m} e^{2m(nw_\alpha + \varepsilon\tau w_\alpha \pm \varepsilon\sigma)\pi i}$$

に着目して式変形を重ねていきました．ひとまず m のとる値
を $m = 1, 2, \cdots, h$ に限定し，n のとる値を $\varepsilon = -1$ に対しては
$n = 1, 2, \cdots, k$，$\varepsilon = +1$ に対しては $n = 0, 1, 2, \cdots, k-1$ と限定し
て，有限和

$$\sum_{\alpha, \varepsilon, m, n} \frac{1}{m} e^{2m(nw_\alpha + \varepsilon\tau w_\alpha \pm \varepsilon\sigma)\pi i}$$

をつくります．この和を ε のとりうる二つの値，すなわち

$\varepsilon = -1$ と $\varepsilon = +1$ のそれぞれに応じて二つの和に区分けすると,

$$\sum_{\alpha, \varepsilon, m, n} \frac{1}{m} e^{2m(nw_\alpha + \varepsilon \tau w_\alpha \pm \varepsilon \delta)\pi i}$$

$$= \sum_{\alpha, m, n} \frac{1}{m} e^{2m(nw_\alpha - (\tau w_\alpha \pm \sigma))\pi i} + \sum_{\alpha, m, n} \frac{1}{m} e^{2m(nw_\alpha + (\tau w_\alpha \pm \sigma))\pi i}$$

と表示されます. n に関する総和を遂行すると, 次のように式変形が進みます.

$$\sum_{\alpha, \varepsilon, m, n} \frac{1}{m} e^{2m(nw_\alpha + \varepsilon \tau w_\alpha \pm \varepsilon \sigma)\pi i}$$

$$= \sum_{\alpha, m} \frac{1}{m} e^{-2m(\tau w_\alpha \pm \sigma)\pi i} \left(\sum_{n=1}^{k} e^{2mnw_\alpha \pi i} \right) + \sum_{\alpha, m} \frac{1}{m} e^{2m(\tau w_\alpha \pm \sigma)\pi i} \left(\sum_{n=0}^{k-1} e^{2mnw_\alpha \pi i} \right)$$

$$= \sum_{\alpha, m} \frac{1}{m} e^{-2m(\tau w_\alpha \pm \sigma)\pi i} \cdot \frac{e^{2mw_\alpha \pi i}(1 - e^{2kmw_\alpha \pi i})}{1 - e^{2mw_\alpha \pi i}}$$

$$\quad + \sum_{\alpha, m} \frac{1}{m} e^{2m(\tau w_\alpha \pm \sigma)\pi i} \cdot \frac{1 - e^{2kmw_\alpha \pi i}}{1 - e^{2mw_\alpha \pi i}}$$

$$= \sum_{\alpha, m} \frac{e^{-2m(\tau w_\alpha \pm \sigma)}\pi i}{-m} \cdot \frac{1 - e^{2kmw_\alpha \pi i}}{1 - e^{-2mw_\alpha \pi i}} + \sum_{\alpha, m} \frac{e^{2m(\tau w_\alpha \pm \sigma)}\pi i}{m} \cdot \frac{1 - e^{2kmw_\alpha \pi i}}{1 - e^{2mw_\alpha \pi i}}$$

$$= \sum_{\alpha, m\,;\, \varepsilon = -1, +1} \frac{e^{2\varepsilon m(\tau w_\alpha \pm \sigma)\pi i}}{\varepsilon m} \cdot \frac{1 - e^{2kmw_\alpha \pi i}}{1 - e^{2mw_\alpha \pi i}}$$

$$= \sum_{\alpha, m\,;\, \varepsilon = -1, +1} \frac{1}{\varepsilon m} \cdot \frac{e^{2\varepsilon m(\tau w_\alpha \pm \sigma)\pi i}}{1 - e^{2mw_\alpha \pi i}} - \sum_{\alpha, m\,;\, \varepsilon = -1, +1} \frac{e^{2\varepsilon m(\tau w_\alpha \pm \sigma)\pi i}}{\varepsilon m} \cdot \frac{e^{2kmw_\alpha \pi i}}{1 - e^{2mw_\alpha \pi i}}$$

最後に到達した二つの和はどちらも α, m, ε に関する和で, ε は二つの値 $-1, +1$ をとります. 後者の和をまず ε に関して加えると,

$$\sum_{\alpha, m} \varphi(m) e^{2kmw_\alpha \pi i}$$

という形になります. ここで $e^{2mkw_\alpha \pi i}$ の係数を $\varphi(m)$ と表記しましたが, これを具体的に書き下すと

$$\varphi(m) = \frac{e^{2m(\tau w_\alpha \pm \sigma)\pi i}}{m(1-e^{2mw_\alpha \pi i})} - \frac{e^{-2m(\tau w_\alpha \pm \sigma)\pi i}}{m(1-e^{-2mw_\alpha \pi i})}$$

$$= \frac{e^{2m(\tau w_\alpha \pm \sigma)\pi i}}{m(1-e^{2mw_\alpha \pi i})} + \frac{e^{2mw_\alpha \pi i} \cdot e^{-2m(\tau w_\alpha \pm \sigma)\pi i}}{m(1-e^{2mw_\alpha \pi i})}$$

$$= \frac{e^{2m(\tau w_\alpha \pm \sigma)\pi i} + e^{2m(w_\alpha - \tau w_\alpha \pm \sigma)\pi i}}{m(1-e^{2mw_\alpha \pi i})}$$

という形になります.

m のとりうる値を $m = 1, 2, \cdots, h$ に限定してここまで計算を進めてきましたが, ここで目を転じて h が限りなく大きくなる場合, 言い換えると無限級数

$$\sum_{m=1}^{\infty} \varphi(m) e^{2kmw_\alpha \pi i}$$

の挙動を観察してみます. この級数は, 量

$$w_\alpha i, \ (\tau w_\alpha \pm \sigma)i, \ (w_\alpha - \tau w_\alpha \mp \sigma)i$$

の実部がすべて負になるという条件のもとで収束し, 有限値をもちます. これを確認するために, これらの量の実部をそれぞれ a, b, c とします. ここで課された条件により, これらはみな負になることに留意すると, 不等式

$$\left| e^{2m(\tau w_\alpha \pm \sigma)\pi i} + e^{2m(w_\alpha - \tau w_\alpha \pm \sigma)\pi i} \right|$$
$$< \left| e^{2m(\tau w_\alpha \pm \sigma)\pi i} \right| + \left| e^{2m(w_\alpha - \tau w_\alpha \pm \sigma)\pi i} \right| < e^{2mb\pi} + e^{2mc\pi}$$

が得られます. また, $a < 0$ ですから, 不等式

$$\left| 1 - e^{2mw_\alpha \pi i} \right| > 1 - \left| e^{2mw_\alpha \pi i} \right| = 1 - e^{2ma\pi}$$

したがって

$$\frac{1}{\left| 1 - e^{2mw_\alpha \pi i} \right|} < \frac{1}{1 - e^{2ma\pi}}$$

が成立します. これより

$$|\varphi(m)| \leqq \frac{e^{2mb\pi} + e^{2mc\pi}}{m(1-e^{2ma\pi})} = \frac{1}{m^2} \frac{m e^{2mb\pi} + m e^{2mc\pi}}{1 - e^{2ma\pi}}$$

となります．ここで，関数 $f(x) = xe^{2b\pi x}$, $g(x) = xe^{2c\pi x}$ はいずれも $x > 0$ において有界であること，また関数 $g(x) = \dfrac{1}{1 - e^{2a\pi x}}$ は $x \geqq 1$ において有界であることに留意すると（図 1, 図 2），$\dfrac{me^{2mb\pi} + me^{2mc\pi}}{1 - e^{2ma\pi}}$ はあらゆる m に対して有界に保たれることが諒解されます．

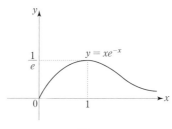

図 1

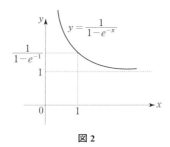

図 2

そうして無限級数 $\displaystyle\sum_{m=1}^{\infty} \dfrac{1}{m^2}$ は収束しますから，無限級数 $\displaystyle\sum_{m=1}^{\infty} \varphi(m) e^{2kmw_a\pi i}$ もまた収束することがわかります．その総和は k に依存しますが，k が限りなく大きくなるとき，0 に収斂していくことも同時にわかりました．

　ここまでの計算により，和

$$\sum_{\alpha,\varepsilon,m,n} \frac{1}{m} e^{2m(nw_\alpha + \varepsilon\tau w_\alpha \pm \varepsilon\sigma)\pi i}$$

を構成する二つの和

$$\sum_{\alpha,m\,;\,\varepsilon=-1,+1} \frac{1}{\varepsilon m} \cdot \frac{e^{2\varepsilon m(\tau w_\alpha \pm \sigma)\pi i}}{1 - e^{2\varepsilon m w_\alpha \pi i}},$$

$$\sum_{\alpha,m\,;\,\varepsilon=-1,+1} \frac{e^{2\varepsilon m(\tau w_\alpha \pm \sigma)\pi i}}{\varepsilon m} \cdot \frac{e^{2k m w_\alpha \pi i}}{1 - e^{2\varepsilon m w_\alpha \pi i}}$$

において，h と k が限りなく大きくなっていくとき，後者の和は消失し，前者の和のみが残ることが明らかになりました．残される前者の和において，m はあらゆる自然数値 $m = 1, 2, 3, \cdots$ をとりますが，積 εm をあらためて m と表記することにすると m の変域が変化して，今度はあらゆる正負の値 $m = \pm 1, \pm 2, \cdots, \pm$ をとります．これで，不変量 $\log \Lambda(\sigma, \tau, w_1, w_2)$ の表示式

$$\log \Lambda(\sigma, \tau, w_1, w_2) = \frac{(w_1 + w_2)i}{2\pi} \sum_{n_0} \frac{e^{2n_0\tau\pi i}}{n_0^2} - \lim_{h=\infty} \sum_{\alpha,m} \frac{1}{m} \cdot \frac{2^{2m(\tau w_\alpha \pm \sigma)\pi i}}{1 - e^{2m w_\alpha \pi i}}$$

$$(n_0 = \pm 1, \pm 2, \pm 3, \cdots; \alpha = 1, 2\,; m = \pm 1, \pm 2, \cdots, h)$$

に到達しました．

ひとつの公式．フーリエ級数の観察より

クロネッカーはここで等式

$$\frac{e^{2m w \tau \pi i}}{1 - e^{2m w \pi i}} = \frac{1}{2\pi i} \lim_{k=\infty} \sum_n \frac{e^{2n\tau\pi i}}{n - mw} \quad (n = 0, \pm 1, \pm 2, \cdots, \pm k)$$

を提示し，これを用いて式変形を続けると宣言しました．この等式において w は任意の複素量です．τ は実量で，非負であり，しかも 1 より小さいという条件が課されています．クロネッカーによると，この等式は $\cos 2mw\tau\pi$ と $\sin 2mw\tau\pi$ の $\tau\pi$ の，倍数の余弦と正弦に関する展開を考えることにより即座に判明すると

いうことで，フーリエ級数展開を考えるようにという指針が示唆
されています．

　これを確認してみます．表記を少々簡明にするために
$x = 2\tau\pi$ と置くと，x の変域は $0 \leqq x < 2\pi$ で，確認したい等式は

$$\frac{e^{mwix}}{1 - e^{2mw\pi i}} = \frac{1}{2\pi i} \lim_{k=\infty} \sum_{n=-\infty}^{n=+\infty} \frac{e^{nix}}{n - mw}$$

という形になります．左辺の関数を

$$\varphi(x) = \frac{e^{mwix}}{1 - e^{2mw\pi i}}$$

と表記し，これをフーリエ級数

$$\varphi(x) = \frac{1}{2} a_0 + \sum_{n=1}^{\infty} (a_n \cos nx + b_n \sin nx)$$

に展開して係数 $a_0, a_n, b_n \, (n = 1, 2, \cdots)$ を算出します．まず，

$$a_0 = \frac{1}{\pi} \int_0^{2\pi} \varphi(t) dt = \cdots = -\frac{1}{\pi i} \cdot \frac{1}{mw}.$$

次に，

$$\begin{aligned}
a_n &= \frac{1}{\pi} \int_0^{2\pi} \varphi(t) \cos nt \, dt \\
&= \frac{1}{\pi} \int_0^{2\pi} \frac{e^{mwit}}{1 - e^{2mw\pi i}} \frac{e^{nit} - e^{-nit}}{2} dt \\
&= \frac{1}{2\pi} \frac{1}{1 - e^{2mw\pi i}} \int_0^{2\pi} (e^{(mw+n)\pi i} + e^{(mw-n)it}) dt \\
&= \frac{1}{2\pi} \frac{1}{1 - e^{2mw\pi i}} \left(\frac{e^{2(mw+n)\pi i} - 1}{(mw+n)i} + \frac{e^{2(mw-n)\pi i} - 1}{(mw-n)i} \right) \\
&= -\frac{1}{2\pi i} \left(\frac{1}{mw+n} + \frac{1}{mw-n} \right).
\end{aligned}$$

同様の計算により，

$$b_n = \frac{1}{\pi} \int_0^{2\pi} \varphi(t) \sin nt \, dt = \frac{1}{2\pi} \left(\frac{1}{mw+n} - \frac{1}{mw-n} \right)$$

が得られます．これで諸係数の形が判明しました．そこでこれら
をあてはめると，関数 $\varphi(x)$ のフーリエ級数展開が次のように書
き下されます．

$$\varphi(x) = -\frac{1}{2\pi i} \cdot \frac{1}{mw} + \sum_{n=1}^{\infty} \left\{ -\frac{1}{2\pi i} \left(\frac{1}{mw+n} + \frac{1}{mw-n} \right) \cos nx \right.$$

$$\left. + \frac{1}{2\pi} \left(\frac{1}{mw+n} - \frac{1}{mw-n} \right) \sin nx \right\}$$

$$= -\frac{1}{2\pi i} \cdot \frac{1}{mw} + \frac{1}{2\pi i} \sum_{n=1}^{\infty} \frac{1}{n-mw} (\cos nx + i \sin nx)$$

$$+ \frac{1}{2\pi i} \sum_{n=1}^{\infty} \frac{1}{n+mw} (-\cos nx + i \sin nx)$$

$$= -\frac{1}{2\pi i} \cdot \frac{1}{mw} + \frac{1}{2\pi i} \sum_{n=1}^{\infty} \frac{e^{nix}}{n-mw}$$

$$+ \frac{1}{2\pi i} \sum_{n=-1}^{-\infty} \frac{1}{-n+mw} (-\cos nx - i \sin nx)$$

$$= -\frac{1}{2\pi i} \cdot \frac{1}{mw} + \frac{1}{2\pi i} \sum_{n=1}^{\infty} \frac{e^{nix}}{n-mw} + \frac{1}{2\pi i} \sum_{n=-1}^{-\infty} \frac{e^{nix}}{n-mw}$$

$$= \frac{1}{2\pi i} \sum_{n=-\infty}^{+\infty} \frac{e^{nix}}{n-mw}.$$

これで確認されました.

主方程式

こうして確認された等式において w として w_α を採用し,両辺に $\frac{1}{m} \times e^{\pm 2m\sigma \pi i}$ を乗じ,そののちに α と m に関して総和をつくると,等式

$$2\pi i \sum_{\alpha, m} \frac{1}{m} \cdot \frac{e^{2m(\tau w_\alpha \pm \sigma)\pi i}}{1 - e^{2mw_\alpha \pi i}} = \lim_{k=\infty} \sum_{\alpha, m, n} \frac{e^{(\pm 2m\sigma + 2n\tau)\pi i}}{m(n - mw_\alpha)}$$

が得られます.この等式の右辺において,正負の重複符号 $\pm$ は α に応じて定めると約束されていて,$\alpha = 1$ のときは正符号をとり,$\alpha = 2$ のときは負符号を採用するのでした.したがって,$\alpha = 1$ に対応する総和は

$$\lim_{k=\infty} \sum_{m, n} \frac{e^{(2m\sigma + 2n\tau)\pi i}}{m(n - mw_1)}$$

となり，$\alpha = 2$ に対応する総和は

$$\lim_{k=\infty} \sum_{m,n} \frac{e^{(-2m\sigma+2n\tau)\pi i}}{m(n-mw_2)}$$

となります．後者の総和において，m の符号を反対にして加えると，表記が変って

$$-\lim_{k=\infty} \sum_{m,n} \frac{e^{(2m\sigma+2n\tau)\pi i}}{m(n+mw_2)}$$

という形になります．このようにしたうえで $\alpha = 1$ と $\alpha = 2$ のそれぞれに対応する総和を加えると，

$$\lim_{k=\infty} \sum_{m,n} \left(\frac{1}{m(n-mw_1)} - \frac{1}{m(n+mw_2)} \right) e^{2(m\sigma+n\tau)\pi i}$$

$$= -(w_1+w_2)\lim_{k=\infty} \sum_{m,n} \frac{e^{2(m\sigma+n\tau)\pi i}}{m^2 w_1 w_2 + mn(w_1-w_2) - n^2}$$

$$(m = \pm 1, \pm 2, \cdots, \pm h\,; n = 0, \pm 1, \pm 2, \cdots, \pm k)$$

という形になります．

　表記を簡明にするために

$$\frac{w_1 w_2}{w_1+w_2} = a_0 i, \ \frac{w_1-w_2}{w_1+w_2} = b_0 i, \ -\frac{1}{w_1+w_2} = c_0 i$$

と置くと，w_1 と $-w_2$ は 2 次方程式

$$a_0 + b_0 w + c_0 w^2 = 0$$

の 2 根として認識されます．これは，二つの等式

$$w_1 - w_2 = b_0 i(w_1+w_2) = b_0 i \times \frac{-1}{c_0 i} = -\frac{b_0}{c_0}$$

$$w_1 \times (-w_2) = -a_0 i(w_1+w_2) = -a_0 i \times \frac{-1}{c_0 i} = \frac{a_0}{c_0}$$

により確められます．

　こうして，$\log \Lambda(\sigma, \tau, w_1, w_2)$ の表示式を構成する二つの部分のうち，第 2 の部分

$$-\lim_{h=\infty} \sum_{\alpha, m} \frac{1}{m} \cdot \frac{e^{2m(\tau w_\alpha \pm \sigma)\pi i}}{1 - e^{2mw_\alpha \pi i}}$$

は

$$-\frac{1}{2\pi}\lim_{h=\infty}\lim_{k=\infty}\sum_{m,n}\frac{e^{2(m\sigma+n\tau)\pi i}}{a_0 m^2+b_0 mn+c_0 n^2}$$

$$(m=\pm1,\pm2,\cdots,\pm h\,;n=0,\pm1,\pm2,\cdots,\pm k)$$

という形になりました．これに対し，第 1 の部分

$$\frac{(w_1+w_2)i}{2\pi}\sum_n\frac{e^{2n\tau\pi i}}{n^2}\ (n=\pm1,\pm2,\cdots)$$

は

$$-\frac{1}{2\pi}\lim_{k=\infty}\sum_n\frac{e^{2n\tau\pi i}}{c_0 n^2}\ (n=\pm1,\pm2,\cdots,\pm k)$$

と等値されます．これで表示式

($\mathfrak{A}$)　$\log\Lambda(\sigma,\tau,w_1,w_2)$

$$=-\frac{1}{2\pi}\lim_{h=\infty}\lim_{k=\infty}\sum_{m,n}\frac{e^{2(m\sigma+n\tau)\pi i}}{a_0 m^2+b_0 mn+c_0 n^2}$$

に到達しました．ここで，右辺の和において，m は $-h$ から $+h$ までのすべての整数にわたり，n は $-k$ から $+k$ までのすべての整数にわたって変動しますが，$m=0$, $n=0$ という組合せは除外します．クロネッカーはこの表示式を**主方程式**（**Hauptgleichung**）と呼んでいます．

　w_1, w_2 は複素量で，$w_1 i, w_2 i$ の実部が負になるという条件が課されています．量 a_0, b_0, c_0 は，w_1 と $-w_2$ が 2 次方程式

$$a_0+b_0 w+c_0 w^2=0$$

の 2 根になり，しかも等式

$$4a_0 c_0-b_0^2=1$$

が成立するように定めます．τ については，実であって，しかも不等式

$$0\leqq\tau<1$$

を満たすという条件が課されています．また，σ については，

$$\sigma=\sigma°+\sigma'i,\ w_1=w_1°+w_1'i,\ w_2=w_2°+w_2'i$$

と置くとき，二つの商 $\dfrac{\sigma'}{w_1'}$，$\dfrac{-\sigma'}{w_2'}$ が $-\tau$ と $1-\tau$ の間にとどまるという条件が課されます．$\sigma = 0$，$\tau = 0$ に対しては，主方程式（𝔄）の両辺はともに負の無限大になってしまい，この方程式そのものが無意味になってしまいます．

　クロネッカーの連作「楕円関数の理論に寄せる」の第 I 論文はこれで終りました．

不変量 $\Lambda(\sigma, \tau, w_1, w_2)$ の変換公式

　「楕円関数の理論に寄せる」の第 II 論文はテータ関数に対して成立するさまざまな変換公式から始まります．それらを列挙して，順次確認してみます．最初の公式は

$$\vartheta(\zeta, w) = -\vartheta(-\zeta, w).$$

というもので，変数 ζ の符号を変えるときに現れる状況が明記されています．テータ関数の定義式に立ち返って式変形を重ねていくと，

$$
\begin{aligned}
\vartheta(-\zeta, w) &= \sum_{\nu = \pm 1, \pm 3, \cdots} e^{\frac{1}{4}(\nu^2 w - 4\nu\zeta - 2\nu)\pi i} \\
&= \sum_{\nu = \pm 1, \pm 3, \cdots} e^{\frac{1}{4}(\nu^2 w + 4\nu\zeta + 2\nu)\pi i} \\
&\quad （\nu \text{ を } -\nu \text{ に変更しました．}） \\
&= \sum_{\nu = \pm 1, \pm 3, \cdots} e^{\frac{1}{4}(\nu^2 w + 4\nu\zeta - 2\nu)\pi i} \cdot e^{\nu \pi i} \\
&= -\sum_{\nu = \pm 1, \pm 3, \cdots} e^{\frac{1}{4}(\nu^2 w + 4\nu\zeta - 2\nu)\pi i} \\
&\quad （\nu \text{ は奇数なので } e^{\nu \pi i} = -1 \text{ となります．}） \\
&= -\vartheta(\zeta, w)
\end{aligned}
$$

これで確められました．

　次に，

$$\vartheta(\zeta, w) = -\vartheta(\zeta + 1, w).$$

これは次のように容易に確められます．

$$\vartheta(\zeta+1, w) = \sum e^{\frac{1}{4}(\nu^2 w + 4\nu(\zeta+1) - 2\nu)\pi i}$$
$$= \sum e^{\frac{1}{4}(\nu^2 w + 4\nu\zeta - 2\nu)\pi i} \cdot e^{\nu\pi i}$$
$$= -\sum e^{\frac{1}{4}(\nu^2 w + 4\nu\zeta - 2\nu)\pi i}$$
$$= -\vartheta(\zeta, w)$$

次に,

$$-\vartheta(\zeta, w) = e^{(w+2\zeta)\pi i}\,\vartheta(\zeta+w, w).$$

これは,

$$e^{(w+2\zeta)\pi i}\,\vartheta(\zeta+w, w) = e^{(w+2\zeta)\pi i}\sum e^{\frac{1}{4}(\nu^2 w + 4\nu(\zeta+w) - 2\nu)\pi i}$$
$$= \sum e^{\frac{1}{4}(4w + 8\zeta + \nu^2 w + 4\nu\zeta + 4\nu w - 2\nu)\pi i}$$
$$= \sum e^{\frac{1}{4}((4+\nu^2+4\nu)w + 4(2+\nu)\zeta - 2\nu)\pi i}$$
$$= \sum e^{\frac{1}{4}((\nu+2)^2 w + 4(\nu+2)\zeta - 2(\nu+2))\pi i} \cdot e^{\pi i}$$
$$= -\sum e^{\frac{1}{4}((\nu+2)^2 w + 4(\nu+2)\zeta - 2(\nu+2))\pi i}$$
$$= -\vartheta(\zeta, w)$$

と式変形が進行して確認されます. 同様の式変形により, 公式

$$-\vartheta(\zeta, w) = e^{(w-2\zeta)\pi i}\,\vartheta(\zeta-w, w)$$

も確められます.

これらの公式を不変量 $\Lambda(\sigma, \tau, w_1, w_2)$ を表す表示式

$$\Lambda(\sigma, \tau, w_1, w_2) = (4\pi^2)^{\frac{1}{3}} e^{\tau^2(w_1+w_2)\pi i} \cdot \frac{\vartheta(\sigma+\tau w_1, w_1)\vartheta(\sigma-\tau w_2, w_2)}{(\vartheta'(0, w_1)\vartheta'(0, w_2))^{\frac{1}{3}}}$$

に適用すると, この不変量が満たすべき変換公式が導かれます.
まず,

$$\Lambda(\sigma+1, \tau, w_1, w_2)$$
$$= (4\pi^2)^{\frac{1}{3}} e^{\tau^2(w_1+w_2)\pi i} \times \frac{\vartheta(\sigma+1+\tau w_1, w_1)\vartheta(\sigma+1-\tau w_2, w_2)}{(\vartheta'(0, w_1)\vartheta'(0, w_2))^{\frac{1}{3}}}$$
$$= (4\pi^2)^{\frac{1}{3}} e^{\tau^2(w_1+w_2)\pi i} \times \frac{(-\vartheta(\sigma+\tau w_1, w_1))(-\vartheta(\sigma-\tau w_2, w_2))}{(\vartheta'(0, w_1)\vartheta'(0, w_2))^{\frac{1}{3}}}$$
$$= (4\pi^2)^{\frac{1}{3}} e^{\tau^2(w_1+w_2)\pi i}\, \frac{\vartheta(\sigma+\tau w_1, w_1)\vartheta(\sigma-\tau w_2, w_2)}{(\vartheta'(0, w_1)\vartheta'(0, w_2))^{\frac{1}{3}}}$$
$$= \Lambda(\sigma, \tau, w_1, w_2)$$

次に，

$\Lambda(\sigma, \tau+1, w_1, w_2)$

$= (4\pi^2)^{\frac{1}{3}} e^{(\tau+1)^2(w_1+w_2)\pi i}$

$\times \dfrac{\vartheta(\sigma+\tau w_1+w_1, w_1)\vartheta(\sigma-\tau w_2-w_2, w_2)}{(\vartheta'(0, w_1)\vartheta'(0, w_2))^{\frac{1}{3}}}$

$= (4\pi^2)^{\frac{1}{3}} e^{(\tau+1)^2(w_1+w_2)\pi i}$

$\times \dfrac{(-e^{-(w_1+2(\sigma+\tau w_1))\pi i}\vartheta(\sigma+\tau w_1, w_1))(-e^{-(w_2-2(\sigma-\tau w_2)\pi i)}\vartheta(\sigma-\tau w_2, w_2))}{(\vartheta'(0, w_1)\vartheta'(0, w_2))^{\frac{1}{3}}}$

$= e^{(2\tau+1)(w_1+w_2)\pi i} \cdot e^{-(w_1+2(\sigma+\tau w_1)+w_2-2(\sigma-\tau w_2))\pi i} \cdot \Lambda(\sigma, \tau, w_1, w_2)$

$= e^{(2\tau+1)(w_1+w_2)\pi i} \cdot e^{-(w_1+w_2+2(w_1+w_2)\tau)\pi i} \cdot \Lambda(\sigma, \tau, w_1, w_2)$

$= e^{(2\tau+1)(w_1+w_2)\pi i} \cdot e^{-(2\tau+1)(w_1+w_2)\pi i} \cdot \Lambda(\sigma, \tau, w_1, w_2)$

$= \Lambda(\sigma, \tau, w_1, w_2).$

これで，不変量 $\Lambda(\sigma, \tau, w_1, w_2)$ に対する変換公式

$(\mathfrak{B}°)$ $\Lambda(\sigma, \tau, w_1, w_2)$

$= \Lambda(\sigma+1, \tau, w_1, w_2) = \Lambda(\sigma, \tau+1, w_1, w_2)$

が確立されました．

註．極限記号の表記について

今日の記号では無限級数は $\displaystyle\sum_{m=1}^{\infty} a_m$ と表記されますが，クロネッ

カーはこれを $\displaystyle\lim_{h=\infty}\sum_{m=1}^{h} a_m$ と表記しています．極限を表す記号

$\displaystyle\lim_{h=\infty}$ は $\displaystyle\lim_{n\to\infty}$ と同じです．本稿では記号の統一にはこだわらず，

クロネッカーの表記法を温存するとともに今日の表記法も適宜使

用しました．

第 3 章

数論的同値性と解析的不変量

不変量 $\Lambda(\sigma, \tau, w_1, w_2)$ の第 2 の変換公式

連作「楕円関数論に寄せる」の第 I 論文で不変量 $\Lambda(\sigma, \tau, w_1, w_2)$ が導入され，その対数を表示する主方程式が書き下されました．それから第 II 論文に入り，不変量 $\Lambda(\sigma, \tau, w_1, w_2)$ の変換公式

$(\mathfrak{B}°)$ $\quad \Lambda(\sigma, \tau, w_1, w_2) = \Lambda(\sigma + 1, \tau, w_1, w_2)$

$$= \Lambda(\sigma, \tau + 1, w_1, w_2)$$

に到達しましたが，これを第 1 の変換公式として，こののちに第 2，第 3 の変換公式が続きます．テータ関数の無限積表示

$$\vartheta(\zeta, w) = 2e^{\frac{1}{4}w\pi i} \sin \zeta\pi \prod_n (1 - e^{2nw\pi i}) \prod_{n,\varepsilon} (1 - e^{2(nw+\varepsilon\zeta)\pi i})$$

において w を $w+1$ に置き換えると，代入するだけで即座に確認されるように，等式

$$\vartheta(\zeta, w + 1) = e^{\frac{1}{4}\pi i} \vartheta(\zeta, w)$$

が得られます．また，w を $w-1$ に置き換えると，等式

$$\vartheta(\zeta, w - 1) = e^{-\frac{1}{4}\pi i} \vartheta(\zeta, w)$$

が得られます．これらの等式を ζ に関して微分し，そののちに $\zeta = 0$ と置くと，

$$\vartheta'(0, w+1) = e^{\frac{1}{4}\pi i}\,\vartheta'(0, w),$$

$$\vartheta'(0, w-1) = e^{-\frac{1}{4}\pi i}\,\vartheta'(0, w)$$

という等式が現れます．これらを基礎にして，

$$\Lambda(\sigma+\tau, \tau, w_1-1, w_2+1) = (4\pi^2)^{\frac{1}{3}}\,e^{\tau^2(w_1+w_2)\pi i}$$

$$\times\,\frac{\vartheta(\sigma+\tau+\tau w_1-\tau, w_1-1)\vartheta(\sigma+\tau-\tau w_2-\tau, w_2+1)}{(\vartheta'(0, w_1-1)\vartheta'(0, w_2+1))^{\frac{1}{3}}}$$

$$= (4\pi^2)^{\frac{1}{3}}\,e^{\tau^2(w_1+w_2)\pi i}\times\frac{\vartheta(\sigma+\tau w_1, w_1-1)\vartheta(\sigma-\tau w_2, w_2+1)}{(\vartheta'(0, w_1-1)\vartheta'(0, w_2+1))^{\frac{1}{3}}}$$

$$= (4\pi^2)^{\frac{1}{3}}\,e^{\tau^2(w_1+w_2)\pi i}\times\frac{e^{-\frac{1}{4}\pi i}\,\vartheta(\sigma+\tau w_1, w_1)\cdot e^{\frac{1}{4}\pi i}\,\vartheta(\sigma-\tau w_2, w_2)}{(e^{-\frac{1}{4}\pi i}\,\vartheta'(0, w_1)\cdot e^{\frac{1}{4}\pi i}\,\vartheta(0, w_2))^{\frac{1}{3}}}$$

$$= (4\pi^2)^{\frac{1}{3}}\,e^{\tau^2(w_1+w_2)\pi i}\times\frac{\vartheta(\sigma+\tau w_1, w_1)\vartheta(\sigma-\tau w_2, w_2)}{(\vartheta'(0, w_1)\vartheta'(0, w_2))^{\frac{1}{3}}}$$

$$= \Lambda(\sigma, \tau, w_1, w_2)$$

と計算が進みます．これで不変量 $\Lambda(\sigma, \tau, w_1, w_2)$ に対する第 2
の変換公式

$(\mathfrak{B}')$ $\qquad \Lambda(\sigma+\tau, \tau, w_1-1, w_2+1) = \Lambda(\sigma, \tau, w_1, w_2)$

が得られました．

不変量 $\Lambda(\sigma, \tau, w_1, w_2)$ の第 3 の変換公式

　不変量 $\Lambda(\sigma, \tau, w_1, w_2)$ の変換公式はこれで二つになりました．
これらに加えて，クロネッカーはなおもうひとつの変換公式を提
示しています．それはテータ関数の変換公式

$$\vartheta\left(\zeta, \frac{-1}{w}\right) = -i(\sqrt{-wi}\,)e^{\zeta^2 w\pi i}\,\vartheta(\zeta w, w)$$

から導かれる等式で，

$(\mathfrak{B}'')$ $\qquad \Lambda(\sigma, \tau, w_1, w_2) = \Lambda\left(-\tau, \sigma, \frac{-1}{w_1}, \frac{-1}{w_2}\right)$

と表示されます．これを確認するために，もうひとつの等式を準備しておきます．上記のテータ関数の変換公式を ζ に関して微分すると，

$$\vartheta'\left(\zeta, \frac{-1}{w}\right) = -i(\sqrt{-wi}\,) \times 2\zeta e^{\zeta^2 w\pi i}\,\vartheta(\zeta w, w)$$
$$-i(\sqrt{-wi}\,)e^{\zeta^2 w\pi i} \times w\vartheta'(\zeta w, w).$$

ここで $\zeta = 0$ と置くと，等式

$$\vartheta'\left(0, \frac{-1}{w}\right) = -wi(\sqrt{-wi}\,)\vartheta'(0, w)$$

が得られます．ここで，平方根 $(\sqrt{-wi}\,)$ としては，「自乗すると $-wi$ となる二つの値」のうち，実部が正であるものを採用することにします．計算は次のように進みます．

$$\Lambda\left(-\tau, \sigma, \frac{-1}{w_1}, \frac{-1}{w_2}\right)$$

$$= (4\pi^2)^{\frac{1}{3}}e^{\sigma^2\left(\frac{-1}{w_1} + \frac{-1}{w_2}\right)\pi i} \cdot \frac{\vartheta(-\tau + \sigma\frac{-1}{w_1}, \frac{-1}{w_1})\vartheta(-\tau + \sigma\frac{-1}{w_2}, \frac{-1}{w_2})}{(\vartheta'(0, \frac{-1}{w_1}\,\vartheta'(0, \frac{-1}{w_2}))^{\frac{1}{3}}}$$

$$= (4\pi^2)^{\frac{1}{3}}e^{-\sigma^2\left(\frac{1}{w_1} + \frac{1}{w_2}\right)\pi i}$$

$$\times \frac{(-i(\sqrt{-w_1 i}\,)e^{\left(-\tau - \frac{\sigma}{w_1}\right)^2 w_1\pi i}\vartheta(-\tau w_1 - \sigma, w_1))(-i(\sqrt{-w_2 i}\,)e^{\left(-\tau - \frac{\sigma}{w_2}\right)^2 w_2\pi i}\vartheta(-\tau w_2 - \sigma, w_2))}{\sqrt{-w_1 i}\,\sqrt{-w_2 i}\,(\vartheta'(0, w_1)\vartheta'(0, w_2))^{\frac{1}{3}}}$$

$$= (4\pi^2)^{\frac{1}{3}}e^{-\sigma^2\left(\frac{1}{w_1} + \frac{1}{w_2}\right)\pi i + \left(-\tau - \frac{\sigma}{w_1}\right)^2 w_1\pi i + \left(-\tau + \frac{\sigma}{w_2}\right)^2 w_2\pi i}$$

$$\times \frac{-\vartheta(-\tau w_1 - \sigma, w_1)\vartheta(\sigma - \tau w_2, w_2)}{(\vartheta'(0, w_1)\vartheta'(0, w_2))^{\frac{1}{3}}}$$

$$= (4\pi^2)^{\frac{1}{3}}e^{\tau^2(w_1 + w_2)\pi i}\frac{\vartheta(\sigma + \tau w_1, w_1)\vartheta(\sigma - \tau w_2, w_2)}{(\vartheta'(0, w_1)\vartheta'(0, w_2))^{\frac{1}{3}}}$$

$$= \Lambda(\sigma, \tau, w_1, w_2).$$

これで変換公式 ($\mathcal{B}''$) が確認されました．出発点になったテータ関数の変換公式の由来は語られていませんが，クロネッカーは 1880 年の論文「平方剰余相互法則のガウスの第 4 証明について」（1880 年）を挙げて，参照するように指示しています．ガウスは

平方剰余相互法則の 8 通りの証明を遺しました．公表されたの
は 6 通りで，他の 2 通りの証明は高次合同式を論じた遺稿中に
書き留められています．クロネッカーのいう「ガウスの第 4 証
明」というのは公表された証明のひとつで，円周の等分理論から
取り出された「ガウスの和」の数値決定に根ざしています．この
論文は楕円関数論の連作への途上に現れた重要な作品ですので，
近々詳しく紹介したいと思います．

数論的同値性と解析的不変量

　変換公式 ($\mathfrak{B}°$) によると，関数 $\Lambda(\sigma, \tau, w_1, w_2)$ において σ と
τ の数値が整数の分だけ増減しても不変であることがわかります．
この変換公式の意味がそこに現れています．第 2 の変換公式 ($\mathfrak{B}$)
は，σ, τ, w_1, w_2 をそれぞれ $\sigma+\tau$, τ, w_1-1, w_2+1 に置き換え
ても関数 Λ は不変であることを示しています．この置換を

$$\begin{pmatrix} \sigma, & \tau, & w_1, & w_2 \\ \alpha+\tau, & \tau, & w_1-1, & w_2+1 \end{pmatrix}$$

という記号で表すことにします．この表記法を採用すると，変換
公式 ($\mathfrak{B}'$) は，置換

$$\begin{pmatrix} \sigma, & \tau, & w_1, & w_2 \\ -\tau, & \sigma, & \dfrac{-1}{w_1}, & \dfrac{-1}{w_2} \end{pmatrix}$$

により関数 Λ が不変であることを示していることになり
ます．クロネッカーはこれらの二つの置換を「基本置換
(elementar Substitution)」と呼んでいます．一般に $\alpha, \alpha', \beta, \beta'$ は
$\alpha\beta' - \alpha'\beta = 1$ という条件を満たす整数として，σ, τ をそれぞれ
$\alpha\sigma + \alpha'\tau, \beta\sigma + \beta'\tau$ に変える置換

$$\begin{pmatrix} \sigma, & \tau \\ \alpha\sigma + \alpha'\tau, & \beta\sigma + \beta'\tau \end{pmatrix}$$

を考えると，これは基本置換に附随する二つの置換

$$\begin{pmatrix} \sigma, & \tau \\ \sigma + \tau, & \tau \end{pmatrix}$$

$$\begin{pmatrix} \sigma, & \tau \\ -\tau, & \sigma \end{pmatrix}$$

を繰り返し重ねていくことにより実現されます．クロネッカーはこれを 1866 年の論文「双線型形式について」で確認しました．このような状況を踏まえると，関数 Λ は

($\mathfrak{B}$) $\Lambda(\sigma, \tau, w_1, w_2)$

$$= \Lambda\left(\alpha\sigma + \alpha'\tau + \alpha'',\ \beta\sigma + \beta'\tau + \beta'',\ \frac{\alpha w_1 - \alpha'}{-\beta w_1 + \beta'},\ \frac{\alpha w_2 + \alpha'}{\beta w_2 + \beta'}\right)$$

という一般的な関係式を満たすことが諒解されます．ここで，$\alpha, \alpha', \alpha'', \beta, \beta', \beta''$ はすべて整数で，$\alpha\beta' - \alpha'\beta = 1$ という唯一の条件が課されています．

ここで，量 w_1, w_2 の代りに等式

$$w_1 = \frac{-b_0 + i}{2c_0},\ w_2 = \frac{b_0 + i}{2c_0},\ 4a_0c_0 - b_0^2 = 1$$

により 3 個の量 a_0, b_0, c_0 を導入します．これは第 2 章においてそうしたように，

$$\frac{w_1 w_2}{w_1 + w_2} = a_0 i,\ \frac{w_1 - w_2}{w_1 + w_2} = b_0 i,\ \frac{-1}{w_1 + w_2} = c_0 i$$

と定めることと同じです[※1]．これらの量を用いて関係式（$\mathfrak{B}$）を書き直してみます．諸量を次のように定めます．

$\sigma' = \alpha\sigma + \alpha'\tau + \alpha'',\ \tau' = \beta\sigma + \beta'\tau + \beta'',\ (\alpha\beta' - \alpha'\beta = 1),$

$a_0' = a_0\alpha^2 + b_0\alpha\alpha' + c_0\alpha'^2,$

$b_0' = 2a_0\alpha\beta + b_0(\alpha\beta' + \alpha'\beta) + 2c_0\alpha'\beta',$

$c_0' = a_0\beta^2 + b_0\beta\beta' + c_0\beta'^2.$

[※1] 22 頁.

このとき，

$$\frac{\alpha w_1 - \alpha'}{-\beta w_1 + \beta'} = \frac{\alpha \times \frac{-b_0+i}{2c_0} - \alpha'}{-\beta \times \frac{-b_0+i}{2c_0} + \beta'}$$

$$= \frac{\alpha(-b_0+i) - 2c_0\alpha'}{-\beta(-b_0+i) + 2c_0\beta'} = \frac{-b_0\alpha - 2c_0\alpha' + i\alpha}{b_0\beta + 2c_0\beta' - i\beta}$$

$$= \frac{(-b_0\alpha - 2c_0\alpha' + i\alpha)(b_0\beta + 2c_0\beta' + i\beta)}{(b_0\beta + 2c_0\beta')^2 + \beta^2}$$

$$= \frac{-(b_0^2+1)\alpha\beta - 2(\alpha\beta' + \alpha'\beta)b_0 c_0 - 4c_0^2\alpha'\beta' + 2c_0 i(\alpha\beta' - \alpha'\beta)}{(b_0^2+1)\beta^2 + 4b_0 c_0\beta\beta' + 4c_0^2\beta'^2}$$

$$= \frac{-4a_0 c_0\alpha\beta - 2(\alpha\beta' + \alpha'\beta)b_0 c_0 - 4c_0^2\alpha'\beta' + 2c_0 i}{4c_0(a_0\beta^2 + b_0\beta\beta' + c_0\beta'^2)}$$

$$= \frac{-2c_0(2a_0\alpha\beta + b_0(\alpha\beta' + \alpha'\beta) + 2c_0\alpha'\beta') + 2c_0 i}{4c_0 c_0'}$$

$$= \frac{-b_0' + i}{2c_0'}$$

と計算が進みます．同様に計算を進めると，

$$\frac{\alpha w_2 + \alpha'}{\beta w_2 + \beta'} = \frac{b_0' + i}{2c_0'}$$

となることもわかります．これで関係式（𝔅）は

$$(\mathfrak{B}) \quad \Lambda\Big(\sigma, \tau, \frac{-b_0+i}{2c_0}, \frac{b_0+i}{2c_0}\Big) = \Lambda\Big(\alpha', \tau', \frac{-b_0'+i}{2c_0'}, \frac{b_0'+i}{2c_0'}\Big)$$

という形に書き直されました．

$w_1' = \dfrac{-b_0'+i}{2c_0'},\ w_2' = \dfrac{b_0'+i}{2c_0'}$ と置くと，

$$(\mathfrak{B}_1) \quad \Lambda(\sigma, \tau, w_1, w_2) = \Lambda(\sigma', \tau', w_1', w_2')$$

という簡明な形になります．

w_1' と $-w_2'$ のみたす 2 次方程式

　ここまでの計算により w_1' と $-w_2'$ の和，すなわち差 $w_1' - w_2'$

は

$$w_1' - w_2' = -\frac{b_0'}{c_0'}$$

と算出されます．積については，$w_1 w_2 = -\dfrac{a_0}{c_0}$，$w_1 - w_2 = -\dfrac{b_0}{c_0}$

となることに留意して直接計算してみます．次に積を計算すると，

$$w_1' \times (-w_2') = -w_1' w_2' = -\frac{\alpha w_1 - \alpha'}{-\beta w_1 + \beta'} \cdot \frac{\alpha w_2 + \alpha'}{\beta w_2 + \beta'}.$$

ここで，

$$\text{分子} = \alpha^2 w_1 w_2 + \alpha \alpha' (w_1 - w_2) - \alpha'^2$$

$$= \alpha^2 \frac{-a_0}{c_0} + \alpha \alpha' \frac{-b_0}{c_0} - \alpha'^2$$

$$= -\frac{a_0 \alpha^2 + b_0 \alpha \alpha' + c_0 \alpha'^2}{c_0}$$

$$\text{分母} = -\beta^2 w_1 w_2 - \beta \beta' (w_1 - w_2) + \beta'^2$$

$$= \beta^2 \frac{a_0}{c_0} + \beta \beta' \frac{b_0}{c_0} + \beta'^2 = \frac{a_0 \beta^2 + b_0 \beta \beta' + c_0 \beta'^2}{c_0}.$$

これで

$$w_1' \times (-w_2') = \frac{a_0 \alpha^2 + b_0 \alpha \alpha' + c_0 \alpha'^2}{a_0 \beta^2 + b_0 \beta \beta' + c_0 \beta'^2} = \frac{a_0'}{c_0'}$$

という表示が得られ，二つの量 $w_1, -w_2$ は 2 次方程式

$$a_0' + b_0' w + c_0' w^2 = 0$$

の 2 根であることがわかりました．

2 次形式の視点より

a_0, b_0, c_0 を係数にもつ 2 次形式

$$a_0 x^2 + b_0 xy + c_0 y^2$$

を作り，これを整係数の 1 次変換

$$x = \alpha x' + \beta y', \ y = \alpha' x + \beta' y'$$

により変換するとき，a_0', b_0', c_0' を係数にもつ 2 次形式

$$a_0'x'^2 + b_0'x'y' + c_0'y'^2$$

が生成されます．1 次変換の係数に $\alpha\beta' - \alpha'\beta = 1$
という条件が課されていますから，逆に 2 次形式
$a_0'x'^2 + b_0'x'y' + c_0'y'^2$ は 1 次変換

$$x' = \beta'x - \beta y, \quad y' = -\alpha'x + \alpha y$$

により $a_0^2 + b_0xy + c_0y^2$ に移ります．ガウスの 2 次形式論の語法
に沿うと，これらの二つの 2 次形式は**正式に同値**です．$4a_0c_0 - b_0^2$
は 2 次形式 $a_0x^2 + b_0xy + c_0y^2$ の判別式，$4a_0'c_0' - b_0'^2$ は
$a_0'x'^2 + b_0'x'y' + c_0'y'^2$ の判別式で，これらもまた不変に保たれ
ますから等式 $4a_0'c_0' - b_0'^2 = 1$ が成立します．そこで二つの量系

$$(\sigma, \tau, a_0, b_0, c_0), \ (\sigma', \tau', a_0', b_0', c_0')$$

が方程式系 $(\mathfrak{B}_0)$ により相互に結ばれているとき，クロネッカー
はこれらを同値と定め，2 次形式の同値性を規定する 1 次変換の
係数 $\alpha, \alpha', \alpha'', \beta, \beta', \beta''$ が整数であることに着目して，これを**数
論的同値性**（arithmetische Äquivalenz）と呼びました．

　等式 $(\mathfrak{B}_1)$ を踏まえると，量系 $(\sigma, \tau, a_0, b_0, c_0)$ を構成する 4
個の量 σ, τ, b_0, c_0 の超越関数

$$\Lambda\Big(\sigma, \tau, \frac{-b_0+i}{2c_0}, \frac{b_0+i}{2c_0}\Big)$$

は同値な量系に対して同一の値を維持しますから，この関数は
量系 $(\sigma, \tau, a_0, b_0, c_0)$ の数論的同値性に呼応する**解析的不変量**
（analytische Invariante）を与えていることになります．主方程式

$$(\mathfrak{A}) \quad \log\Lambda(\sigma, \tau, w_1, w_2) = -\frac{1}{2\pi}\lim_{h=\infty}\lim_{k=\infty}\sum_{m,n}\frac{e^{2(m\sigma+n\tau)\pi i}}{a_0m^2 + b_0mn + c_0n^2}$$

に立ち返ると，Λ の対数についてはこの不変性は明瞭です，そ

こで関数 Λ の表示を工夫して，この関数それ自身の不変性が顕わになるようにすることが次の課題になります.

　ここまでが連作「楕円関数論に寄せる」の第 II 論文です.

テータ関数の変換公式より

　表記を解明にするために，積

$$e^{\tau^2(w_1+w_2)\pi i}\vartheta(\sigma+\tau w_1, w_1)\vartheta(\sigma-\tau w_2, w_2)$$

を

$$P(\sigma, \tau, w_1, w_2)$$

と表記すると，ϑ 関数の無限級数表示により，この積は

$$P(\sigma, \tau, w_1, w_2) = \sum_{\mu, \nu} e^{\pi i \varphi(\mu, \nu)}$$

$$(\mu, \nu = \pm 1, \pm 3, \pm 5, \cdots)$$

という形に表されます. ここで,

$$\varphi(\mu, \nu) = \frac{1}{4}(\mu^2 w_1 + 4\mu(\sigma+\tau w_1)-2\mu)$$

$$+\frac{1}{4}(\nu^2 w_2 + 4\nu(\sigma-\tau w_2)+2\nu)+(w_1+w_2)\tau^2$$

$$=\frac{1}{4}(\mu^2 w_1 + \nu^2 w_2)+(\mu+\nu)\sigma-\frac{1}{2}(\mu+\nu)$$

$$+(\mu w_1 - \nu w_2)\tau+(w_1+w_2)\tau^2$$

$$=\frac{1}{4}(\mu^2 w_1 + \nu^2 w_2)+(\mu+\nu)\Big(\sigma-\frac{1}{2}\Big)$$

$$+(\mu w_1 - \mu w_2)\tau+(w_1+w_2)\tau^2.$$

$\mu+\nu=2m$ と置いて式変形を続けると,

$$\begin{aligned}
\varphi(\mu,\nu) &= \varphi(2m-\nu,\nu)\\
&= \frac{1}{4}((2m-\nu)^2 w_1 + \nu^2 w_2) + 2m\Big(\sigma - \frac{1}{2}\Big)\\
&\quad + ((2m-\nu)w_1 - \nu w_2)\tau + (w_1 + w_2)\tau^2\\
&= \frac{1}{4}((w_1 + w_2)\nu^2 - 4m\nu w_1 + 4m^2 w_1) + 2m\Big(\sigma - \frac{1}{2}\Big)\\
&\quad + (2mw_1 - (w_1 + w_2)\nu)\tau + (w_1 + w_2)\tau^2\\
&= \frac{1}{4}(w_1 + w_2)(\nu^2 - 4\nu\tau + 4\tau^2)\\
&\quad - m\nu w_1 + m^2 w_1 + 2m\Big(\sigma - \frac{1}{2}\Big) + 2mw_1\tau\\
&= \frac{1}{4}(w_1 + w_2)(\nu - 2\tau)^2\\
&\quad - mw_1(\nu - 2\tau) + m^2 w_1 + m(2\sigma - 1).
\end{aligned}$$

ここからさらに式変形を続けると,

$$\begin{aligned}
\varphi(\mu,\nu)\\
= \frac{1}{4}(w_1 + w_2)\Big((\nu - 2\tau)^2 + \frac{4mw_1}{w_1 + w_2}(-\nu + 2\tau)\Big) + m^2 w_1 + m(2\sigma - 1)\\
= \frac{1}{4}(w_1 + w_2)\Big(2\tau - \nu + \frac{2mw_1}{w_1 + w_2}\Big)^2\\
\quad - \frac{1}{4}(w_1 + w_2)\frac{4m^2 w_1^2}{(w_1 + w_2)^2} + m^2 w_1 + m(2\sigma - 1)\\
= \frac{1}{4}(w_1 + w_2)\Big(2\tau - \nu + \frac{2mw_1}{w_1 + w_2}\Big)^2 - \frac{m^2 w_1^2}{w_1 + w_2} + m^2 w_1 + m(2\sigma - 1)\\
= \frac{1}{4}(w_1 + w_2)\Big(2\tau - \nu + \frac{2mw_1}{w_1 + w_2}\Big) + \frac{m^2 w_1 w_2}{w_1 + w_2} + m(2\sigma - 1).
\end{aligned}$$

これで $\varphi(\nu,\mu)$ の 2 通りの表示が得られました.

テータ関数 $\vartheta(\zeta,w)$ の変換公式

$$\vartheta\Big(\zeta, \frac{-1}{w}\Big) = -(\sqrt{-wi})e^{\zeta^2 w\pi i}\,\vartheta(\zeta w, w)$$

に基づいてもう少し式変形を続けます. この公式において $\zeta = \eta + \dfrac{1}{2w}$ と置き,まず左辺の変形を進めると,

$$\vartheta\Big(\eta + \frac{1}{2w}, \frac{-1}{w}\Big) = \sum_{\nu} e^{\frac{1}{4}\big(\nu^2 \cdot \frac{-1}{w} + 4\nu\big(\eta + \frac{1}{2w}\big) - 2\nu\big)\pi i}.$$

総和記号のもとに現れる指数量は $e^{A\pi i}$ という形です，ここで，

$$A = \frac{1}{4}\left(\nu^2 \cdot \frac{-1}{w} + 4\nu\left(\eta + \frac{1}{2w}\right) - 2\nu\right)$$

と置きました．ν の変域は正負のあらゆる奇数 $\pm 1, \pm 3, \pm 5, \cdots$ ですから，$\nu = 2n + 1$ と置くと，n の変域は正負のあらゆる整数になります．また，$w' = \frac{1}{w}$ と置いて A の変形を継続すると，

$$A = \frac{1}{4}\left(-(2n+1)^2 w' + 4(2n+1)\left(\eta + \frac{w''}{2}\right) - 2(2n+1)\right)$$

$$= \frac{1}{4}(-4n^2 w' - 4nw' - w' + 8n\eta + 4\eta + 4nw' + 2w' - 4n - 2)$$

$$= \frac{1}{4}(-4n^2 w' + w' + 8n\eta + 4\eta - 4n - 2)$$

$$= -n^2 w' + \frac{1}{4}w' + 2n\eta + \eta - n - \frac{1}{2}$$

$$= -(n^2 w' - 2n\eta + n) + \left(\frac{1}{4}w' + \eta - \frac{1}{2}\right).$$

これにより

$$\vartheta\left(\eta + \frac{1}{2w}, \frac{-1}{w}\right) = e^{\left(\frac{1}{4}w' + \eta - \frac{1}{2}\right)\pi i} \sum_{n=-\infty}^{n=+\infty} e^{-(n^2 w' - 2n\eta + n)\pi i}$$

という表示が得られます．

次に，上記のテータ関数の変換公式の右辺において $\zeta = \eta + \frac{1}{2w}$ と置くと，

$$\vartheta(\zeta w, w) = \vartheta\left(\left(\eta + \frac{1}{2w}\right)w, w\right) = \vartheta\left(\eta w + \frac{1}{2}, w\right)$$

$$= \sum_\nu e^{\frac{1}{4}\left(\nu^2 w + 4\nu\left(\eta w + \frac{1}{2}\right) - 2\nu\right)\pi i} = \sum_\nu e^{\frac{1}{4}(\nu^2 + 4\nu\eta)w\pi i}.$$

$$e^{\zeta^2 w\pi i} \vartheta(\zeta w, w) = \sum_\nu e^{\left(\left(\eta + \frac{w'}{2}\right)^2 + \frac{1}{4}(\nu^2 + 4\nu\eta)\right)w\pi i}$$

$$= \sum_\nu e^{w\pi i\left(\eta^2 + \eta w' + \frac{w'^2}{4} + \frac{\nu^2}{4} + \nu\eta\right)}.$$

これらを変換公式の両辺に充当すると，

$$e^{\left(\frac{1}{4}w' + \eta - \frac{1}{2}\right)\pi i} \sum_{n=-\infty}^{n=+\infty} e^{-(n^2 w' - 2n\eta + n)\pi i} = -i(\sqrt{-wi}) \sum_\nu e^{w\pi i\left(\eta^2 + \eta w' + \frac{w'^2}{4} + \frac{\nu^2}{4} + \nu\eta\right)}$$

となります．これより，

$$\sum_{n=-\infty}^{n=+\infty} e^{-(n^2 w' - 2n\eta + n)\pi i} = -i(\sqrt{-wi}) \sum_{\nu} e^{\pi i \left(-\frac{w'}{4} - \eta + \frac{1}{2} + w\eta^2 + \eta + \frac{w'}{4} + \frac{w\nu^2}{4} + w\nu\eta\right)}$$

$$= -i(\sqrt{-wi}) e^{\frac{\pi}{2}i} \sum_{\nu} e^{w\pi i \left(\eta^2 + \frac{\nu^2}{4} + \nu\eta\right)}$$

$$= (\sqrt{-wi}) \sum_{\nu} e^{w\pi i \left(\eta + \frac{\nu}{2}\right)^2}.$$

式変形の途中で $ww' = 1$ となることを用いました．この等式において η を $-\eta$ に置き換えると，

$$(\sqrt{-wi}) \sum_{\nu} e^{w\pi i \left(\eta - \frac{\nu}{2}\right)^2} = \sum_{n=-\infty}^{n=\infty} e^{-(n^2 w' + 2n\eta + n)\pi i}$$

となりますが，ここで n に関して加える順序を逆転して n を $-n_1$ に置き換えると，右辺の無限級数は

$$\sum_{n_1=-\infty}^{n_1=+\infty} e^{-(n_1^2 w' - 2n_1\eta - n_1)\pi i}$$

という形になります．ここで，$e^{n_1\pi i} = e^{-n_1\pi i}$ であることに留意すると，この無限級数は

$$\sum_{n_1=-\infty}^{n_1=+\infty} e^{(n_1^2 w' - 2n_1\eta + n_1)\pi i}$$

と表示されます．これで等式

$$(\sqrt{-wi}) \sum_{\nu} e^{w\pi i \left(\eta - \frac{\nu}{2}\right)^2} = \sum_{n=-\infty}^{n=+\infty} e^{-(n^2 w' - 2n\eta + n)\pi i}, \; \left(w' = \frac{1}{w}\right)$$

に到達しました．

関数 Λ の新たな表示式をめざす

こうして確立された等式において

$$w = w_1 + w_2,$$

$$\eta = \tau + \frac{m w_1}{w_1 + w_2} = \tau + \frac{1}{2} m + \frac{m}{2} \cdot \frac{w_1 - w_2}{w_1 + w_2}$$

と置いてみます. まず,

$$-(n^2 w' - 2n\eta + n) = -\frac{n^2}{w_1 + w_2} + 2n\left(\tau + \frac{m}{2} + \frac{m}{2} \cdot \frac{w_1 - w_2}{w_1 + w_2}\right) - n$$

$$= \frac{1}{w_1 + w_2}(mn(w_1 - w_2) - n^2) + mn + (2\tau - 1)n$$

$$= \psi(m, n) - \frac{m^2 w_1 w_2}{w_1 + w_2} - m(2\sigma - 1)$$

と変形が進みます. ここで,

$$\psi(m, n) = \frac{1}{w_1 + w_2}(m^2 w_1 w_2 + mn(w_1 - w_2) - n^2)$$

$$+ mn + m(2\sigma - 1) + n(2\tau - 1)$$

と置きました. 式変形を進めると,

$$\sum_{n=-\infty}^{n=+\infty} e^{\pi i \psi(m,n)} = \sum_{n=-\infty}^{n=+\infty} e^{-(n^2 w' - 2n\eta + n)\pi i} \cdot e^{\pi i \left(\frac{m^2 w_1 w_2}{w_1 + w_2} + m(2\sigma - 1)\right)}$$

$$= (\sqrt{-wi}) \sum_{\nu} e^{w\pi i \left(\eta - \frac{1}{2}\nu\right)^2} \cdot e^{\pi i \left(\frac{m^2 w_1 w_2}{w_1 + w_2} + m(2\sigma - 1)\right)}$$

$$= (\sqrt{-wi}) \sum_{\nu} e^{\pi i \times B}$$

という形になります. ここで, B と表記した量の計算を進める
と,

$$B = (w_1 + w_2)\left(\tau - \frac{\nu}{2} + \frac{mw_1}{w_1 + w_2}\right)^2 + \frac{m^2 w_1 w_2}{w_1 + w_2} + m(2\sigma - 1)$$

$$= \frac{w_1 + w_2}{4}\left(2\tau - \nu + \frac{2mw_1}{w_1 + w_2}\right)^2 + \frac{m^2 w_1 w_2}{w_1 + w_2} + m(2\alpha - 1)$$

$$= \frac{w_1 + w_2}{4}(2\tau - \nu)^2 + \frac{w_1 + w_2}{4}(2\tau - \nu)\frac{4mw_1}{w_1 + w_2}$$

$$+ \frac{w_1 + w_2}{4} \cdot \frac{4m^2 w_1^2}{(w_1 + w_2)^2} + \frac{m^2 w_1 w_2}{w_1 + w_2} + m(2\sigma - 1)$$

$$= \frac{1}{4}(w_1 + w_2)(\nu - 2\tau)^2 - mw_1(2\tau - \nu) + m^2 w_1 + m(2\sigma - 1)$$

$$= \varphi(\mu, \nu)$$

となって, $B = \varphi(\mu, \nu)$ であることが確められます. これで等式

$$\left(\sqrt{-(w_1+w_2)i}\,\right)\sum_{\mu,\nu} e^{\pi i \varphi(\mu,\nu)} = \sum_{m,n} e^{\pi i \psi(m,n)}$$

が確立されました.

　ここで，前にそうしたように

$$\frac{w_1 w_2}{w_1+w_2}=a_0 i, \quad \frac{w_1-w_2}{w_1+w_2}=b_0 i, \quad \frac{-1}{w_1+w_2}=c_0 i$$

と置く[※2]と，

$$\left(\sqrt{-(w_1+w_2)i}\,\right)=\frac{1}{(\sqrt{c_0})},$$

$$\sum_{\nu,\mu} e^{\pi i \varphi(\mu,\nu)} = P(\sigma,\tau,w_1,w_2)$$

となります. 右辺に見られる $\psi(m,n)$ については，2 次形式 $a_0 x^2 + b_0 xy + c_0 y^2$ を $f(x,y)$ で表すことにすると，

$$\begin{aligned}
\psi(m,n) &= i(a_0 m^2 + b_0 mn + c_0 n^2) + mn + m(2\sigma-1) + n(2\tau-1)\\
&= i(a_0 m^2 + b_0 mn + c_0 n^2) + 2(m\sigma + n\tau) + mn - (m+n)\\
&= if(m,n) + 2(m\sigma + n\tau) + (m-1)(n-1) - 1
\end{aligned}$$

という形になります. よって，

$$\begin{aligned}
e^{\pi i \psi(m,n)} &= e^{-\pi f(m,n)+2(m\sigma+n\tau)\pi i} \cdot e^{(m-1)(n-1)\pi i} \cdot e^{-\pi i}\\
&= -e^{-\pi f(m,n)+2(m\sigma+n\tau)\pi i} \cdot (-1)^{(m-1)(n-1)}.
\end{aligned}$$

これらの計算を組合わせると，

$$-P(\sigma,\tau,w_1,w_2)=(\sqrt{c_0})\sum (-1)^{(m-1)(n-1)} e^{-\pi f(m,n)+2(m\sigma+n\tau)\pi i}$$

という表示が得られます. 2 次形式の姿が目にあざやかです.

[※2]　22 頁.

第4章

$\Lambda(\sigma,\tau,w_1,w_2)$ の主方程式の最終形

$\Lambda(\sigma,\tau,w_1,w_2)$ の表示式の変形の続き

関数 $\Lambda(\sigma,\tau,w_1,w_2)$ の表示式の変形を続けます．目標はこの関数の数論的不変性が顕わになるようにすることで，そのための一里塚として，第3章までに

$$-P(\sigma,\tau,w_1,w_2)=(\sqrt{c_0})\sum(-1)^{(m-1)(n-1)}e^{-\pi f(m,n)+2(m\sigma+n\tau)\pi i}$$

という表示に到達しました[1]．ここで，$P(\sigma,\tau,w_1,w_2)$ は

$$P(\sigma,\tau,w_1,w_2)=e^{\tau^2(w_1+w_2)\pi i}\vartheta(\sigma+\tau w_1,w_1)\vartheta(\sigma-\tau w_2,w_2)$$

と規定される関数で，この関数は $\Lambda(\sigma,\tau,w_1,w_2)$ と

$$\Lambda(\sigma,\tau,w_1,w_2)=\frac{(4\pi^2)^{\frac{1}{3}}P(\sigma,\tau,w_1,w_2)}{(\vartheta'(0,w_1)\vartheta'(0,w_2))^{\frac{1}{3}}}$$

という関係で結ばれています．$P(\sigma,\tau,w_1,w_2)$ の σ と τ に関する導関数を計算すると，次のような表示が得られます．

$$\frac{\partial P}{\partial\sigma}=e^{\tau^2(w_1+w_2)\pi i}(\vartheta'(\sigma+\tau w_1,w_1)+\vartheta(\sigma-\tau w_2,w_2)$$
$$+\vartheta(\sigma+\tau w_1)\vartheta'(\sigma-\tau w_2,w_2))$$

---

[1] 40頁.

$$\frac{\partial P}{\partial \tau} = 2\tau(w_1 + w_2)\pi i e^{\tau^2(w_1+w_2)\pi i}\vartheta(\sigma+\tau w_1, w_1)\vartheta(\sigma-\tau w_2, w_2)$$
$$+ e^{\tau^2(w_1+w_2)\pi i}\left(w_1\vartheta'(\sigma+\tau w_1, w_1)\vartheta(\sigma-\tau w_2, w_2)\right.$$
$$\left. - w_2\vartheta(\sigma+\tau w_1, w_1)\vartheta'(\sigma-\tau w_2, w_2)\right)$$

$$\frac{\partial^2 P}{\partial\sigma\partial\sigma} = e^{\tau^2(w_1+w_2)\pi i}\left(\vartheta''(\sigma+\tau w_1, w_1)\vartheta(\sigma-\tau w_2, w_2)\right.$$
$$+ 2\vartheta'(\sigma+\tau w_1, w_1)\vartheta'(\sigma-\tau w_2, w_2)$$
$$\left. + \vartheta(\sigma+\tau w_1, w_1)\vartheta''(\sigma-\tau w_2, w_2)\right)$$

$$\frac{\partial^2 P}{\partial\sigma\partial\tau} = 2\tau(w_1+w_2)\pi i e^{\tau^2(w_1+w_2)\pi i}\left(\vartheta'(\sigma+\tau w_1, w_1)\vartheta(\sigma-\tau w_2, w_2)\right.$$
$$\left. + \vartheta(\sigma+\tau w_1, w_1)\vartheta'(\sigma-\tau w_2, w_2)\right)$$
$$+ e^{\tau^2(w_1+w_2)\pi i}\left(w_1\vartheta''(\sigma+\tau w_1, w_1)\vartheta(\sigma-\tau w_2, w_2)\right.$$
$$- w_2\vartheta'(\sigma+\tau w_1, w_1)\,\vartheta'(\sigma-\tau w_2, w_2)$$
$$+ w_1\vartheta'(\sigma+\tau w_1, w_1)\,\vartheta'(\sigma-\tau w_2, w_2)$$
$$\left. - w_2\vartheta(\sigma+\tau w_1, w_1)\vartheta''(\sigma-\tau w_2, w_2)\right)$$

$$\frac{\partial^2 P}{\partial\tau\partial\tau} = 2(w_1+w_2)\pi i e^{\tau^2(w_1+w_2)\pi i}\vartheta(\sigma+\tau w_1, w_1)\vartheta(\sigma-\tau w_2, w_2)$$
$$- 4\tau^2(w_1+w_2)^2\pi^2 e^{\tau^2(w_1+w_2)\pi i}\vartheta(\sigma+\tau w_1, w_1)\vartheta(\sigma-\tau w_2, w_2)$$
$$+ 2\tau(w_1+w_2)\pi i e^{\tau^2(w_1+w_2)\pi i}\left(w_1\vartheta'(\sigma+w_1, w_1)\vartheta(\sigma-\tau w_2, w_2)\right.$$
$$\left. - w_2\vartheta(\sigma+\tau w_1, w_1)\vartheta'(\sigma-\tau w_2, w_2)\right)$$
$$+ e^{\tau^2(w_1+w_2)\pi i}\left(w_1^2\vartheta''(\sigma+\tau w_1, w_1)\vartheta(\sigma-\tau w_2, w_2)\right.$$
$$- 2w_1 w_2\vartheta'(\sigma+\tau w_1, w_1)\vartheta'(\sigma-\tau w_2, w_2)$$
$$\left. + w_2^2\vartheta(\sigma+\tau w_1, w_1)\vartheta''(\sigma-\tau w_2, w_2)\right)$$

ここに現れる 3 種類の 2 階導関数において $\sigma = 0$, $\tau = 0$ と置いて,
3 個の数値

$$P_{11} = \frac{\partial^2 P}{\partial\sigma\partial\sigma}\,(\sigma = 0, \tau = 0),$$
$$P_{12} = \frac{\partial^2 P}{\partial\sigma\partial\tau}\,(\sigma = 0, \tau = 0),$$
$$P_{22} = \frac{\partial^2 P}{\partial\tau\partial\tau}\,(\sigma = 0, \tau = 0)$$

に着目します. これらの値は $\sigma = 0, \tau = 0$ を代入すれば求められますが, その際, $\vartheta(0, w) = 0$ であることに留意します. これはテータ関数の無限積表示

$$\vartheta(\zeta, w) = 2e^{\frac{1}{4}w\pi i} \cdot \sin \zeta \pi \prod_{n} (1 - 2^{2nw\pi i}) \prod_{n, \varepsilon} (1 - e^{2(nw + \varepsilon\zeta)\pi i})$$

によりわかります. 代入 $\sigma = 0$, $\tau = 0$ を実行すると,

$$P_{11} = 2\vartheta'(0, w_1)\,\vartheta'(0, w_2)$$
$$P_{12} = (w_1 - w_2)\,\vartheta'(0, w_1)\,\vartheta'(0, w_2)$$
$$P_{22} = -2w_1 w_2\,\vartheta'(0, w_1)\,\vartheta'(0, w_2)$$

となります. ここで, $\dfrac{w_1 w_2}{w_1 + w_2} = a_0 i, \dfrac{w_1 - w_2}{w_1 + w_2} = b_0 i, \dfrac{-1}{w_1 + w_2} = c_0 i$

であることを想起すると (第 2 章参照), $w_1 + w_2 = \dfrac{i}{c_0}$ より

$$w_1 - w_2 = b_0 i \times \frac{i}{c_0} = -\frac{b_0}{c_0}, \quad w_1 w_2 = a_0 i \times \frac{i}{c_0} = -\frac{a_0}{c_0}.$$

これらを代入すると,

$$c_0 P_{11} = 2c_0\,\vartheta'(0, w_1)\,\vartheta'(0, w_2)$$
$$c_0 P_{12} = -b_0\,\vartheta'(0, w_1)\,\vartheta'(0, w_2)$$
$$c_0 P_{22} = 2a_0\,\vartheta'(0, w_1)\,\vartheta'(0, w_2)$$

という表示式が得られます. これらのそれぞれに順に a_0, b_0, c_0 を乗じ, そののちに加えると, $4a_0 c_0 - b_0^2 = 1$ より,

$$c_0(a_0 P_{11} + b_0 P_{12} + c_0 P_{22}) = (2a_0 c_0 - b_0^2 + 2a_0 c_0)\,\vartheta'(0, w_1)\,\vartheta'(0, w_2)$$
$$= (4a_0 c_0 - b_0^2)\,\vartheta'(0, w_1)\,\vartheta'(0, w_2)$$
$$= \vartheta'(0, w_1)\vartheta'(0, w_2)$$

これでだいぶ見通しのよい形になりました.

式変形の続き

前章までに到達した表示式

$$-P(\sigma, \tau, w_1, w_2) = (\sqrt{c_0}) \sum (-1)^{(m-1)(n-1)} e^{-\pi f(m,n) + 2(m\sigma + n\tau)\pi i}$$

を基礎にして P_{11}, P_{12}, P_{22} の数値を算出してみます. σ に関して微分すると,

$$\frac{\partial P}{\partial \sigma} = -(\sqrt{c_0}) \sum (-1)^{(m-1)(n-1)} \cdot (2m\pi i) \cdot e^{-\pi f(m,n) + 2(m\sigma + n\tau)\pi i}$$

$$\frac{\partial^2 P}{\partial \sigma \partial \sigma} = -(\sqrt{c_0}) \sum (-1)^{(m-1)(n-1)} \cdot (2m\pi i)^2 \cdot e^{-\pi f(m,n) + 2(m\sigma + n\tau)\pi i}$$

$$= 4\pi^2 (\sqrt{c_0}) \sum (-1)^{(m-1)(n-1)} \cdot m^2 \cdot e^{-\pi f(m,n) + 2(m\sigma + n\tau)\pi i}.$$

これより

$$P_{11} = 4\pi^2 (\sqrt{c_0}) \sum (-1)^{(m-1)(n-1)} m^2 e^{-\pi f(m,n)}$$

が導かれます. 同様に,

$$\frac{\partial^2 P}{\partial \sigma \partial \tau} = -(\sqrt{c_0}) \sum (-1)^{(m-1)(n-1)} \cdot (2m\pi i)(2n\pi i) \cdot e^{-\pi f(m,n) + 2(m\sigma + n\tau)\pi i}$$

$$= 4\pi^2 (\sqrt{c_0}) \sum (-1)^{(m-1)(n-1)} \cdot mn \cdot e^{-\pi f(m,n) + 2(m\sigma + n\tau)\pi i}.$$

これより

$$P_{12} = 4\pi^2 (\sqrt{c_0}) \sum (-1)^{(m-1)(n-1)} mn e^{-\pi f(m,n)}.$$

また,

$$\frac{\partial^2 P}{\partial \tau \partial \tau} = -(\sqrt{c_0}) \sum (-1)^{(m-1)(n-1)} \cdot (2n\pi i)^2 \cdot e^{-\pi f(m,n) + 2(m\sigma + n\tau)\pi i}$$

$$= 4\pi^2 (\sqrt{c_0}) \sum (-1)^{(m-1)(n-1)} \cdot n^2 \cdot e^{-\pi f(m,n) + 2(m\sigma + n\tau)\pi i}.$$

これより

$$P_{22} = 4\pi^2 (\sqrt{c_0}) \sum (-1)^{(m-1)(n-1)} n^2 e^{-\pi f(m,n)}.$$

これらを合せると, $f(m,n) = a_0 m^2 + b_0 mn + c_0 n^2$ より,

$$c_0 (a_0 P_{11} + b_0 P_{12} + c_0 P_{22})$$

$$= 4\pi^2 (\sqrt{c_0})^3 \sum (-1)^{(m-1)(n-1)} \cdot (a_0 m^2 + b_0 mn + c_0 n^2) e^{-\pi f(m,n)}$$

$$= 4\pi^2 (\sqrt{c_0})^3 \sum (-1)^{(m-1)(n-1)} f(m,n) e^{-\pi f(m,n)}$$

と表示されますが, 前節の計算結果を参照すると, これは $\vartheta'(0, w_1) \vartheta'(0, w_2)$ にほかなりません. そこでこれを $\Lambda(\sigma, \tau, w_1, w_2)$

の表示式に代入すると，

$$\Lambda(\sigma, \tau, w_1, w_2) = \frac{(4\pi^2)^{\frac{1}{3}} P(\sigma, \tau, w_1, w_2)}{(\vartheta'(0, w_1)\, \vartheta'(0, w_2))^{\frac{1}{3}}}$$

$$= \frac{(4\pi^2)^{\frac{1}{3}} (-(\sqrt{c_0}) \sum (-1)^{(m-1)(n-1)} e^{-\pi f(m,n) + 2(m\sigma + n\tau)\pi i})}{(4\pi^2 (\sqrt{c_0})^3 \sum (-1)^{(m-1)(n-1)} f(m,n) e^{-\pi f(m,n)})^{\frac{1}{3}}}$$

$$= -\frac{\sum (-1)^{(m-1)(n-1)} e^{-\pi f(m,n) + 2(m\sigma + n\tau)\pi i}}{(\sum (-1)^{(m-1)(n-1)} f(m,n) e^{-\pi f(m,n)})^{\frac{1}{3}}}$$

という式に到達します．最後の分数式には 2 次形式 $f(m,n)$ の姿が鮮明に目に映じます．クロネッカーはこのような表示式をめざして式変形を重ねていったのでした．

　クロネッカーはここでローゼンハインの名を挙げて，上記の表示式の右辺に見られる無限級数はローゼンハインの 2 変数テータ級数の特別のものであることを指摘しました．ローゼンハインのフルネームはヨハン・ゲオルク・ローゼンハイン．1816 年 6 月 10 日にケーニヒスベルクに生れたドイツの数学者で，ヤコビがアーベルの論文に示唆を得て提示した原型の「ヤコビの逆問題」に解決をもたらしたことで知られています．その様子を叙述した論文は「第 1 類超楕円積分の逆関数である 2 変数 4 重周期関数について」というもので，1846 年 9 月 30 日付でパリの科学アカデミーに受理され，数学のグランプリを受けました．多変数のテータ関数というものの出自を知るうえで不可欠の論文です．

アーベルの級数変形法より

　目標としていた関数 $\Lambda(\sigma, \tau, w_1, w_2)$ の表示式が得られたところまでが連作「楕円関数論に寄せる」の第 III 論文で，ここからおもむきをあらためて第 IV 論文が始まります．クロネッカーはアーベルの級数変形法から説き起こしました．クロネッカーが参照するようにと指示し

ているのは，アーベルの論文

　「級数 $1+\dfrac{m}{1}x+\dfrac{m(m-1)}{1\cdot2}x^2+\dfrac{m(m-1)(m-2)}{1\cdot2\cdot3}x^3+\cdots$ の研究」

で，クロネッカーはこれを「2 項級数に関する論文」と紹介していま
す．初出は『クレルレの数学誌』の第 1 巻（1826 年）で，311 頁から
339 頁まで 29 頁を占めています．ドイツ語で表記されていますが，
アーベル自身はこれをフランス語で書き，掲載にあたってクレルレが
ドイツ語に翻訳したのでした．アーベルの全集にはもとのフランス語
の論文が収録されています．

　のちに「アーベルの級数変形法」と呼ばれることになる変形法はこ
の論文の「定理III」に記されています．アーベルの表記に沿って再現
すると，任意の無限数列 $t_0,t_1,t_2,\cdots,t_m,\cdots$ を設定し，部分和

$$p_m=t_0+t_1+t_2+\cdots+t_m$$

をつくります．m を自由にとると無数の部分和が現れますが，それ
らは全体として有界であるものとします．言い換えると，ある正の定
数 δ を定めると，つねに不等式

$$|p_m|<\delta$$

が成立します．ここのところを，アーベルは絶対値記号を用いずに
「p_m はある定められた量 δ よりもつねに小さい」と言い表していま
す．これが第 1 に課される限定です．次に，$\varepsilon_1,\varepsilon_2,\varepsilon_3,\cdots$ は単調に
減少する正数の系列として，積の和

$$r=\varepsilon_0t_0+\varepsilon_1t_1+\varepsilon_3t_3+\cdots+\varepsilon_mt_m$$

をつくります．このとき，あらゆる m に対してつねに不等式

$$r<\delta\varepsilon_0$$

が成立するというのが「定理 III」の主張です．

　これを確認するために，

$$t_0=p_0,\ t_1=p_1-p_0,\ t_2=p_2-p_1,\cdots$$

となることに留意すると，r は

$$r = \varepsilon_0 p_0 + \varepsilon_1 (p_1 - p_0) + \varepsilon_2 (p_2 - p_1) + \cdots + \varepsilon_m (p_m - p_{m-1})$$

$$= p_0 (\varepsilon_0 - \varepsilon_1) + p_1 (\varepsilon_1 - \varepsilon_2) + \cdots + p_{m-1} (\varepsilon_{m-1} - \varepsilon_m) + p_m \varepsilon_m$$

と表示されます．これが「アーベルの級数変形法」です．ここで，$\varepsilon_0, \varepsilon_1, \varepsilon_3, \cdots$ に課された仮定により，差 $\varepsilon_0 - \varepsilon_1, \varepsilon_1 - \varepsilon_2, \cdots$ はすべて正であり，しかもつねに不等式 $|p_m| < \delta$ が成立しますから，r の大きさの限界を規定する不等式

$$|r| < \delta \{ (\varepsilon_0 - \varepsilon_1) + (\varepsilon_1 - \varepsilon_2) + \cdots + (\varepsilon_{m-1} - \varepsilon_m) + \varepsilon_m \} = \delta \varepsilon_0$$

が得られます．これがアーベルの論文に見られる「定理 III」の主張です．

　クロネッカーはアーベルの級数変形法に着目し，恒等的に成立する等式

$$\varphi(k)\psi(k) + \sum_n (\varphi(n) - \varphi(n-1))\varphi(n)$$

$$= \varphi(k')\psi(k') + \sum_n \varphi(n-1)(\psi(n-1) - \varphi(n))$$

$$(n = k, k+1, k+2, \cdots, k')$$

を書きました．$\varphi(n)$ と $\psi(n)$ としてどのようなものが想定されているのか，この時点ではまだわかりませんが，実数値関数が順次規定されます．まず区間

$$n \leqq \xi < n+1$$

内の ξ に対し，

$$\varphi(\xi) = \varphi(n)$$

と定めます．次に，$\psi(\xi)$ として，あらゆる実数値 ξ に対して定められる微分可能な関数を取り上げます．このとき，上記の恒等式は

$$\varphi(k)\psi(k) + \sum_n (\varphi(n) - \varphi(n-1))\psi(n) = \varphi(k')\psi(k') - \int_k^{k'} \varphi(\xi) d\psi(\xi)$$

という形の等式に移行します．このような形を見れば明らかなように，$\varphi(k)$ の絶対値はある大きな数 k に対してつねにある定まった正

の数 $\mathfrak{p}$ よりも小さいとし，$\psi(\xi)$ はつねに正の値をとり，しかも変数が増大するのにつれて限りなく減少していく関数とすると，無限級数

$$\sum_n (\varphi(n) - \varphi(n-1))\psi(n) \quad (n = 1, 2, 3, \cdots)$$

は収束します．

　これを確認します．まず関数 $\varphi(\xi), \psi(\xi)$ に課された条件により，不等式

$$\left| \int_k^{k'} \varphi(\xi) d\psi(\xi) \right| < \mathfrak{p}\psi(k) \quad (k < k')$$

が成立しますが，これは，積分

$$\int_0^\infty \varphi(\xi) d\psi(\xi)$$

が収束することを示しています．それゆえ，等式

$$\sum_n (\varphi(n) - \varphi(n-1))\psi(n) = \varphi(k')\psi(k') - \int_0^{k'} \varphi(\xi) d\psi(\xi) - \varphi(0)\psi(0)$$
$$(n = 1, 2, \cdots, k')$$

により，無限級数 $\displaystyle\sum_n (\varphi(n) - \varphi(n-1))\psi(n) \quad (n = 1, 2, 3, \cdots)$ は積分 $\displaystyle\int_0^\infty \varphi(\xi) d\psi(\xi)$ とともに収束することがわかります．$\varphi(0) = 0$ という前提を設定すると，両者の値は等式

$$\int_0^\infty \varphi(\xi) d\psi(\xi) = -\sum_n (\varphi(n) - \varphi(n-1))\psi(n)$$

により結ばれることも明らかになります．

　ここにいたるまでの論証の途中で絶対値記号が使われる場面がありました．今ではごく普通のことで，数 A の絶対値を表すのに $|A|$ という記号を用いるのですが，この記号はヴァイエルシュトラスに由来することを，クロネッカーは言い添えています．これはちょっとおもしろいひとことでした．

もうひとつのパラメータ

関数 $\psi(\xi)$ について，変数 ξ のほかにもうひとつの実量 ρ に依存するという場合を考えてみます．ξ を固定して ρ の関数と見るとき，区間 $\rho_0 \le \rho \le \rho_1$ において連続的に減少するものとすると，不等式 $\psi(k, \rho) \le \psi(k, \rho_0)$ が成立しますから，

$$\left| \int_k^{k'} \varphi(\xi) d\psi(\xi) \right| < \mathfrak{p}\psi(k, \rho_0)$$

という不等式もまた成立します．この不等式を見ると，積分 $\int_0^\infty \varphi(\xi) d\psi(\xi)$ は，ρ の関数と見るとき，区間 $\rho_0 \le \rho \le \rho_1$ において連続であること，したがって無限級数 $\sum'(\varphi(n) - \varphi(n-1))\psi(n)$ もまた ρ の連続関数であることがわかります．

極限等式への移行

関数 $\psi(n)$ として，クロネッカーは

$$\psi(n) = (m^2 + (b_0 m + 2c_0 n)^2)^{-1-\rho} \quad (\rho > -1)$$

を選定しました．もうひとつの関数 $\varphi(n)$ については，$\varphi(n) - \varphi(n-1)$ が $\cos 2n\tau\pi$ および $\sin 2n\tau\pi$ になるように選ばれています．2通りの選定が指定されていることになりますが，$x = 2\tau\pi$ と置いて表示すると，関数のひとつは

$$\varphi(n) = \cos x + \cos 2x + \cdots + \cos nx$$

であり，もうひとつは

$$\varphi(n) = \sin x + \sin 2x + \cdots + \sin nx$$

です．あるいはまた，一般に成立する等式 $e^{i\theta} = \cos\theta + i\sin\theta$ を踏まえれば，1個の関数

$$\varphi(n) = e^{ix} + e^{2ix} + \cdots + e^{inx}$$

が考えられていると見るのも許されます．この関数が有界であること
を確認しなければなりませんが，次のように式変形を進めて確められ
ます．

$$\left| e^{ix} + e^{2ix} + \cdots + e^{inx} \right| = \left| \frac{e^{ix} - e^{i(n+1)x}}{1 - e^{ix}} \right| = \left| \frac{e^{\frac{i(n+2)x}{2}}}{e^{\frac{ix}{2}}} \cdot \frac{e^{-\frac{inx}{2}} - e^{\frac{inx}{2}}}{e^{-\frac{ix}{2}} - e^{\frac{ix}{2}}} \right|$$

$$= \left| \frac{e^{-\frac{inx}{2}} - e^{\frac{inx}{2}}}{e^{-\frac{ix}{2}} - e^{\frac{ix}{2}}} \right| = \left| \frac{\sin \frac{nx}{2}}{\sin \frac{x}{2}} \right| \leq \left| \frac{1}{\sin \frac{x}{2}} \right|.$$

　ただし，τ には $\tau = 0$ は除外するという制限が課されます．ま
た，b_0, c_0 としては複素数値は除外されます．n については，
$b_0 m + 2 c_0 n$ が負になるようなものは除外します．

　λ は任意の小さな正の実数とし，k_m は 2 条件

$$2 c k_m + b m > \frac{1}{\lambda}, \ 2 c k_m - b m > \frac{1}{\lambda}$$

を同時に満たす最も小さい正整数とすると，これまでに設定した諸状
勢により，$\mathfrak{p}'$ はある定数として，不等式

$$\left| \sum_n e^{2n\tau\pi i} ((2 c_0 n \pm b_0 m)^2 + m^2)^{-1-\rho} \right| < \mathfrak{p}' \left(m^2 + \frac{1}{\lambda^2} \right)^{-1-\rho_0}$$

$(n = k_m + 1, k_m + 2, \cdots, k' ; \rho_0 \leqq \rho \leqq \rho_1)$

が成立します．ここで，不等式

$$\lambda \cdot \sum_{m=1}^{m=\infty} (\lambda^2 m^2 + 1)^{-1-\rho_0} < \lambda \int_0^\infty \frac{d\xi}{(\lambda^2 \xi^2 + 1)^{1+\rho_0}} = \int_0^\infty \frac{dx}{(x^2 + 1)^{1+\rho_0}}$$

に着目し，最後に現れる積分 $\displaystyle \int_0^\infty \frac{dx}{(x^2 + 1)^{1+\rho_0}}$ は $\rho_0 > -\frac{1}{2}$ であれ
ば収束することに留意すると，この状況のもとで，

$$\lim_{\lambda=0} \sum_{m=1}^{m=\infty} \left(m^2 + \frac{1}{\lambda^2} \right)^{-1-\rho_0} = \lim_{\lambda=0} \lambda^{1+2\rho_0} \cdot \lambda \cdot \sum_{m=1}^{m=\infty} (\lambda^2 m^2 + 1)^{-1-\rho_0} = 0$$

となります．

　これによって明らかになるように，ρ_0 より小さくない ρ の値すべ
ての値に対し，それに対応して λ を十分に小さく選定すれば，和

$$\sum_{m=-\infty}^{m=+\infty} \left| \sum_n e^{2n\tau\pi i} \left((2c_1 n + b_0 m)^2 + m^2 \right)^{-1-\rho} \right|$$

$$(\pm n = k_m + 1, k_m + 2, \cdots)$$

の値は任意に小さく指定された限界以下に留まります．したがって，和

$$\sum_{m=-\infty}^{m=+\infty} \left| e^{2m\sigma\pi i} \sum_n e^{2n\tau\pi i} f(m,n)^{-1-\rho} \right|$$

すなわち

$$\sum_{m=-\infty}^{m=+\infty} \left| \sum_n e^{2(m\sigma+n\tau)\pi i} f(m,n)^{-1-\rho} \right|$$

についても同じことが言えます．ただし，σ は**実**とし，$\rho_0 > -\dfrac{1}{2}$ であるものとしています．

$f(m,n) = a_0 m^2 + b_0 mn + c_0 n^2$ であることも想起しておきたいと思います．3個の係数 $a_0,\ b_0, c_0$ は $4a_0 c_0 - b_0^2 = 1$ という関係で結ばれていて，計算を進めると，

$$\begin{aligned}
4c_0 f(m,n) &= 4c_0 (a_0 m^2 + b_0 mn + c_0 n^2) \\
&= (1+b_0^2) m^2 + 4b_0 c_0 mn + 4c_0^2 n^2 \\
&= m^2 + (2c_0 n + b_0 m)^2
\end{aligned}$$

となり，これに基づいて $m^2 + (2c_0 n + b_0 m)^2$ を $f(m,n)$ に置き換えました．

ここまでの論証の道筋を極限というものの属性に立ち返って顧みると，極限値

$$\lim_{h=\infty} \lim_{k=\infty} \sum_{m,n} e^{2(m\sigma+n\tau)\pi i} f(m,n)^{-1-\rho}$$

$$(-h \leqq m \leqq h,\ -k \leqq n \leqq k\,;\, m = n = 0 \text{ は除く})$$

は存在し，その極限値は極限値

$$\lim_{\lambda=0} \lim_{h=\infty} \lim_{k=\infty} \sum_{m,n} e^{2(m\sigma+n\tau)\pi i} f(m,n)^{-1-\rho}$$

$$(-h \leqq m \leqq h,\ -k_m \leqq n \leqq k_m\,;\, m = n = 0\ \text{は除く})$$

と一致することがわかります．後者の極限値において，総和の限界を示す数値 k_m は λ に依存しています．

　また，これもここにいたる論証の道筋により判明することですが，こうして認識される極限値を ρ の関数と見ると連続関数です．

主方程式の最終形に向う

　2 次形式 $f(x,y) = a_0 x^2 + b_0 xy + c_0 y^2$ には条件 $4a_0 c_0 - b_0^2 = 1$ が課されていることを考慮すると，$\rho > 0$ のとき，2 重無限級数

$$\sum_{m,n} e^{2(m\sigma + n\tau)\pi i} f(m,n)^{-1-\rho}$$

$$(m, n = 0, \pm 1, \pm 2, \cdots\,;\, m = n = 0\ \text{は除く})$$

は絶対収束し，総和を実行する際の諸項の順序に依存することなくつねに同一の和が得られます．そこで，$\log\Lambda(\sigma,\tau,w_1,w_2)$ を表示する主方程式（第 2 章参照）

$$(\mathfrak{A})\quad \log\Lambda(\sigma,\tau,w_1,w_2) = \frac{-1}{2\pi}\lim_{h=\infty}\lim_{k=\infty}\sum_{m,n}\frac{e^{2(m\sigma+n\tau)\pi i}}{a_0 m^2 + b_0 mn + c_0 n^2}$$

は

$$(\mathfrak{D}_0)\quad \log\Lambda(\sigma,\tau,w_1,w_2) = \frac{-1}{2\pi}\lim_{\rho=0}\sum_{m,n}\frac{e^{2(m\sigma+n\tau)\pi i}}{(a_0 m^2 + b_0 mn + c_0 n^2)^{1+\rho}}$$

という形に表されます．ここで，$\rho,\sigma,\tau,a_0,b_0,c_0$ には，実数であることのほかに，

$$\rho > 0,\ a_0 > 0,\ c_0 > 0,\ 4a_0 c_0 - b_0^2 = 1$$

という条件のみが課されています．$w_1, -w_2$ は 2 次方程式

$$a_0 + b_0 w + c_0 w^2 = 0$$

の 2 根であり，右辺の無限級数は $m = n = 0$ を除いて m と n のあらゆる整数値にわたって総和が行われます．前に主方程式 $(\mathfrak{A})$ が導

かれたときには τ に対して

$$0 \leqq \tau < 1$$

という条件が課されましたが，今度の主方程式 $(\mathfrak{D}_0)$ ではこの条件は撤廃されています．値の組 $\sigma = 0$, $\tau = 0$ は排除されていて，この点は $(\mathfrak{A})$ の場合と同じです．

2次形式 $f(m, n)$ には $4a_0 c_0 - b_0^2 = 1$ という条件が課されましたが，この限定を除去したらどのようになるでしょうか．a_0, b_0, c_0 についてはそのままとして，新たに正の実量 Δ を導入して

$$a = a_0 \sqrt{\Delta}, \ b = b_0 \sqrt{\Delta}, \ c = c_0 \sqrt{\Delta}$$

と置くと，$4ac - b^2 = \Delta$ という関係が成立しています．これらの a, b, c を用いて

$$w_1 = \frac{-b + i\sqrt{\Delta}}{2c}, \ w_2 = \frac{b + i\sqrt{\Delta}}{2c}$$

と置くと，主方程式 $(\mathfrak{D}_0)$ により

$$(\mathfrak{D}) \quad \log \Lambda(\sigma, \tau, w_1, w_2) = \frac{-\sqrt{\Delta}}{2\pi} \lim_{\rho=0} \sum_{m,n} \frac{e^{2(m\sigma + n\tau)\pi i}}{(am^2 + bmn + cn^2)^{1+\rho}}$$

という形の方程式が現れます．クロネッカーはこれを早い時期にすでに手にしていたとのことで，論文

「楕円関数によるペルの方程式の解法について」(『プロイセン月報』1863 年 1 月, 44-50 頁)

で証明を付けずに報告したことをここで告げています．1823 年 12 月 7 日の生れのクロネッカーはこの時点で満 39 歳でした．

第 5 章

関数 $L(a_0, c_0)$ の構成

主方程式と $\log \Lambda$ の不変性

整数 $\alpha, \alpha', \beta, \beta'$ は条件 $\alpha\beta' - \alpha'\beta = 1$ を満たすものとして,2次形式

$$f(m, n) = a_0 m^2 + b_0 mn + c_0 n^2$$

において $m = \alpha m' + \beta n'$, $n = \alpha' m' + \beta' n'$ と置くと,この2次形式は

$$a_0' m'^2 + b_0' m'n' + c_0' n'^2$$

という形の2次形式に変換されます.これを $f'(m', n')$ と表記することにします.m, n のところに整数値を代入するとき $f(m, n)$ がとる数値のことを $f(m, n)$ により表される値と呼び,m', n' に整数値を代入するときに $f'(m', n')$ がとる数値を $f'(m', n')$ により表される値と呼ぶと,$f(m, n)$ により表される数は $f'(m', n')$ でも表され,逆に $f'(m', n')$ により表される数は $f(m, n)$ でも表されます.そこで二つの2重無限級数

$$\sum_{m, n} e^{2(m\sigma + n\tau)\pi i} f(m, n)^{-1-\rho},$$

$$\sum_{m', n'} e^{2(m'\sigma' + n'\tau')\pi i} f'(m', n')^{-1-\rho}$$

を比べると,どちらの級数も同一の項でつくられていることがわ

かります．しかも $\rho > 0$ に対し，これらの級数はいずれも収束して同一の和を表しています．それゆえ，方程式 $(\mathfrak{D}_0)$，すなわち

$$(\mathfrak{D}_0) \quad \log \Lambda(\sigma, \tau, w_1, w_2) = \frac{-1}{2\pi} \lim_{\rho = 0} \sum_{m, n} \frac{e^{2(m\sigma + n\tau)\pi i}}{(a_0 m^2 + b_0 mn + c_0 n^2)^{1+\rho}}$$

により $\log \Lambda$ の不変性が明らかになります．これに対し，主方程式 $(\mathfrak{A})$，すなわち

$$(\mathfrak{A}) \ \log \Lambda(\sigma, \tau, w_1, w_2) = \frac{-1}{2\pi} \lim_{h = \infty} \lim_{k = \infty} \sum_{m, n} \frac{e^{2(m\sigma + n\tau)\pi i}}{a_0 m^2 + b_0 mn + c_0 n^2}$$

により，

$$-2\pi \log \Lambda = \lim_{h = \infty} \lim_{k = \infty} \sum_{m, n} e^{2(m\sigma + n\tau)\pi i} f(m, n)^{-1}$$

$$(m = 0, \pm 1, \pm 2, \cdots, \pm h; n = 0, \pm 1, \pm 2, \cdots, \pm k.$$
$$m = n = 0 \text{ は除く．})$$

という表示が得られますが，この表示式の場合には 2 次形式 f を f' に取り替えると総和の順序が変ってしまいますから，このままでは $\log \Lambda$ の不変性が即座に感知されるというわけにはいきません．この不変性が明瞭に浮かび上がるようにするには，$\mathfrak{A}$ における $-2\pi \log \Lambda$ の表示式が，無限級数

$$\sum_{m, n} e^{2(m\sigma + n\tau)\pi i} f(m, n)^{-1-\rho}$$

$$(m = 0, \pm 1, \pm 2, \cdots, \pm h; n = 0, \pm 1, \pm 2, \cdots, \pm k.$$
$$m = n = 0 \text{ は除く．})$$

において $\rho = 0$ とするときの極限をも同時に表しているということの証明が要請されます．この証明は第 IV 論文で遂行されましたが，クロネッカーはディリクレの方法でも同じ証明が与えられると宣言し，ディリクレの論文

「無限小解析の数論へのさまざまな応用に関する研究」（『クレルレの数学誌』第 19 巻， 324-369 頁）

を挙げました．

ディリクレの方法より

ディリクレの方法は $h^{-1-\rho}$ の積分表示に基づいているとクロネッカーは宣言し，等式

$$h^{-1-\rho} = -\frac{1}{\Gamma(\rho+2)}\int_0^1 x^h d\Big(\log\frac{1}{x}\Big)^{1+\rho}$$

を提示しました．$\Gamma(\rho+2)$ はガンマ関数です．これは右辺の積分において変数変換 $u = \log\dfrac{1}{x}$ を実行すると確認されます．実際，このとき $x = e^{-u}$ ですから，

$$-\frac{1}{\Gamma(\rho+2)}\int_0^1 x^h d\Big(\log\frac{1}{x}\Big)^{1+\rho} = -\frac{1}{\Gamma(\rho+2)}\int_\infty^0 e^{-hu} d(u^{1+\rho})$$

$$= \frac{1}{\Gamma(\rho+2)}\int_0^\infty e^{-hu}(1+\rho)u^\rho du \quad (\text{ここで } hu = t \text{ と置く})$$

$$= \frac{1+\rho}{\Gamma(\rho+2)}\int_0^\infty e^{-t}\Big(\frac{t}{h}\Big)^\rho \frac{dt}{h} = \frac{1+\rho}{\Gamma(\rho+2)}\frac{1}{h^{1+\rho}}\int_0^\infty e^{-t}t^\rho du$$

$$= \frac{1+\rho}{\Gamma(\rho+2)}\frac{1}{h^{1+\rho}}\times\Gamma(\rho+1)$$

と計算が進みます．ここで，ガンマ関数の $\Gamma(\rho+2) = (\rho+1)\Gamma(\rho+1)$ という性質に着目すると，$\dfrac{1+\rho}{\Gamma(\rho+2)}\times\Gamma(\rho+1) = 1$ となります．これで確められましたました．

そこでこの等式を無限級数

$$F(x) = \sum_{m,n} e^{2(m\sigma+n\tau)\pi i}x^{f(m,n)}$$

に適用すると，

$$\sum_{m,n} e^{2(m\sigma+n\tau)\pi i}f(m,n)^{-1-\rho} = -\frac{1}{\Gamma(\rho+2)}\int_0^1 F(x)d\Big(\log\frac{1}{x}\Big)^{1+\rho}$$

という等式が得られます．単に代入するだけのことですが，ひとつだけ，$F(x)$ は無限級数ですから収束の問題があり，積分が考えられている区間 $0 \leqq x \leqq 1$ においてつねに有限にとどまること

を示す必要があります．x が 1 の近傍に留まらないのであれば収束することは明白ですから，考えなければならないのは x が 1 の近傍にある場合ですが，$F(x)$ において $\xi = \log x$ と置くと，$F(x)$ は

$$\sum_{m,n} e^{(a_0 m^2 + b_0 mn + c_0 n^2)\xi + 2(m\sigma + n\tau)\pi i}$$

に移ります．x が 1 より小さい地点から 1 に近づいていくとき，ξ は負の値を維持しつつ 0 に近づいていくことに留意すると，この級数は有限に留まることが諒解されます．ただし，σ と τ が同時に 0 になる場合についてはこの限りではありませんから，そのような場合は除外します．

奇妙な等式

第 III 論文の等式

($\mathfrak{C}$)　$\Lambda(\sigma, \tau, w_1, w_2) = -\dfrac{\sum (-1)^{(m-1)(n-1)} e^{-\pi f(m,n) + 2(m\sigma + n\tau)\pi i}}{(\sum (-1)^{(m-1)(n-1)} f(m,n) e^{-\pi f(m,n)})^{\frac{1}{3}}}$

と等式（$\mathfrak{D}_0$）を組合せると，

$$\Lambda = -\frac{\sum (-1)^{(m-1)(n-1)} e^{-\pi f(m,n) + 2(m\sigma + n\tau)\pi i}}{(\sum (-1)^{(m-1)(n-1)} f(m,n) e^{-\pi f(m,n)})^{\frac{1}{3}}}$$

$$= e^{-\frac{1}{2\pi} \lim_{\rho=0} \sum_{m,n} f(m,n)^{1-\rho} e^{2(m\sigma + n\tau)\pi i}}$$

という等式が得られます．これより

$$\frac{\sum (-1)^{(m-1)(n-1)} e^{-\pi f(m,n) + 2(m\sigma + n\tau)\pi i}}{(\sum (-1)^{(m-1)(n-1)} f(m,n) e^{-\pi f(m,n)})^{\frac{1}{3}}} = -e^{-\frac{1}{2\pi} \lim_{\rho=0} \sum_{m,n} f(m,n)^{1-\rho} e^{2(m\sigma + n\tau)\pi i}}$$

と表記して，右辺の e の肩に現れる無限級数

$$-\frac{1}{2\pi} \lim_{\rho=0} \sum_{m,n} f(m,n)^{-1-\rho} e^{2(m\sigma + n\tau)\pi i}$$

に着目してみます．この級数では，$m = n = 0$ を除外して，m と n のあらゆる整数値の組合せにわたって総和が行われますが，

$$f(m,n)=f(-m,-n)$$

となることに留意し，$m>0$，$n>0$ として (m,n) と $(-m,-n)$，$(m,-n)$ と $(-m,n)$ を組合せると，各々の組合せについて

$$f(m,n)^{-1-\rho}e^{2(m\sigma+n\tau)\pi i}+f(-m,-n)^{-1-\rho}e^{2(-m\sigma-n\tau)\pi i}$$
$$=2f(m,n)^{-1-\rho}\cos 2(m\sigma+n\tau)\pi i$$
$$f(m,-n)^{-1-\rho}e^{2(m\sigma-n\tau)\pi i}+f(m,-n)^{-1-\rho}e^{2(-m\sigma+n\tau)\pi i}$$
$$=2f(m,-n)^{-1-\rho}\cos 2(m\sigma-n\tau)\pi i$$

となり，等式

$$\sum_{m,n}f(m,n)^{-1-\rho}e^{2(m\sigma+n\tau)\pi i}=2\sum_{m,n}f(m,n)^{-1-\rho}\cos 2(m\sigma+n\tau)\pi i$$

に到達します．ここで，$m=n=0$ は除外したうえで，左辺の総和は m と n のあらゆる整数値にわたり，左辺に比べて右辺では m と n のとりうる整数値が半減していますが，

$$2f(m,n)^{-1-\rho}\cos 2(m\sigma+n\tau)\pi$$
$$=f(m,n)^{-1-\rho}\cos 2(m\sigma+n\tau)\pi+f(-m,-n)^{-1-\rho}\cos 2(-m\sigma-n\tau)\pi$$
$$2f(m,-n)^{-1-\rho}\cos 2(m\sigma-n\tau)\pi$$
$$=f(m,-n)^{-1-\rho}\cos 2(m\sigma-n\tau)\pi+f(-m,n)^{-1-\rho}\cos 2(-m\sigma+n\tau)\pi$$

となることに留意すると，m,n に課された限定を解除し，$m=n=0$ を除くあらゆる整数値にわたって総和を遂行するものとして，上記の等式を

$$\sum_{m,n}f(m,n)^{-1-\rho}e^{2(m\sigma+n\tau)\pi i}=\sum_{m,n}f(m,n)^{-1-\rho}\cos 2(m\sigma+n\tau)\pi i$$

と書くことが許されます．これで，等式

$$\frac{\sum(-1)^{(m-1)(n-1)}e^{-\pi f(m,n)+2(m\sigma+n\tau)\pi i}}{\left(\sum(-1)^{(m-1)(n-1)}f(m,n)e^{-\pi f(m,n)}\right)^{\frac{1}{3}}}=-e^{-\frac{1}{2\pi}\lim_{\rho=0}\sum_{m,n}f(m,n)^{-1-\rho}\cos 2(m\sigma+n\tau)\pi i}$$

が得られました．右辺をもう少し整形して，

($\mathfrak{E}$)
$$\frac{\sum (-1)^{(m-1)(n-1)} e^{-\pi f(m,n) + 2(m\sigma + n\tau)\pi i}}{\left(\sum (-1)^{(m-1)(n-1)} f(m,n) e^{-\pi f(m,n)}\right)^{\frac{1}{3}}}$$
$$= -e^{-\lim_{\rho=0} \sum_{m,n} (2\pi f m,n)^{-1-\rho} \cos 2(m\sigma + n\tau)\pi}$$

といふうにも書けます．ここに見られる三つの無限級数において，総和は m と n はあらゆる整数値にわたって行われますが，右辺では $m = n = 0$ のみが除外されます．クロネッカーはこれを奇妙な（merkwürdig）式と呼んでいます．

　諸状勢を再現しておくと，
$$f(m,n) = a_0 m^2 + b_0 mn + c_0 n^2$$
と表記しました．$\rho, \sigma, \tau, a_0, b_0, c_0$ は実数で，
$$\rho > 0, \ a_0 > 0, \ c_0 > 0, \ 4a_0 c_0 - b_0^2 = 1$$
という条件が課されています．

変換公式

　u と v は互いに相反する複素数，言い換えると $uv = 1$ という関係で結ばれているとして，しかもそれらの実部はいずれも正であるものとします．ρ, a_0, c_0 は前節でそうしたように実正数．b_0 も実数ですが，正負の限定は課さず，$\sqrt{4a_0 c_0 - 1}$ のとりうる二つの値のうちのどちらかを表すものとします．このような状勢のもとで，

($\mathfrak{F}_0$) $\quad \sqrt{u} \sum_{m,n} e^{-2\pi u(a_0 m^2 + b_0 mn + c_0 n^2)} = \sqrt{v} \sum_{m,n} e^{-2\pi v(a_0 m^2 - b_0 mn + c_0 n^2)}$

という関係が成立するとクロネッカーは宣言しました．この時点では証明はありませんが，「楕円関数論に寄せる」の第 XIII 論文に移るともう少し一般的な形の変換公式

$$\sum_{m,n} e^{-2\pi u(a_0 m^2 + b_0 mn + c_0 n^2) + 2(m\sigma + n\tau)\pi i} = \frac{1}{u} \sum_{m,n} e^{-\frac{2\pi}{u}(a_0(\tau+n)^2 - b_0(\tau+n)(\sigma+m) + c_0(\sigma+m)^2)}$$
$$(m, n = 0, \pm 1, \pm 2, \pm 3, \cdots)$$

が提示され，詳細な証明が記されています．ここではひとまず受け入れておくことにしたいと思います．

関係式 $(\mathfrak{F}_0)$ の左右の総和において，m, n はいずれも $-\infty$ から $+\infty$ までのあらゆる整数値にわたっています．平方根 $\sqrt{u}, \sqrt{v}$ はどちらも二つの値を表しますので，どちらを選定するのかを決めておかなければなりませんが，ともあれ

$$\sqrt{u}\,\sqrt{v} = 1$$

という条件を課しておくことにします．両辺に $\sqrt{u}$ を乗じると，$\sqrt{u}\,\sqrt{v} = 1$ より，式 $(\mathfrak{F}_0)$ は

$$u\sum_{m,n} e^{-2\pi u(a_0 m^2 + b_0 mn + c_0 n^2)} = \sum_{m,n} e^{-2\pi v(a_0 m^2 - b_0 mn + c_0 n^2)}$$

という形になります．そこで

$$u = -\log x, \; v = -\log y \; (0 < x < 1, \; 0 < y < 1)$$

と置くと，$u = \log\dfrac{1}{x}, \; x = e^{-u}, \; y = e^{-v}$ より，

$$(\mathfrak{F}) \quad \log\frac{1}{x}\sum_{m,n} x^{2\pi(a_0 m^2 + b_0 mn + c_0 n^2)} = \sum_{m,n} y^{2\pi(a_0 m^2 - b_0 mn + c_0 n^2)}$$

という形の等式に変換されます．条件

$$\log x \log y = 1$$

がここに課されています．

等式 $(\mathfrak{F}_0)$ そのものを導出することでしたら第 XIII 論文の一般的な変換公式に立ち返らなくても，テータ関数の変換方程式

$$\vartheta\left(\xi, \frac{-1}{w}\right) = -i(\sqrt{-wi}\,)e^{\xi^2 w\pi i}\vartheta(\xi w, w)$$

を単純テータ級数

$$\sum_m e^{-2\pi u(a_0 m^2 + b_0 mn)}$$

に適用し，両辺に $e^{-2\pi u c_0 n^2}$ を乗じ，そののちに n に関する総和を

実行するだけで即座に導かれるとクロネッカーは指摘しています. 数値を照らし合わせるだけですので，この確認は省略します.

関数 $L(a_0, c_0)$ に向う

　次々といろいろな等式が登場しますが，クロネッカーの楕円関数論の世界でそれらの各々が果す役割についてはまだわかりません.

　第 III 論文でそうしたように，ここでも

$$a_0 m^2 + b_0 mn + c_0 n^2 = f(m, n)$$

と表記します. $m = n = 0$ は除外して，m と n のあらゆる整数値にわたって和

$$\sum_{m, n} (2\pi f(m, n))^{-1-\rho}$$

をつくると，ディリクレの方法により，この和は積分

$$\frac{1}{\Gamma(\rho+1)} \int_0^1 \left(\log \frac{1}{x}\right)^\rho \sum_{m, n} x^{2\pi f(m, n)} d\log x$$

により表されます. これを確認するために第 V 論文に登場した等式

$$h^{-1-\rho} = -\frac{1}{\Gamma(\rho+2)} \int_0^1 x^h d\left(\log \frac{1}{x}\right)^{1+\rho} \quad [1]$$

に立ち返り，右辺の積分を計算してみます. まず

$$d\left(\log \frac{1}{x}\right)^{1+\rho} = (1+\rho)\left(\log \frac{1}{x}\right)^\rho d\left(\log \frac{1}{x}\right).$$

また，$\Gamma(\rho+2) = (\rho+1)\Gamma(\rho+1)$ より $\dfrac{1+\rho}{\Gamma(\rho+2)} = \dfrac{1}{\Gamma(\rho+1)}$.

次に，$d\left(\log \dfrac{1}{x}\right) = -d\log x$. これらを組合せると，

---

[1]　57 頁.

$$-\frac{1}{\Gamma(\rho+2)}\int_0^1 x^h d\Big(\log\frac{1}{x}\Big)^{1+\rho} = \frac{1}{\Gamma(\rho+1)}\int_0^1 x^h\Big(\log\frac{1}{x}\Big)^\rho d\log x$$

という等式が現れますから，そこで $h = 2\pi f(m, n)$ と置けば上記の等式になります．これで確認されました．$d\log x = \dfrac{dx}{x}$ に留意すると，

$$\sum_{m,n}(2\pi f(m,n))^{-1-\rho} = \frac{1}{\Gamma(\rho+1)}\int_0^1\Big(\log\frac{1}{x}\Big)^\rho\Big(\sum_{m,n} x^{2\pi f(m,n)}\Big)\frac{dx}{x}$$

ここで，クロネッカーは

$$\frac{\Gamma(\rho+1)}{\rho} = \int_0^1\Big(\log\frac{1}{x}\Big)^{\rho-1}dx$$

という等式を提示しました．ガンマ関数の定義そのものと見てもさしつかえありませんが，右辺の積分において $t = \log\dfrac{1}{x}$ と置いて変数を変換すると，$x = e^{-t}$, $dx = -e^{-t}dt$ により

$$\int_0^1\Big(\log\frac{1}{x}\Big)^{\rho-1}dx = \int_\infty^0 t^{\rho-1}(-e^{-t}dt) = \int_0^\infty e^{-t}t^{\rho-1}dt = \Gamma(\rho)$$

と変形が進んでガンマ関数の通常の定義式に到達します．そうしてガンマ関数に対して等式 $\Gamma(\rho+1) = \rho\Gamma(\rho)$ が成立しますから，これで上記の等式が確められて，$\dfrac{1}{\rho}$ の積分による表示式

$$\frac{1}{\rho} = \frac{1}{\Gamma(\rho+1)}\int_0^1\Big(\log\frac{1}{x}\Big)^{\rho-1}dx$$

が手に入り，これらを組合せると，等式

$$(6)\quad -\frac{1}{\rho} + \sum_{m,n}(2\pi f(m,n))^{-1-\rho}$$

$$= \frac{1}{\Gamma(\rho+1)}\int_0^1\Big(\log\frac{1}{x}\Big)^\rho\Big\{\sum_{m,n} x^{2\pi f(m,n)} - \frac{x}{\log\frac{1}{x}}\Big\}\frac{dx}{x}$$

に到達します．

クロネッカーは，この等式の右辺において ρ が減少して限り

なく 0 に近づいていくとき，有限の極限値が確定することを示そ
うとしています．積分記号下の関数の挙動に注意を払わなければ
ならにのですが，1 に近い数値 δ を任意にとり，この等式の右辺
に現れる積分の積分区間を 0 から δ までと δ から 1 までに二分
して考えると，0 から δ までの積分については $\rho = 0$ も込めて ρ
の連続関数です．これは積分記号下の関数の $x = 1$ の近くでの挙
動を吟味することにより諒解されます．

これに対し，積分区域を δ から 1 までとしたときの積分の
挙動を調べるのはむずかしく，変換公式（$\mathfrak{F}$）の力を借りなけれ
ばなりません．この変換公式では m, n の変域には何の限定も
課されていませんが，等式（⑥）では $m = n = 0$ を除外すると
いう限定が課されています．そこで， $m = n = 0$ に対しては
$f(m, n) = 0$ であること，したがって $e^{2\pi f(0,0)} = 1$ であることに
留意して，この等式の右辺の積分記号下に見られる総和

$$\sum_{m,n} x^{2\pi f(m,n)} \quad \text{（この総和では } m = n = 0 \text{ は除外されています）}$$

を

$$-1 + \sum_{m,n} x^{2\pi f(m,n)}$$

（この総和では $m = n = 0$ も除外されていません）

に置き換えます．そのうえで変換公式（$\mathfrak{F}$）を適用すると，

$$\left(\log\frac{1}{x}\right)^\rho \left\{\sum_{m,n} x^{2\pi f(m,n)} - 1 - \frac{x}{\log\frac{1}{x}}\right\}$$

$$= \left(\log\frac{1}{x}\right)^{\rho-1} \times \left(\log\frac{1}{x}\right)\left\{\sum_{m,n} x^{2\pi f(m,n)} - 1 - \frac{x}{\log\frac{1}{x}}\right\}$$

$$= \left(\log\frac{1}{x}\right)^{\rho-1} \left\{\log\frac{1}{x}\sum_{m,n} x^{2\pi f(m,n)} - \log\frac{1}{x} - x\right\}$$

$$= \left(\log\frac{1}{x}\right)^{\rho-1} \left\{\sum_{m,n} y^{2\pi(a_0 m^2 - b_0 mn + c_0 n^2)} + \log x - x\right\}$$

と変形が進みます．ここに現れた総和では m, n の変域は無限定
ですが，$m = n = 0$ に対応する項を切り離して，

$$\sum_{m,n} y^{2\pi(a_0 m^2 - b_0 mn + c_0 n^2)}$$

（この和では m, n は無限定）

$$= \sum_{m,n} y^{2\pi(a_0 m^2 - b_0 mn + c_0 n^2)} + 1$$

（この和では $m = n = 0$ を除外する）

と書いたうえで式変形を続けると，

$$\left(\log \frac{1}{x}\right)^{\rho-1} \times \left\{\sum_{m,n} y^{2\pi(a_0 m^2 - b_0 mn + c_0 n^2)} + \log x - x\right\}$$

（m, n は無限定）

$$= \left(\log \frac{1}{x}\right)^{\rho-1} \times \left\{\sum_{m,n} y^{2\pi(a_0 m^2 - b_0 mn + c_0 n^2)} + 1 + \log x - x\right\}$$

（$m = n = 0$ は除外する）

$$= \left(\log \frac{1}{x}\right)^{\rho-1} \sum_{m,n} y^{2\pi(a_0 m^2 - b_0 mn + c_0 n^2)} + \left(\log \frac{1}{x}\right)^{\rho-1}(1-x) + \left(\log \frac{1}{x}\right)^{\rho-1} \times \log x.$$

ここで，$\log x \log y = 1$ より $\left(\log \frac{1}{x}\right)^{-1} = \log \frac{1}{y}$ となることと

$\log x = -\log \frac{1}{x}$ に留意すると，

$$\left(\log \frac{1}{x}\right)^{\rho-1} \times \left\{\sum_{m,n} y^{2\pi(a_0 m^2 - b_0 mn + c_0 n^2)} + \log x - x\right\}$$

（m, n は無限定）

$$= \left(\log \frac{1}{x}\right)^{\rho} \log \frac{1}{y} \sum_{m,n} y^{2\pi(a_0 m^2 - b_0 mn + c_0 n^2)} + \left(\log \frac{1}{x}\right)^{\rho-1}(1-x) - \left(\log \frac{1}{x}\right)^{\rho}$$

（$m = n = 0$ は除外する）

という形になります．こうして最後に到達した式を構成する三つ
の部分を観察すると，x が 1 に近づくとき，したがって y が 0
に近づいていくとき，これらの三つの部分はいずれも値が消失す

ることがわかります．これにより等式 (⑥) の右辺の積分を二分
するときの第 2 の部分，すなわち δ から 1 にいたる積分は ρ が
0 に向って減少する際にも有限値を維持することが明らかになり
ました．

関数 $L(a_0, c_0)$

ここまで進めてきた計算により，極限値

$$\lim_{\rho=0}\left\{-\frac{1}{\rho}+\sum_{m,n}(2\pi f(m,n))^{-1-\rho}\right\}$$

は等式 (⑥) の右辺において $\rho=0$ とすることで得られることが明
らかになりました．しかもこの極限値は積分

$$\int_0^1\left\{\sum_{m,n}x^{2\pi f(m,n)}-\frac{x}{\log\frac{1}{x}}\right\}$$

により与えられます．ここで，積分記号下の総和において
$m=n=0$ は除外されています．

この積分はあらゆる実整数 a_0, c_0 に対して有限値をもちますか
ら，これを a_0 と b_0 の関数と見て $L(a_0.c_0)$ と表記すると，この
関数は

$$\lim_{\rho=0}\left\{-\frac{1}{\rho}+\sum_{m,n}2\pi(a_0m^2+b_0mn+c_0n^2)^{-1-\rho}\right\}=L(a_0,c_0)$$

と表示されることになります．3 個の量 $a_0, b_0,\ c_0$ の比，すなわち

$$a_0:\sqrt{4a_0c_0-1}:c_0$$

が整数になる場合，関数 $L(a_0,c_0)$ の値は楕円関数の支援を受け
ることにより表示されます．それを確認することがこれからの目
標ですが，その道すがら，今日の語法で「クロネッカーの極限公
式」と呼ばれている等式との出会いもまた期待されます．

第6章

関数 $\varLambda$ の変換公式から「注目すべき関係式」へ

関数 $\log \varGamma$ を $2c$ 個の無限級数に区分けする

ここまで取り上げてきた3個の整数 a_0, b_0, c_0 に対し，一般に $a_0 : b_0 : c_0 = a : b : c$ となる3個の整数 a, b, c を考えます．a, b, c のうち，a と c は正であるものとします．このとき，第 IV 論文でそうしたように，

$$a = a_0 \sqrt{\varDelta}, \ b = b_0 \sqrt{\varDelta}, \ c = c_0 \sqrt{\varDelta}$$

$$4ac - b^2 = \varDelta$$

$$w_1 = \frac{-b + i\sqrt{\varDelta}}{2c}, \ w_2 = \frac{b + i\sqrt{\varDelta}}{2c}$$

という形に表示することができます．ここで $\varDelta$ は正の数で，平方根 $\sqrt{\varDelta}$ もまた正にとっています．第 IV 論文の方程式 ⅅ を回想すると，

(ⅅ) $\quad \log \varLambda(\sigma, \tau, w_1, w_2) = \dfrac{-\sqrt{\varDelta}}{2\pi} \lim_{\rho = 0} \sum_{m,n} \dfrac{e^{2(m\sigma + n\tau)\pi i}}{(am^2 + bmn + cn^2)^{1+\rho}}$

というものでした．右辺の和はあらゆる整数 m, n に関して行われますが，ただひとつ，$m = n = 0$ だけは除外されています．

右辺に見られる2次形式

$$am^2 + bmn + cn^2$$

に代って,

$$\frac{1}{4c}\left(\Delta m^2 + (bm + 2cn)^2\right)$$

という表記を採用し, そのうえで

$$n_1 = bm + 2cn, \ \sigma' = \sigma - \frac{b\tau}{2c}, \ \tau' = \frac{\tau}{2c}$$

と置くと,

$$\log \Lambda(\sigma, \tau, w_1, w_2) = \frac{-\sqrt{\Delta}}{2\pi} \lim_{\rho=0} \sum_{m, n_1} \frac{(4c)^{1+\rho} e^{2(m\sigma' + n_1\tau')\pi i}}{(\Delta m^2 + n_1^2)^{1+\rho}}$$

という形の表示に到達します. 代入して計算を進めるだけで確認できることですが, こうすることによりいくぶん簡明な感じの形状になります. 総和は m と n_1 に関して行われます. ただし, 無条件ですべての整数 m, n_1 にわたって総和が実行されるわけではなく, 今度は

$$n_1 \equiv bm \ (\mathrm{mod}.\, 2c)$$

という限定が課されます. それともうひとつ, $m = 0, \ n_1 = 0$ という数値の組は除外されることに留意する必要があります. 元の表示では値の組 $m = n = 0$ が除外されましたが, この制限が伝播して $m = n_1 = 0$ という除外値が発生します.

　この形の総和は, ($m = n = 0$ のみは除外して) あらゆる整数値 m, n に関する和

$$\sum_{m, n} \frac{e^{2(m\sigma' + n\tau')\pi i}}{(\Delta m^2 + n^2)^{1+\rho}}$$

に

$$\frac{1}{2c} e^{\frac{n - bm}{c} h\pi i} \ (h = 0, 1, 2, \cdots, 2c - 1)$$

を乗じ, 続いて h に関して加えるという手順を経ることによっても得られます. 実際, $n \equiv bm \ (\mathrm{mod}.\, 2c)$ ではないなら $e^{\frac{2(n - bm)\pi i}{c}} \neq 1$. そこで $\alpha = e^{\frac{n - bm}{c}}$ と置いて計算を進めると,

$$\sum_{h=0}^{h=2c-1} \alpha^h = \frac{1-\alpha^{2c}}{1-\alpha} = \frac{1-e^{2(n-bm)\pi i}}{1-\alpha} = 0$$

となります. したがって, $\dfrac{1}{2c} e^{\frac{n-bm}{c} h\pi i}$ を乗じて h に関して総和をつくる作業を実行すると, 消失することなく残されるのは合同式 $n \equiv bm \pmod{2c}$ を満たす m, n のみであることがわかります. これで, 等式

$$\sum_{m,n_1} \frac{e^{2(m\sigma'+n_1\tau')\pi i}}{(\Delta m^2 + n_1^2)^{1+\rho}} = \sum_{h=0}^{h=2c-1} \frac{1}{2c} e^{\frac{n-bm}{c} h\pi i} \left(\sum_{m,n} \frac{e^{2(m\sigma'+n\tau')\pi i}}{(\Delta m^2 + n^2)^{1+\rho}} \right)$$

が得られました. これを上記の $\log \Lambda(\sigma, \tau, w_1, w_2)$ の表示式に代入すると,

$$\log \Lambda(\sigma, \tau, w_1, w_2)$$

$$= \frac{-\sqrt{\Delta}}{2\pi} \lim_{\rho=0} \sum_{m,n_1} \frac{(4c)^{1+\rho} e^{2(m\sigma'+n_1\tau)\pi i}}{(\Delta m^2 + n_1^2)^{1+\rho}}$$

$$= \frac{-\sqrt{\Delta}}{2\pi} \lim_{\rho=0} \sum_{h=0}^{h=2c-1} \sum_{m,n} \frac{1}{2c} \frac{(4c)^{1+\rho} e^{\frac{n-bm}{c} h\pi i} \cdot e^{2(m\sigma'+n\tau')\pi i}}{(\Delta m^2 + n^2)^{1+\rho}}$$

$$= \frac{-\sqrt{\Delta}}{2\pi} \lim_{\rho=0} \sum_{h=0}^{h=2c-1} \sum_{m,n} \frac{1}{2c} \frac{(2c)^{1+\rho} \cdot 2^{1+\rho} e^{\frac{n-bm}{c} h\pi i} \cdot e^{2(m\sigma'+n\tau')\pi i}}{(\Delta m^2 + n^2)^{1+\rho}}$$

$$= \cdots$$

$$= \frac{-\sqrt{\Delta}}{2\pi} \lim_{\rho=0} (2c)^\rho \sum_{h=0}^{h=2c-1} \sum_{m,n} \frac{e^{\frac{n-bm}{c} h\pi i} e^{2(m\sigma'+n\tau')\pi i}}{(\frac{1}{2}\Delta m^2 + \frac{1}{2} n^2)^{1+\rho}}$$

という表示に到達します. 右辺の無限級数は $h = 0, 1, 2, \cdots, 2c-1$ のそれぞれに対応して $2c$ 個の無限級数に区分けされています. それらの級数の各々において, $\rho = 0$ となるとき, 言い換えると ρ が限りなく 0 に近づいていくとき, どれもみなある定まった有限な極限値に近づいていきます. この事実は第 IV 論文で示されました. ただし, $h = 0$ については注意が必要で, この場合には σ と τ が同時に 0 になることはないという前提のもとでのみ極限値の存在が保証されるのでした.

関数 Λ の変換公式

　そこでこの前提のもとで考えていくことにすると，上記の表示式に見られる因子 $(2c)^\rho$ は省いてもさしつかえないことになります．なぜなら限りなく 0 に近づいていく ρ とともに，この因子は 1 に接近していくからです．また，σ', τ' のところに

$\sigma' = \sigma - \dfrac{b\tau}{2c}$, $\tau = 2c\tau'$ を代入すると，

$$\frac{n-bm}{c}h\pi i + 2(m\sigma' + n\tau')\pi i = 2\left(\left(-\frac{bh}{2c} + \sigma'\right)m + \left(\frac{h}{2c} + \tau'\right)n\right)\pi i$$

$$= 2\left(\left(-\frac{bh}{2c} + \left(\sigma - \frac{b\tau}{2c}\right)\right)m + \left(\frac{h}{2c} + \frac{\tau}{2c}\right)n\right)\pi i$$

$$= 2\left(m\left(\sigma - b\frac{\tau+h}{2c}\right) + n \cdot \frac{\tau+h}{2c}\right)$$

となります．これらにより，上記の

$\log \Lambda(\sigma, \tau, w_1, w_2)$ の表示式は

（㋭）$\log \Lambda(\sigma, \tau, w_1, w_2)$

$$= \frac{-\sqrt{\Delta}}{2\pi} \sum_{h=0}^{h=2c-1} \lim_{\rho=0} \sum_{m,n} \frac{e^{2\left(m\left(\sigma - b\frac{\tau+h}{2c}\right) + n \cdot \frac{\tau+h}{2c}\right)\pi i}}{\left(\frac{1}{2}\Delta m^2 + \frac{1}{2}n^2\right)^{1+\rho}}$$

という形に変形されます．

　式変形が続きます．最後に，式

（㋠）$\log \Lambda(\sigma, \tau, w_1, w_2) = \dfrac{-\sqrt{\Delta}}{2\pi} \lim_{\rho=0} \sum_{m,n} \dfrac{e^{2(m\sigma + n\tau)\pi i}}{(am^2 + bmn + cn^2)^{1+\rho}}$

に立ち返り，$w_1 = w_2 = w = i\sqrt{\Delta}$ としてみます．

$w_1 = \dfrac{-b + i\sqrt{\Delta}}{2c}$,

$w_2 = \dfrac{b + i\sqrt{\Delta}}{2c}$ であることを想起すると，これは $b = 0$, $2c = 1$

という場合を考えるというのと同じことですが，この場合，

$$am^2+bmn+cn^2 = \frac{1}{4c}(\varDelta m^2+(bm+2cn)^2)$$

$$= \frac{1}{2}\varDelta m^2 + \frac{1}{2}n^2$$

となりますから，式（ⓓ）により

$$\log\varLambda(\sigma_1,\tau_1,w,w) = \frac{-\sqrt{\varDelta}}{2\pi}\lim_{\rho=0}\sum_{m,n}\frac{e^{(m\sigma_1+n\tau_1)\pi i}}{(\frac{1}{2}\varDelta m^2+\frac{1}{2}n^2)^{1+\rho}}$$

という表示が得られます．この形の表示を用いると，式（ⓗ）の右辺は

$$(\text{ⓗ}°)\ \log\varLambda(\sigma,\tau,w_1,w_2) = \sum_{h=0}^{h=2c-1}\log\varLambda\Big(\sigma-b\frac{\tau+h}{2c},\frac{\tau+h}{2c},w,w\Big)$$

と表示され，これより

$$(\text{ⓗ}')\ \varLambda(\sigma,\tau,w_1,w_2) = \prod_{h=0}^{h=2c-1}\varLambda\Big(\sigma-b\frac{\tau+h}{2c},\frac{\tau+h}{2c},w,w\Big)$$

という等式が導かれます．クロネッカーはこれを**関数 $\varLambda$ の変換公式**と呼びました．

関数 $\varLambda$ の変換公式の直接的な確認

変換公式（ⓗ′）は，関数 $\varLambda$ の無限積表示（第Ⅰ論文参照）から直接導くこともできます．それによると，変換公式（ⓗ′）の左辺は

$$e^{\left(\tau^2-\tau+\frac{1}{6}\right)(w_1+w_2)\pi i}\prod_{\alpha,\varepsilon,n}(1-e^{2(nw_\alpha+\varepsilon\tau w_\alpha\pm\varepsilon\sigma)\pi i})$$

となります．$w_1=\dfrac{-b+i\sqrt{\varDelta}}{2c}$，$w_2=\dfrac{b+i\sqrt{\varDelta}}{2c}$，$w=i\sqrt{\varDelta}$ に留意すると，$w_1+w_2=\dfrac{w}{c}$ となりますから，上記の（ⓗ′）の左辺は

$$(A_1)\qquad e^{\left(\tau^2-\tau+\frac{1}{6}\right)\frac{w}{c}\pi i}\prod_{\alpha,\varepsilon,n}(1-e^{2(nw_\alpha+\varepsilon\tau w_\alpha\pm\varepsilon\sigma)\pi i})$$

という形に表示されます．ここで，$\alpha = 1, 2$ および $\varepsilon = +1, -1$．
$\varepsilon = +1$ に対応して n は $n = 0,\ 1, 2, 3, \cdots$ という値をとりますが，$\varepsilon = -1$ に対応する n の値は $n = 1, 2, 3, \cdots$ であり，$n = 0$ が除外されます．$\pm \varepsilon \sigma$ に見られる重複符号については，上側の正符号は $\alpha = 1$ に対応し，下側の負符号は $\alpha = 2$ に対応します．

変換公式（ら′）の右辺は $2c$ 個の関数

$$\Lambda\left(\sigma - b\frac{\tau+h}{2c}, \frac{\tau+h}{2c}, w, w\right) \quad (h = 0, 1, 2, \cdots, 2c-1)$$

で構成されています．各々の h に対応する関数の無限積表示をつくりたいのですが，無限積への移行にあたり，この関数において σ, τ に該当するものはそれぞれ $\sigma - b\dfrac{\tau+h}{2c},\ \dfrac{\tau+h}{2c}$ であること，また w_1, w_2 に該当する量が $w = i\sqrt{\Delta}$ であることに留意すると，無限積表示の一般式における $e^{\left(\tau^2 - \tau + \frac{1}{6}\right)(w_1+w_2)\pi i}$ に該当するのは

$$e^{\left(\left(\frac{\tau+h}{2c}\right)^2 - \frac{\tau+h}{2c} + \frac{1}{6}\right) \times 2w \times \pi i}$$

という量であることになります．

次に，$w_1 = \dfrac{-b + i\sqrt{\Delta}}{2c} = \dfrac{-b + w}{2c}$ より $w = 2cw_1 + b$ となります．また，$w_2 = \dfrac{b + i\sqrt{\Delta}}{2c} = \dfrac{b + w}{2c}$ より $w = 2cw_2 - b$ となります．

$$\Lambda\left(\sigma - b\frac{\tau+h}{2c}, \frac{\tau+h}{2c}, w, w\right) = \Lambda\left(\sigma - b\frac{\tau+h}{2c}, \frac{\tau+h}{2c}, 2cw_1 + b, 2cw_2 - b\right)$$

これを無限積の形に表示するとき，$\alpha = +1$ に対応する因子は，$e^{2bn\pi i} = 1$ より

$$1 - e^{2\left(n(2cw_1+b) + \varepsilon \times \frac{\tau+h}{2c} \times (2cw_1+b) + \varepsilon\left(\sigma - b\frac{\tau+h}{2c}\right)\right)\pi i} = 1 - e^{2\left((2cn + \varepsilon h)w_1 + \varepsilon \tau w_1 + \varepsilon \sigma\right)\pi i}$$

となり，$\alpha = +2$ に対応する因子は

$$1 - e^{2\left(n(2cw_2 - b) + \varepsilon \times \frac{\tau + h}{2c} \times (2cw_2 - b) - \varepsilon\left(\sigma - b\frac{\tau + h}{2c}\right)\right)\pi i} = 1 - e^{2\left((2cn + \varepsilon h)w_2 + \varepsilon\tau w_2 - \varepsilon\sigma\right)\pi i}$$

となります．これらを集めると，式 $(\mathfrak{H}')$ の右辺の無限積表示

$$(A_2) \qquad \prod_{h=0}^{h=2c-1} e^{2\left(\left(\frac{\tau + h}{2c}\right)^2 - \frac{\tau + h}{2c} + \frac{1}{6}\right)w\pi i} \times \prod_{\alpha, \varepsilon, h, n} \left(1 - e^{2\left((2cn + \varepsilon h)w_\alpha + \varepsilon\tau w_\alpha \pm \varepsilon\sigma\right)\pi i}\right)$$

に到達します．

　二つの式 (A_1) と (A_2) が一致することを示したいのですが，まず式 (A_2) に見られる二つの積のうち，前者の積は

$$e^{(*)w\pi i}$$

という形になります．$(*)$ の部分の計算を進めると，

$$\sum_{h=0}^{h=2c-1} 2\left(\left(\frac{\tau + h}{2c}\right)^2 - \frac{\tau + h}{2c} + \frac{1}{6}\right)$$

$$= \sum_{h=0}^{h=2c-1} \left(\frac{h^2}{2c^2} + \frac{(\tau - c)h}{c^2} + \frac{\tau^2}{2c^2} - \frac{\tau}{c} + \frac{1}{3}\right)$$

$$= \frac{1}{2c^2}\frac{(2c-1)\cdot 2c \cdot(4c-1)}{6} + \frac{\tau - c}{c^2}\cdot\frac{(2c-1)\cdot 2c}{2} + \left(\frac{\tau^2}{2c^2} - \frac{\tau}{c} + \frac{1}{3}\right)\cdot 2c$$

$$= \cdots = \frac{1}{c}\left(\tau^2 - \tau + \frac{1}{6}\right)$$

という結果に達します．これで式 (A_2) における前者の積は式 (A_1) における指数因子と一致することが確認されました．

　これに加えてなおもうひとつ，式 (A_2) の後者の無限積が式 (A_1) の無限積と一致することを示す必要があります．まず (A_2) に見られる数

$$2cn + h \quad (h = 0, 1, \cdots, 2c - 1\,;\, n = 0, 1, 2, 3, \cdots)$$

はすべての数 $0, 1, 2, 3, \cdots$ をとります．これらの数は式 (A_1) において，$\varepsilon = +1$ に対応して n がとるべき値のすべてです．また，(A_2) における数

$$2cn - h \quad (h = 0, 1, \cdots, 2c - 1\,;\, n = 1, 2, 3, \cdots)$$

はすべての値 $1, 2, 3, \cdots$ をとりますが，これらは (A_1) において $\varepsilon = -1$ に対応して n がとるべき値のすべてです．これで確かめられました．

第 III 論文にもどって

第 III 論文に立ち返って，テータ関数の積

$$e^{\tau^2(w_1+w_2)\pi i} \vartheta(\sigma+\tau w_1, w_1)\vartheta(\sigma-\tau w_2, w_2)$$

をつくり，これを

$$P(\sigma, \tau, w_1, w_2)$$

と表記することにします．さらにさかのぼって第 I 論文にもどると，関数 $\varLambda(\sigma, \tau, w_1, w_2)$ はもともとテータ関数を用いて

$$(4\pi^2)^{\frac{1}{3}} e^{\tau^2(w_1+w_2)\pi i} \frac{\vartheta(\sigma+\tau w_1, w_1)\vartheta(\sigma-\tau w_2, w_2)}{(\vartheta'(0, w_1)\vartheta'(0, w_2))^{\frac{1}{3}}}$$

と定められたのでした．この定義から出発して式変形を進めると，

$$\frac{\varLambda(\sigma, \tau, w_1, w_2)}{\varLambda(\sigma', \tau', w, w)} = \left(\frac{\vartheta'(0, w)\vartheta'(0, w)}{\vartheta'(0, w_1)\vartheta'(0, w_2)}\right)^{\frac{1}{3}} \frac{P(\sigma, \tau, w_1, w_2)}{P(\sigma', \tau', w, w)}$$

という表示が得られます．第 III 論文の回想を続けると，関数 $P(\sigma, \tau, w_1, w_2)$ の σ および τ に関する 1 階偏導関数

$$\frac{\partial P}{\partial \sigma}, \quad \frac{\partial P}{\partial \tau}$$

と三つの 2 階偏導関数

$$\frac{\partial^2 P}{\partial \sigma \partial \sigma}, \quad \frac{\partial^2 P}{\partial \sigma \partial \tau}, \quad \frac{\partial^2 P}{\partial \tau \partial \tau}$$

を計算し，これらの関数の $\sigma = 0, \tau = 0$ のときの値を求めました．二つの 1 階偏導関数については，それらの値はいずれも 0 になります．2 階偏導関数については，それらの値をそれぞれ P_{11}, P_{12}, P_{22} と表示すると，

$$P_{11} = \frac{\partial^2 P}{\partial \sigma \partial \sigma}(\sigma = 0, \tau = 0)$$
$$= 2\vartheta'(0, w_1)\vartheta'(0, w_2),$$
$$P_{12} = \frac{\partial^2 P}{\partial \sigma \partial \tau}(\sigma = 0, \tau = 0)$$
$$= (w_1 - w_2)\vartheta'(0, w_1)\vartheta'(0, w_2),$$
$$P_{22} = \frac{\partial^2 P}{\partial \tau \partial \tau}(\sigma = 0, \tau = 0)$$
$$= -2w_1 w_2 \vartheta'(0, w_1)\vartheta'(0, w_2)$$

となりました. これにより, $P(0, 0, w_1, w_2) = 0$ であることにも
留意すると,

$$P(\sigma, \tau, w_1, w_2)$$
$$= \frac{1}{2} \times (P_{11}\sigma^2 + 2P_{12}\sigma\tau + P_{22}\tau^2) + \cdots$$
$$= \vartheta'(0, w_1)\vartheta'(0, w_2)(\sigma^2 + (w_1 - w_2)\sigma\tau - w_1 w_2 \tau^2) + \cdots$$
$$= \vartheta'(0, w_1)\vartheta'(0, w_2)(\sigma + \tau w_1)(\sigma - \tau w_2) + \cdots$$

という表示が得られます. これで等式

$$\lim_{\sigma = \tau = 0} \frac{P(\sigma, \tau, w_1, w_2)}{(\sigma + \tau w_1)(\sigma - \tau w_2)} = \vartheta'(0, w_1)\vartheta'(0, w_2)$$

に到達しました. 等式

$$\lim_{\sigma' = \tau' = 0} \frac{P(\sigma', \tau', w, w)}{(\sigma' + \tau' w_1)(\sigma' - \tau' w_2)} = \vartheta'(0, w)\vartheta'(0, w)$$

についても同様です. ここで,

$$\sigma' + \tau' w = \left(\sigma - \frac{b\tau}{2c}\right) + \frac{\tau}{2c}(b + 2cw_1)$$
$$= \sigma + \tau w_1$$
$$\sigma' - \tau' w = \left(\sigma - \frac{b\tau}{2c}\right) - \frac{\tau}{2c}(-b + 2cw_2)$$
$$= \sigma - \tau w_2$$

という関係が成立することに留意すると,

$$\lim_{\sigma=\tau=0}\frac{\Lambda(\sigma,\tau,w_1,w_2)}{\Lambda(\sigma',\tau',w,w)}$$

$$=\left(\frac{\vartheta'(0,w)\vartheta'(0,w)}{\vartheta'(0,w_1)\vartheta'(0,w_2)}\right)^{\frac{1}{3}}\lim_{\sigma=\tau=0}\frac{P(\sigma,\tau,w_1,w_2)}{P(\sigma',\tau',w,w)}$$

$$=\left(\frac{\vartheta'(0,w)\vartheta'(0,w)}{\vartheta'(0,w_1)\vartheta'(0,w_2)}\right)^{\frac{1}{3}}\lim_{\sigma=\tau=0}\frac{P(\sigma,\tau,w_1,w_2)}{(\sigma+\tau w_1)(\sigma-\tau w_2)}\frac{(\sigma'+\tau'w)(\sigma'-\tau'w)}{P(\sigma',\tau',w,w)}$$

$$=\left(\frac{\vartheta'(0,w)\vartheta'(0,w)}{\vartheta'(0,w_1)\vartheta'(0,w_2)}\right)^{\frac{1}{3}}\frac{\vartheta'(0,w_1)\vartheta'(0,w_2)}{\vartheta'(0,w)\vartheta'(0,w)}$$

$$=\left(\frac{\vartheta'(0,w_1)\vartheta'(0,w_2)}{\vartheta'(0,w)\vartheta'(0,w)}\right)^{\frac{2}{3}}$$

となることが判明します.

この結果を踏まえて，あらためて方程式

$$(\mathfrak{H})\ \log\Lambda(\sigma,\tau,w_1,w_2)=\frac{-\sqrt{\Delta}}{2\pi}\sum_{h=0}^{h=2c-1}\lim_{\rho=0}\sum_{m,n}\frac{e^{2\left(m\left(\sigma-b\frac{\tau+h}{2c}\right)+n\cdot\frac{\tau+h}{2c}\right)\pi i}}{(\frac{1}{2}\Delta m^2+\frac{1}{2}n^2)^{1+\rho}}$$

を観察してみます. $h=0$ に対応する和を取り出すと，

$$\frac{-\sqrt{\Delta}}{2\pi}\lim_{\rho=0}\sum_{m,n}\frac{e^{2\left(m\left(\sigma-\frac{b\tau}{2c}\right)+\frac{n\tau}{2c}\right)\pi i}}{(\frac{1}{2}\Delta m^2+\frac{1}{2}n^2)^{1+\rho}}=\frac{-\sqrt{\Delta}}{2\pi}\lim_{\rho=0}\sum_{m,n}\frac{e^{2(m\sigma'+n\tau')\pi i}}{(\frac{1}{2}\Delta m^2+\frac{1}{2}n^2)}$$

$$=\Lambda(\sigma',\tau',w,w)$$

となります. そこで，先ほどの等式

$$\lim_{\sigma=\tau=0}\frac{\Lambda(\sigma,\tau,w_1,w_2)}{\Lambda(\sigma',\tau',w,w)}=\left(\frac{\vartheta'(0,w_1)\vartheta'(0,w_2)}{\vartheta'(0,w)\vartheta'(0,w)}\right)^{\frac{2}{3}}$$

の両辺の対数をつくると，

$$\frac{2}{3}\log\frac{\vartheta'(0,w_1)\vartheta'(0,w_2)}{\vartheta'(0,w)\vartheta'(0,w)}$$

$$=\lim_{\sigma=\tau=0}\log\Lambda(\sigma,\tau,w_1,w_2)-\lim_{\sigma=\tau=0}\log\Lambda(\sigma',\tau',w,w)$$

$$=\frac{-\sqrt{\Delta}}{2\pi}\lim_{\sigma=\tau=0}\sum_{h=1}^{h=2c-1}\lim_{\rho=0}\sum_{m,n}\frac{e^{2\left(m\left(\sigma-b\frac{\tau+h}{2c}\right)+n\cdot\frac{\tau+h}{2c}\right)\pi i}}{(\frac{1}{2}\Delta m^2+\frac{1}{2}n^2)^{1+\rho}}$$

$$=\frac{-\sqrt{\Delta}}{2\pi}\lim_{\sigma=\tau=0}\sum_{h=1}^{h=2c-1}\lim_{\rho=0}\sum_{m,n}\frac{e^{2\left(m\left(\sigma-b\frac{\tau+h}{2c}\right)+n\cdot\frac{\tau+h}{2c}\right)\pi i}}{(\frac{1}{2}\Delta m^2+\frac{1}{2}n^2)^{1+\rho}}$$

$$=\frac{-\sqrt{\Delta}}{2\pi}\lim_{\rho=0}\sum_{h=1}^{h=2c-1}\sum_{m,n}\frac{e^{\frac{n-bm}{c}h\pi i}}{(\frac{1}{2}\Delta m^2+\frac{1}{2}n^2)^{1+\rho}}$$

となります．この等式をあらためて

（ℑ） $\quad \dfrac{2}{3}\log\dfrac{\vartheta'(0,w_1)\vartheta'(0,w_2)}{\vartheta'(0,w)\vartheta'(0,w)}$

$$= \dfrac{-\sqrt{\varDelta}}{2\pi}\lim_{\rho=0}\sum_{h=1}^{h=2c-1}\sum_{m,n}\dfrac{e^{\frac{n-bm}{c}h\pi i}}{(\frac{1}{2}\varDelta m^2+\frac{1}{2}n^2)^{1+\rho}}$$

と呼ぶことにします．

（ℌ°）から出発して同様に式変形を進めると，等式

（ℑ°） $\quad \dfrac{2}{3}\log\dfrac{\vartheta'(0,w_1)\vartheta'(0,w_2)}{\vartheta'(0,w)\vartheta'(0,w)}=\sum_{h=1}^{h=2c-1}\log\varLambda\Big(\dfrac{-bh}{2c},\dfrac{h}{2c},w,w\Big)$

が得られます．

「注目すべき関係式」へ

等式（ℑ）において h に関する総和を実行します．この和では $h=1$ から $h=2c-1$ まで加えられていますが，$h=0$ に対応する数値 1 を加味して

$$\sum_{h=1}^{h=2c-1}e^{\frac{n-bm}{c}h\pi i}=-1+\sum_{h=0}^{h=2c-1}e^{\frac{n-bm}{c}h\pi i}$$

と変形してみます．和

$$\sum_{h=0}^{h=2c-1}e^{\frac{n-bm}{c}h\pi i}$$

は $n-bm\equiv0\ (\mathrm{mod}.\,2c)$ なら $2c$ になりますが，そうでなければ 0 になります．そこで $n-bm=2cn_1$ と置いて等式（ℑ）の右辺の変形を進めると，

$$-\frac{\sqrt{\Delta}}{2\pi}\lim_{\rho=0}\sum_{h=1}^{h=2c-1}\sum_{m,n}\frac{e^{\frac{n-bm}{c}h\pi i}}{(\frac{1}{2}\Delta m^2+\frac{1}{2}n^2)^{1+\rho}}$$

$$=\frac{\sqrt{\Delta}}{2\pi}\lim_{\rho=0}\left(\sum_{m,n}\frac{1}{(\frac{1}{2}\Delta m^2+\frac{1}{2}n^2)^{1+\rho}}-\sum_{m,n}\frac{2c}{(\frac{1}{2}\Delta m^2+\frac{1}{2}(bm+2cn_1)^2)^{1+\rho}}\right)$$

$$=\frac{\sqrt{\Delta}}{2\pi}\lim_{\rho=0}\left(\frac{1}{(\frac{1}{2}\Delta m^2+\frac{1}{2}n^2)^{1+\rho}}-\sum_{m,n}\frac{2c}{\frac{1}{2^{1+\rho}}((4ac-b^2)m^2+(bm+2cn_1)^2)^{1+\rho}}\right)$$

$$=\frac{\sqrt{\Delta}}{2\pi}\lim_{\rho=0}\left(\frac{1}{(\frac{1}{2}\Delta m^2+\frac{1}{2}n^2)^{1+\rho}}-\sum_{m,n}\frac{(2c)^{-\rho}}{(am^2+bmn_1+cn_1^2)^{1+\rho}}\right)$$

という形になります．ここで第 VI 論文で観察したことを想起すると，有限極限値

$$\lim_{\rho=0}\left\{-\frac{1}{\rho}+\sum_{m,n}(2\pi(a_0m^2+b_0mn+c_0n^2))^{-1-\rho}\right\}=L(a_0,c_0)$$

が確定します．これより

$$\lim_{\rho=0}\rho\sum_{m,n}(2\pi(a_0m^2+b_0mn+c_0n^2))^{-1-\rho}=1$$

となることがわかり，ここからなお一歩を進めて

$$\lim_{\rho=0}\rho\sum_{m,n}(2\pi(am^2+bmn+cn^2))^{-1-\rho}=\frac{1}{\sqrt{\Delta}}$$

となることが帰結します．これにより，

$$\lim_{\rho=0}\sum_{m,n}\frac{1-(2c)^{-\rho}}{(am^2+bmn+cn^2)^{1+\rho}}$$

$$=\lim_{\rho=0}\frac{1-(2c)^{-\rho}}{\rho}\sum_{m,n}\frac{\rho}{(am^2+bmn+cn^2)^{1+\rho}}$$

$$=\frac{1}{\sqrt{\Delta}}\lim_{\rho=0}\frac{1-(2c)^{-\rho}}{\rho}$$

となります．ここで，微分計算により

$\displaystyle\lim_{\rho=0}\frac{1-(2c)^{-\rho}}{\rho}=\log(2c)$ となることに留意すると，極限値

$$\lim_{\rho=0}\sum_{m,n}\frac{1-(2c)^{-\rho}}{(am^2+bmn+cn^2)^{1+\rho}}=\frac{2\pi}{\sqrt{\Delta}}\log(2c)$$

が求められます．これに基づいて方程式（ℑ）の変形を続けます．

$$\frac{2}{3} \log \frac{\vartheta'(0, w_1)\vartheta'(0, w_2)}{\vartheta'(0, w)\vartheta'(0, w)}$$

$$= \frac{\sqrt{\Delta}}{2\pi} \lim_{\rho=0} \left\{ \sum_{m, n} \frac{1}{(\frac{1}{2}\Delta m^2 + \frac{1}{2} n^2)^{1+\rho}} - \sum_{m, n} \frac{(2c)^{-\rho}}{(am^2 + bmn + cn^2)^{1+\rho}} \right\}$$

$$= \frac{\sqrt{\Delta}}{2\pi} \lim_{\rho=0} \left\{ \sum_{m, n} \frac{1}{(\frac{1}{2}\Delta m^2 + \frac{1}{2} n^2)^{1+\rho}} \right.$$

$$\left. - \sum_{m, n} \frac{1}{(am^2 + bmn + cn^2)^{1+\rho}} + \frac{2\pi}{\sqrt{\Delta}} \log(2c) \right\}.$$

これより

$$\frac{2\pi}{\sqrt{\Delta}} \left\{ \log\left(\frac{\vartheta'(0, w_1)\vartheta'(0, w_2)}{\vartheta'(0, w)\vartheta'(0, w)} \right)^{\frac{2}{3}} - \log(2c) \right\}$$

$$= \lim_{\rho=0} \left\{ \sum_{m, n} \frac{1}{(\frac{1}{2}\Delta m^2 + \frac{1}{2} n^2)^{1+\rho}} - \sum_{m, n} \frac{1}{(am^2 + bmn + cn^2)^{1+\rho}} \right\}.$$

クロネッカーはこれを

$$\frac{2\pi}{\sqrt{\Delta}} \log \frac{1}{2c} \left(\frac{\vartheta'(0, w_1)\vartheta'(0, w_2)}{\vartheta'(0, w)\vartheta'(0, w)} \right)^{\frac{2}{3}}$$

$$= \lim_{\rho=0} \sum_{m, n} \left\{ \frac{1}{(\frac{1}{2}\Delta m^2 + \frac{1}{2} n^2)^{1+\rho}} \cdot \frac{1}{(am^2 + bmn + cn^2)^{1+\rho}} \right\}$$

と書きました.

「注目すべき関係式」

w_1, w_2, a, b, c に替わって他の同様の量 w_1', w_2', a', b', c' を用いて同じ形の式をつくり，こうして現れる二つの方程式の差をつくると，

$$(\aleph) \quad \lim_{\rho=0} \sum_{m, n} \left\{ \frac{1}{(am^2 + bmn + cn^2)^{1+\rho}} - \frac{1}{(a'm^2 + b'mn + c'n^2)^{1+\rho}} \right\}$$

$$= \frac{2\pi}{\sqrt{\Delta}} \log \frac{c(\vartheta'(0, w_1')\vartheta'(0, w_2'))^{\frac{2}{3}}}{c'(\vartheta'(0, w_1)\vartheta'(0, w_2))^{\frac{2}{3}}}$$

という形の関係式が得られます．ここで，

$$w_1 = \frac{-b + i\sqrt{\Delta}}{2c}, \ w_2 = \frac{b + i\sqrt{\Delta}}{2c},$$
$$w_1' = \frac{-b' + i\sqrt{\Delta}}{2c'}, \ w_2' = \frac{b' + i\sqrt{\Delta}}{2c'}.$$

クロネッカーはこれを「注目すべき関係式」と呼びました．見るほどに興味深く，2 次形式に関連して何かしら重要なことを示唆しているかのような等式です．

第 7 章

2次形式のアリトメチカ的 (数論的) 理論

❦❦❦❦❦❦❦❦❦❦❦❦❦❦❦❦❦❦❦❦❦❦❦❦

「注目すべき関係式」を変形する

クロネッカーは「楕円関数の理論に寄せる」の第 VII 論文で「注目すべき関係式」に到達しました. 再現すると, それは次のような等式でした.

$$(\aleph) \quad \lim_{\rho=0} \sum_{m,n} \left\{ \frac{1}{(am^2+bmn+cn^2)^{1+\rho}} - \frac{1}{(a'm^2+b'mn+c'n^2)^{1+\rho}} \right\}$$

$$= \frac{2\pi}{\sqrt{\Delta}} \log \frac{c(\vartheta'(0,w_1')\,\vartheta'(0,w_2'))^{\frac{2}{3}}}{c'(\vartheta'(0,w_1)\,\vartheta'(0,w_2))^{\frac{2}{3}}}$$

右辺は 4 個のテータ関数で組立てられていますが, クロネッカーは

$$\vartheta'(0,w) = 2\pi e^{\frac{1}{4}w\pi i} \prod (1-e^{2nw\pi i})^3$$

という表示に着目してさらに変形を進めています. これからこの表示を ($\aleph$) の右辺に代入して計算を進めていきますが, その際,

$$w_1 + w_2 = \frac{i\sqrt{\Delta}}{c}, \quad w_1' + w_2' = \frac{i\sqrt{\Delta}}{c'}$$

となることに留意します.

$$\frac{2\pi}{\sqrt{\Delta}} \log \frac{c(\vartheta'(0, w_1')\, \vartheta'(0, w_2'))^{\frac{2}{3}}}{c'(\vartheta'(0, w_1)\, \vartheta'(0, w_2))^{\frac{2}{3}}}$$

$$= \frac{2\pi}{\sqrt{\Delta}} \log \frac{c(2\pi e^{\frac{1}{4}w_1'\pi i}\prod(1-e^{2nw_1'\pi i})^3 \cdot 2\pi e^{\frac{1}{4}w_2'\pi i}\prod(1-e^{2nw_2'\pi i})^3)^{\frac{2}{3}}}{c'(2\pi e^{\frac{1}{4}w_1\pi i}\prod(1-e^{2nw_1\pi i})^3 \cdot 2\pi e^{\frac{1}{4}w_2\pi i}\prod(1-e^{2nw_2\pi i})^3)^{\frac{2}{3}}}$$

$$= \frac{2\pi}{\sqrt{\Delta}} \log \frac{c \cdot e^{\frac{1}{6}(w_1'+w_2')\pi i}\prod(1-e^{2nw_1'\pi i})^2\prod(1-e^{2nw_2'\pi i})^2}{c' \cdot e^{\frac{1}{6}(w_1+w_2)\pi i}\prod(1-e^{2nw_1\pi i})^2\prod(1-e^{2nw_2\pi i})^2}$$

$$= \frac{2\pi}{\sqrt{\Delta}} \log \frac{c \cdot e^{-\frac{\pi\sqrt{\Delta}}{6c'}}\prod(1-e^{2nw_1'\pi i})^2\prod(1-e^{2nw_2'\pi i})^2}{c' \cdot e^{-\frac{\pi\sqrt{\Delta}}{6c}}\prod(1-e^{2nw_1\pi i})^2\prod(1-e^{2nw_2\pi i})^2}$$

$$= \frac{2\pi}{\sqrt{\Delta}}(\log c - \log c') + \frac{2\pi}{\sqrt{\Delta}}\left(-\frac{\pi\sqrt{\Delta}}{6c'} + \frac{\pi\sqrt{\Delta}}{6c}\right) + \frac{2\pi}{\sqrt{\Delta}} \times 2$$

$$\times \log \frac{\prod(1-e^{2nw_1'\pi i})\prod(1-e^{2nw_2'\pi i})}{\prod(1-e^{2nw_1\pi i})\prod(1-e^{2nw_2\pi i})}$$

$$= \frac{2\pi}{\sqrt{\Delta}}(\log c - \log c') + \frac{\pi^2}{3}\left(\frac{1}{c} - \frac{1}{c'}\right)$$

$$- \frac{4\pi}{\sqrt{\Delta}}\sum_{n=0}^{n=\infty} \log \frac{(1-e^{2nw_1'\pi i})(1-e^{2nw_2'\pi i})}{(1-e^{2nw_1\pi i})(1-e^{2nw_2\pi i})}.$$

「注目すべき関係式」($\mathfrak{N}$) の左辺の形状に着目すると，上記の式は 2 次形式 (a, b, c), (a', b', c') により表される「類（クラス，Classe）」の不変量であることがわかります．あるいはまた，式 ($\mathfrak{N}$) の右辺に目をやれば，

$$\frac{1}{c}(\vartheta'(0, w_1)\vartheta'(0, w_2))^{\frac{2}{3}}$$

は 2 次形式 (a, b, c) により表される類の不変量であることも明らかになります．

　これで連作「楕円関数の理論に寄せる」の第 VII 論文が終りました．最後のあたりで 2 次形式の類とその不変量を語る言葉が現れましたが，これらは続く第 VIII 論文のテーマです．

2 次形式の数論的理論に向う

「注目すべき関係式」($\mathfrak{R}$) の応用を説明する前に，2 次形式の「アリトメチカ的理論」(arithmetischen Theorie. 数論的理論) を語っておかなければならいとクロネッカーは宣言しました．そのために用意されたのが第 VIII 論文です．20 年以上も前から大学で講義を重ねてきたと語られているのも興味をひかれます．用語はガウスの 2 次形式論にならいますが，多少の改変を加えています．その理由として，クロネッカーは二つの事情を挙げています．ひとつにはそうすることによって諸本質的結果が本質的に簡明になるためであり，またひとつには，それらの改変がごく自然なものであることが高次形式の理論を通じて明らかになるからであるというのです．

クロネッカーはまず 2 次形式の導入から説き起こしました．a, b, c は公約数をもたない整数とするとき，

$$ax^2 + bxy + cy^2$$

という形の式を**原始 2 次形式**と呼びます．原始的 (primitiv) という言葉には 3 個の係数 a, b, c に共通の約数が存在しないという状況が反映しています．不定数 x, y の表記を省略して，2 次形式を

$$(a, b, c)$$

と表記することもあります．ガウスの 2 次形式論では b はつねに偶数とされていて，$ax^2 + 2bx + cy^2$ という形の 2 次形式が考えられていますから，クロネッカーの表記法はこの時点ですでにガウスから少々離れています．

3 個の係数 a, b, c を用いて組立てられる数

$$b^2 - 4ac$$

には，ガウスの提案を踏襲して，2 次形式 (a, b, c) の **判別式 (Determinant)** という呼び名が与えられました．二つの 2 次形式

が正式な整係数 1 次変換[1] により互いに移り合うとき，それら
の 2 次形式を（**正式**）**同値**と呼び，同じ**類**に算入します．二つの
正式同値な 2 次形式は同一の判別式をもっていますから，これ
によって同じ判別式をもつ 2 次形式の全体がクラス分け（類別）
されたことになります．原語の eigentlich に「正式」という訳語
をあてました．

　2 次形式 (a, b, c) の判別式は $\equiv 0 \,(\mathrm{mod.}\, 4)$ となるか，あるいは
$\equiv 1 \,(\mathrm{mod.}\, 4)$ となるかのいずれかです．前者は b が偶数の場合，
後者は b が奇数の場合です．$b^2 - 4ac$ のような形の数を，クロ
ネッカーは Discriminantenformen der Zahlen と呼んでいます．
そのまま訳出すると「数の判別式形状」というほどのことになり
ますが，この形の数のことを「判別式タイプの数」と呼ぶとよい
のではないかと思います．ここで，

$$b^2 - 4ac = D$$

と表記して，D は正の平方数ではないものとします．D に含ま
れる平方因子 Q^2 を適宜抽出し，そののちになお残される数を
D_0 と表記して

$$b_0^2 - 4a_0 c_0 = D_0, \ D = D_0 Q^2$$

と表記します．D_0 それ自身は依然としてある数の判別式タイプ
の形を維持するとともに，そこにはもう平方因子は含まれない
か，あるいはまた少なくとも除去したのちになお判別式タイプの
数が残されるような平方因子は含まれないようにします．このよ
うな数 D_0 を，クロネッカーは**判別式 D に対応する基本判別式**
（**Fundamental-Discriminante**）と呼びました．

---

[1] 90 頁.

基本判別式の三つの類型

　基本判別式の事例として，クロネッカーは -4 と 12 を挙げました．$-4 = b^2 - 4ac$ を満たす数 a, b, c は存在します．たとえば $a = 1$, $b = 0$, $c = 1$ が該当し，-4 は 2 次形式 $x^2 - y^2$ の判別式になっています．これで -4 は判別式タイプの数であることがわかりました．また，-4 には平方数 4 が含まれていますが，これを除去すると -1 が残ります．ところが $-1 = b^2 - 4ac$ を満たす数 a, b, c は存在しません．なぜなら，もし存在するなら b は合同式 $b^2 \equiv -1 \,(\mathrm{mod.}\,4)$ を満たさなければならないことになりますが，法 4 に関して -3 と合同になる平方数は存在しないからです．これで 4 は基本判別式であることがわかりました．

　次に，12 について考えてみると，まず $12 = b^2 - 4ac$ を満たす数 a, b, c は存在します．実際，たとえば $a = 1$, $b = 4$, $c = 1$ が該当し，12 は 2 次形式 $x^2 + 4xy + y^2$ の判別式になっています．これで 12 は判別式タイプの数であることがわかりました．また，12 には平方数 4 が含まれています．12 から 4 を除去すると 3 が残りますが，$3 = b^2 - 4ac$ をみたす数 a, b, c は存在しません．実際，もし存在するとすれば $b^2 \equiv 3 \,(\mathrm{mod.}\,4)$ となりますが，法 4 に関して 3 と合同になる平方数は存在しません．これで 12 は基本判別式であるための条件がみな満たされていることがわかりました．

　基本判別式 D_0 の形として考えられるものを列挙してみます．一般に P は異なる奇素因子の積を表すものとします．まず D_0 が奇数の場合に，D_0 はそれ自身が判別式タイプの数なのですから，法 4 に関して 1 と合同であるほかはありません．したがって，

$$D_0 = P, \ P \equiv 1 \,(\mathrm{mod.}\,4)$$

という形が考えられます.

次に, D_0 が偶数の場合を想定すると, $D_0 = 2P$ という形ではありえないことは即座にわかります. というのは, D_0 は判別式タイプですから法 4 に関して 0 もしくは 1 と合同であるのに対し, $2P$ は法 4 に関して 2 と合同であるからです.

次に, $D_0 = 4P$ という形を想定してみます. この場合, D_0 は平方因子 4 をもち, これを除去すると P が残ります. 数 P が法 4 に関して 1 と合同になるという形であれば, P は判別式タイプの数です. 実際, $P = 4n+1$ と表記するとき, たとえば $a = n$, $b = 1$, $c = -1$ と定めれば, P は 2 次形式 $nx^2 + xy - y^2$ の判別式であることになります. ところが D_0 が基本判別式である以上, このようなことは起りえません. これで D_0 のもうひとつの形として,

$$D_0 = 4P,\ P \equiv -1 \pmod{4}$$

という形状が考えられます.

次に考えられるのは $D_0 = 8P$ という形状です. この場合にも D_0 は平方因子 4 をもっていて, それを除去すると $2P$ が残りますが, P の形がどうあろうとも $2P$ は判別式タイプではありえません. したがって, D_0 の第 3 の形として,

$$D_0 = 8P,\ \ P \equiv \pm 1 \pmod{4}$$

という形状が考えられます.

こうして基本判別式 D_0 の次のような 3 通りの形が出揃いました.

$$D_0 = P,\ P \equiv 1 \pmod{4}$$
$$D_0 = 4P,\ P \equiv -1 \pmod{4}$$
$$D_0 = 8P,\ P \equiv \pm 1 \pmod{4}$$

このような準備事項に続いて, クロネッカーは

(ℓ)　$\dfrac{1}{2}\tau\displaystyle\sum_A \dfrac{\psi(D,4A)}{A^{1+\rho}}=\sum_{a,b,c}\sum_{\alpha,\gamma}\dfrac{1}{(a\alpha^2+b\alpha\gamma+c\gamma^2)^{1+\rho}}$　$(\rho>0)$

という形の等式を書き下しました．ここで，左辺の総和はすべて
の異なる正数 A にわたって行われます．$\psi(D,4A)$ というのは，
一般に2次合同式

$$B^2\equiv D\ (\mathrm{mod}.\,4A)$$

の（法 $4A$ に関する）解の個数を表す数論的関数です．また，τ
という記号の意味は次のとおりです．

$$D>0\text{ に対し，}\tau=1$$
$$D=-3\text{ に対し，}\tau=6$$
$$D=-4\text{ に対し，}\tau=4$$
$$D<-4\text{ に対し，}\tau=2$$

　右辺はどうかというと，まず第1に公約数をもたない二つの数
α,γ に関して総和が行われます．この二つの数には，$D>0$ の場
合には，不等式

$$\left(2a\dfrac{\alpha}{\gamma}+b\right)^2>\dfrac{T^2}{U^2}$$

を満たすという限定が課されています．第2に，正の第1係数
$a',a'',\cdots$ をもつ2次形式系

$$(a',b',c'),\,(a'',b'',c''),\cdots$$

にわたる総和も遂行されます．これらの2次形式は，判別式 D
をもつすべての異なる2次形式類の各々からひとつずつ選定され
ています．最後に，T と U はペルの方程式

$$T^2-DU^2=1\text{ または}=4$$

の**基本解**（**Fundamentallösung**）を表しています．

　等式（ℓ）の意味の理解をめざして，しばらく2次形式論の回
想に向いたいと思います．

ディリクレの『数論講義』より

　クロネッカーはディリクレの数論に沿って 2 次形式の数論的理論を叙述しています．ガウスの没後，ディリクレはゲッチンゲン大学の招聘を受けてベルリン大学からゲッチンゲン大学に移り，1856 年から 1857 年にかけての冬学期に整数論の講義を行いました．講義のための原稿はなかったようですが，聴講する学生たちに混じって私講師のデデキントがいて，ノートを作成しました．そのノートを基礎にしてディリクレの諸論文なども参考にして講義を再現したのがディリクレの『数論講義』です．初版の刊行は 1863 年．それから第 2 版（1871 年），第 3 版（1880 年）と改訂が重ねられ，1894 年には第 4 版に達しています．巻末にデデキント自身の手で長大な補遺が附せられたところに著しい特徴が見られます．

　ディリクレの『数論講義』を参照すると，ディリクレは 2 次形式を

$$ax^2 + 2bxy + cy^2$$

という形に表記して，これを (a, b, c) と略記しています．中央の xy の係数が偶数に限定されているところがクロネッカーの表記とは異なりますが，ディリクレはガウスの表記を踏襲しています．3 個の数 a, b, c の最大公約数は τ，$a, 2b, c$ の最大公約数は σ で表され，σ には 2 次形式 (a, b, c) の因子という呼称が与えられました．ディリクレの語法では原始形式というのは $\tau = 1$ の 2 次形式のことで，$\tau = 1$ で，しかも $\sigma = 1$ でもあれば第 1 種の 2 次形式，$\tau = 1$ かつ $\sigma = 2$ なら第 2 種の 2 次形式です．判別式というのは

$$D = b^2 - ac$$

のことで，クロネッカーの語法での判別式の $\dfrac{1}{4}$ になっています．

D が正の平方数になる場合は除外します. $D<0$ の場合には必然的に $ac>0$ であることになり, a と c は同符号です. そこで両方とも正の場合に限定して考えていくことにします.

2 次形式の数論的理論の眼目は 2 次形式で表される数 m の考察にありますが, $\tau=1$ ではない場合, 言い換えると (a,b,c) が原始形式ではない場合には, $a=\tau a'$, $b=\tau b'$, $c=\tau c'$ と置くと原始形式 (a',b',c') が現れて, (a,b,c) で表される数はこの原始形式 (a',b',c') で表される数に τ を乗じると得られます. したがって, 原始形式で表される数の考察に限定すれば十分であることになります. また, 第 2 種の原始形式, すなわち $\tau=1,\sigma=2$ となる 2 次形式で表される数はつねに偶数であることに留意すると, 原始形式により表される数を一般に σm という形に表記すると見通しがよくなりそうに思います.

ディリクレは考察の対象となる数の形状になお限定を加え,

1) m は正の奇数であり, しかも

2) m は判別式 D と互いに素

であるものと定めました. また, 数の表示にあたって不定数 x,y に代入するべき数は互いに素であるものとします. このような表示をディリクレは原始的表示と呼んでいます.

2 次形式による数の表現

2 次形式 (a,b,c) により数 m が表されるというのは, 方程式

$$ax^2+2bxy+cy^2=m$$

を満たす整数 x,y が存在するということにほかなりませんが, 2 次形式による数の表現は不定数の 1 次変換との関連のもとで現れます. 一般に 4 個の整数 $\alpha,\beta,\gamma,\delta$ は条件

$$\alpha\delta - \beta\gamma = 1$$

を満たすとし，これらを用いて定められる1次変換

$$x = \alpha x' + \beta y'$$

$$y = \gamma x' + \delta y'$$

を，行列のように見える記号を用いて

$$\begin{pmatrix} \alpha, & \beta \\ \gamma, & \delta \end{pmatrix}$$

と表記することにします．条件 $\alpha\delta - \beta\gamma = 1$ が課されていますから，**正式な1次変換**です．この1次変換を2次形式 $ax^2 + 2bxy + cy^2$ に適用して移っていく先の2次形式を $a'x'^2 + 2b'x'y' + c'y'^2$ と表示すると，代入して計算を進めることにより確認されるように，その係数 a', b', c' は

$$a' = a\alpha^2 + 2b\alpha\gamma + c\gamma^2,$$

$$b' = a\alpha\beta + b(\alpha\delta + \beta\gamma) + c\gamma\delta,$$

$$c' = a\beta^2 + 2b\beta\delta + c\delta^2$$

と表されます．第1番目の等式を見ると，数 a' が2次形式 (a, b, c) により $x = \alpha, y = \gamma$ と置くことによって表されています．判別式については，これも計算により確認されることですが，(a', b', c') の判別式を D' で表すと，D と D' は

$$D' = (\alpha\delta - \beta\gamma)^2 D$$

という関係で結ばれています．$\alpha\delta - \beta\gamma = 1$ という条件が課されていますから，実際には $D = D'$ となり，行列式は不変に保たれることがわかります．

　同じ4個の整数 $\alpha, \beta, \gamma, \delta$ を用いて1次変換

$$\begin{pmatrix} \delta, & -\beta \\ -\gamma, & \alpha \end{pmatrix}$$

をつくると，これもまた正式な1次変換であり，2次形式 (a', b', c') に適用すると行き先は元の2次形式 (a, b, c) です．こ

の状況を指して，二つの 2 次形式 (a, b, c), (a', b', c') は**正式同値**であると言い表されます

　2 次形式の 1 次変換が 2 次形式による数の表示を引き起こすことに留意したうえで，2 次形式 (a, b, c) による数 m の表現 $ax^2 + 2bxy + cy^2 = m$ から出発してみます．ここでは原始的な表現が考えられていて，この表現を実現する二つの整数 x, y は互いに素とされていますから，等式

$$x\eta - y\xi = 1$$

を満たす二つの整数 η, ξ が無数に存在します．そのような η, ξ を任意に選定し，1 次変換

$$\begin{pmatrix} x, & \xi \\ y, & \eta \end{pmatrix}$$

をつくると，これにより 2 次形式 (a, b, c) は (m, n, l) という形の 2 次形式に移ります．m については $m = ax^2 + 2bxy + cy^2$ と定められたとおりです．中央の項 n は，計算して確かめられるように，

$$n = (ax + by)\xi + (bx + cy)\eta$$

となります．l の表示も得られますが，(a, b, c) と (a', b', c') の判別式は同一であることに目をとめると，$n^2 - ml = D$ により定められます．しかもこの式の形を見ると，合同式

$$n^2 \equiv D \pmod{m}$$

が成立していることがわかります．これを言い換えると，**2 次形式 (a, b, c) の判別式 D は，この 2 次形式で表される数 m の平方剰余になる**ということにほかなりません．2 次形式による数の表現と平方剰余の理論とを連繋する密接な関係が，ここにはっきりと示されています．

合同式 $n^2 \equiv D \ (\mathrm{mod.}\, m)$

　2 次 形 式 (a, b, c) に よ る 数 m の 原 始 表 示 か ら 合 同 式 $n^2 \equiv D \ (\mathrm{mod.}\, m)$ の 根 $n = (ax+by)\xi + (bx+cy)\eta$ が 得 ら れ る ことがわかりましたが，n を指定するのに用いられた二つの数 ξ と η はただひと通りに定められるわけではなく，選択の仕方はか えって無数です．1 次不定方程式 $x\eta - y\xi = 1$ を満たすというこ とが ξ, η に課されている唯一の限定条件で，一組の解 ξ, η が見つ かったなら，他のすべての解 ξ', η' は不定数 v を用いて一般に

$$\xi' = \xi + xv, \quad \eta' = \eta + yv$$

と表示されます．ξ, η を用いて n が定められたように，ξ', η' を 用いて n' を定めると，

$$
\begin{aligned}
n' &= (ax+by)\xi' + (bx+cy)\eta' \\
&= (ax+by)(\xi+xv) + (bx+cy)(\eta+yv) \\
&= (ax+by)\xi + (bx+cy)\eta + (ax^2+2bxy+cy^2)v \\
&= n + mv
\end{aligned}
$$

という表示に達し，n と n' は合同式

$$n' \equiv n \ (\mathrm{mod.}\, m)$$

により結ばれていることがわかります．これで n' と n は 2 次合 同式 $n^2 \equiv D \ (\mathrm{mod.}\, m)$ の同一の根に所属することが明らかにな りました．この状況を指して，ここで取り上げている (a, b, c) に よる m の表現は根 $n \ (\mathrm{mod.}\, m)$ に所属すると言い表すことにし ます．

　こうして 2 次形式 (a, b, c) による数 m のすべての原始表現を 求める道筋が見えてきます．この表現が可能なら D は m の平 方剰余でなければなりませんから，2 次合同式

$$z^2 \equiv D \ (\mathrm{mod.}\, m)$$

の根の探索が第一着手になります. 任意の根を採り, その根を代表
する数 n を指定すると, $n^2 - D$ は m で割り切れます. そこで,

$$n^2 = D + ml$$

と表記すると, 判別式 D の 2 次形式 (m, n, l) が現れます. この
2 次形式が元の 2 次形式 (a, b, c) と正式同値であれば, (a, b, c)
を (m, n, l) に移す正式 1 次変換

$$\begin{pmatrix} x, & \xi \\ y, & \eta \end{pmatrix}$$

が与えられ, ここから (a, b, c) による m の表現 $ax^2 + 2bxy +$
$cy^2 = m$ が導かれます. 他方, (m, n, l) が (a, b, c) と正式同値
ではないという場合もありえます. その場合には, (a, b, c) によ
る m の表現で 2 次合同式 $z^2 \equiv D \ (\text{mod}. \ m)$ の根 $n \ (\text{mod}. \ m)$ に
所属するものは存在しないことになります.

ペルの方程式

　二つの基本問題がここに現れています. 第 1 の問題は 2 次形
式 (a, b, c) と (m, n, l) が正式同値か否かを判定すること, 第 2 の
問題は, この二つの 2 次形式が正式同値であることがわかった
として, (a, b, c) を (m, n, l) に移すすべての正式 1 次変換を求め
ることです. 第 1 の問題は判別式の正負に応じてまったく異なる
状況に直面しますが, 第 2 の問題についてはそのようなことはあ
りません. そこでディリクレは第 2 の問題から先に考察していま
す. 二つの形式は正式同値であることがわかっているという前提
のもとで考えていくのですから, (a, b, c) を (m, n, l) に移すある
ひとつの正式 1 次変換 L がすでに見つかっていることになりま
す. この L を手掛かりにして, (a, b, c) から (m, n, l) へのすべ

ての正式 1 次変換の探索が問題として課されていますが，この問題は (m, n, l) を自分自身に移す変換，すなわち自己変換の探索に帰着されます．実際，(a, b, c) から (m, n, l) への任意の変換 S に対し，L の逆変換を L^{-1} として合成変換 $T = S \circ L^{-1}$ をつくると，この変換は (m, n, l) の自己変換です．また，(m, n, l) の任意の自己変換 T に対し，合成変換 $S = T \circ L$ は (a, b, c) を (m, n, l) に移します．

そこで一般に判別式 D の 2 次形式 (a, b, c) の自己変換の探索を試みます．前に 3 個の数 $a, 2b, c$ の最大公約数を σ と表記し，これを (a, b, c) の因子と呼びました．(a, b, c) により表される数はみな必ず σ で割り切れるという点に，この呼称の由来があります．(a, b, c) の自己変換

$$\begin{pmatrix} \lambda, & \mu \\ \nu, & \rho \end{pmatrix}$$

を取り上げると，まず正式変換であることから

$$\lambda\rho - \mu\nu = 1$$

となります．また，自己変換であることにより二つの方程式

$$a\lambda^2 + 2b\lambda\nu + c\nu^2 = a, \quad a\lambda\mu + b(\lambda\rho + \mu\nu) + c\nu\rho = b$$

が成立します．後者の方程式において $\lambda\rho = \mu\nu + 1$ を代入すると，

$$a\lambda\mu + 2b\mu\nu + c\nu\rho = 0$$

となります．これを $a\lambda^2 + 2b\lambda\nu + c\nu^2 = a$ と連立させて，まず $2b$ を消去すると，

$$(a\mu\lambda^2 + c\mu\nu^2) - (a\lambda^2\mu + c\lambda\nu\rho) = a\mu$$

$$c\mu\nu^2 - c\lambda\nu\rho = a\mu$$

$$c\nu(\mu\nu - \lambda\rho) = a\mu$$

と計算が進み，最後に $\mu\nu - \lambda\rho = -1$ により方程式

$$a\mu + c\nu = 0$$

に到達します.

次に, c を消去すると,

$$(a\lambda^2\rho + 2b\lambda\rho\nu) - (a\lambda\mu\nu + 2b\mu\nu^2) = a\rho$$
$$a\lambda(\lambda\rho - \mu\nu) + 2b\nu(\lambda\rho - \mu\nu) = a\rho$$
$$(a\lambda + 2b\nu)(\lambda\rho - \mu\nu) = a\rho$$

と計算が進みます. ここで $\lambda\rho - \mu\nu = 1$ に留意すると, $a\lambda + 2b\nu = a\rho$. これで方程式

$$a(\lambda - \rho) + 2b\nu = 0$$

が得られました. $a = 0$ とすると D が平方数であることになってしまいますから, $a \neq 0$. それゆえ, $a, 2b, c$ の最大公約数が σ であることに留意すると, 新たな整数 u を用いて

$$\nu = \frac{a}{\sigma}u, \ \mu = -\frac{c}{\sigma}u, \ \lambda - \rho = -\frac{2b}{\sigma}u$$

と表示されます. これらを $\lambda\rho - \mu\nu = 1$ に代入すると,

$$\lambda\rho = -\frac{ac}{\sigma^2}u^2 + 1.$$

この表示を用いて計算を進めると,

$$\begin{aligned}(\lambda + \rho)^2 &= (\lambda - \rho^2) + 4\lambda\rho \\ &= \left(-\frac{2b}{\sigma}u\right)^2 + 4\left(-\frac{ac}{\sigma^2}u^2 + 1\right) \\ &= \frac{4}{\sigma^2}((b^2 - ac)u^2 + \sigma^2) \\ &= \frac{4}{\sigma^2}(Du^2 + \sigma^2).\end{aligned}$$

したがって, 等式

$$\left(\frac{\sigma(\lambda + \rho)}{2}\right)^2 = Du^2 + \sigma^2$$

が成立し, 左辺の $\frac{\sigma(\lambda + \rho)}{2}$ は整数であることがわかります. そこでこれを t と表記すると,

$$\lambda + \rho = \frac{2t}{\sigma}, \quad t^2 = Du^2 + \sigma^2$$

となります.

　こうして (a, b, c) の自己変換 $\begin{pmatrix} \lambda, & \mu \\ \nu, & \rho \end{pmatrix}$ の形が明らかになりました. ここに見られる 4 個の整数 λ, μ, ν, ρ は, 不定方程式

$$t^2 - Du^2 = \sigma^2$$

を満たす二つの整数 t, u を用いて

$$\lambda = \frac{t - bu}{\sigma}, \ \mu = -\frac{cu}{\sigma}, \ \nu = \frac{au}{\sigma}, \ \rho = \frac{t + bu}{\sigma}$$

と表されます. $t^2 - Du^2 = \sigma^2$ はフェルマに由来する不定方程式で, イギリスの数学者ペルの名を冠して**ペルの方程式**と呼び慣わされています. もう少し正確に言うと, $D < 0$ の場合にはこの呼称は該当せず, 本来のペルの方程式は $D > 0$ の場合に限定されています. ではありますが, ここでは言葉を流用して, D の正負を問わずにペルの方程式という呼称を用いることにします.

　上記の命題の逆もまた正しいことをディリクレは示しました. 詳しく言うと, 4 個の数 λ, μ, ν, ρ をペルの方程式 $t^2 - Du^2 = \sigma^2$ の解 t, u を用いて

$$\lambda = \frac{t - bu}{\sigma}, \ \mu = -\frac{cu}{\sigma}, \ \nu = \frac{au}{\sigma}, \ \rho = \frac{t + bu}{\sigma}$$

と定めると, 変換 $\begin{pmatrix} \lambda, & \mu \\ \nu, & \rho \end{pmatrix}$ は 2 次形式 (a, b, c) の自己変換になるということです. λ, μ, ν, ρ をこのように定めるだけでははたして整数であるか否かも明らかではありませんから, 何よりもまずこの点の確認から考えていく必要があります. σ は $a, 2b, c$ の最大公約数ですから, a と c はどちらも σ で割り切れるのはまちがいなく, これで μ と ν は整数であることがわかります. また, $4D = (2b)^2 - 4ac$ は σ^2 で割り切れることに留意すると,

$4t^2 = 4Du^2 + 4\sigma^2$ により $4t^2$ もまた σ^2 で割り切れます. したがって $2t$ は σ で割り切れます. そうして σ は $2b$ の約数であることに留意すると, $2\lambda = \dfrac{2t - 2bu}{\sigma}$ と $2\rho = \dfrac{2t + 2bu}{\sigma}$ はどちらも整数であることがわかります. これに加えて, この二つの数の和 $\dfrac{4t}{\sigma} = 2 \times \dfrac{2t}{\sigma}$ の形を見ると, $\dfrac{2t}{\sigma}$ は整数ですから, この和は偶数です. それゆえ, 2λ と 2ρ はともに偶数であるか, あるいはともに奇数であるかのいずれかであることになります. ところが, 積を作ると,

$$2\lambda \times 2\rho = 4 \times \frac{t^2 - b^2 u^2}{\sigma^2}$$
$$= 4 \times \frac{Du^2 + \sigma^2 - b^2 u^2}{\sigma^2} = 4 \times \frac{(D - b^2)u^2 + \sigma^2}{\sigma^2}$$
$$= 4 \times \frac{-acu^2 + \sigma^2}{\sigma^2} = 4 \times \left(1 - \frac{a}{\sigma}\frac{c}{\sigma}u^2\right)$$

となり, これは偶数ですから, $2\lambda, 2\rho$ はともに偶数であるほかはありません. これで λ と ρ は整数であることがわかりました.

この事実を踏まえたうえで, 4個の整数 $\lambda = \dfrac{t - bu}{\sigma}$, $\mu = -\dfrac{cu}{\sigma}$, $\nu = \dfrac{au}{\sigma}$, $\rho = \dfrac{t + bu}{\sigma}$ を対象にして, $t^2 - Du^2 = \sigma^2$ に留意して計算をすすめると, 三つの等式

$$\lambda\rho - \mu\nu = 1,$$
$$a\lambda^2 + 2b\lambda\nu + c\nu^2 = a,$$
$$a\lambda\mu + b(\lambda\rho + \mu\nu) + c\nu\rho = b$$

が成立することが確められます. たとえば,

$$\lambda\rho - \mu\nu = \frac{t - bu}{\sigma} \cdot \frac{t + bu}{\sigma} + \frac{cu}{\sigma} \cdot \frac{au}{\sigma}$$
$$= \frac{t^2 - b^2 u^2 + acu^2}{\sigma^2} = \frac{Du^2 + \sigma^2 - Du^2}{\sigma^2} = 1.$$

他の二つの等式についても，

$$a\lambda^2 + 2b\lambda\nu + c\nu^2 = a \cdot \left(\frac{t-bu}{\sigma}\right)^2 + 2b \cdot \frac{t-bu}{\sigma} \cdot \frac{au}{\sigma} + c \cdot \left(\frac{au}{\sigma}\right)^2$$

$$= \frac{1}{\sigma^2}(a(t-bu)^2 + 2abu(t-bu) + a^2cu^2)$$

$$= \frac{1}{\sigma^2}(at^2 - a(b^2 - ac)u^2)$$

$$= \frac{1}{\sigma^2}(a(Du^2 + \sigma^2) - aDu^2) = a,$$

$$a\lambda u + b(\lambda\rho + \mu\nu) + c\nu\rho = a \cdot \frac{t-bu}{\sigma} \cdot \left(-\frac{cu}{\sigma}\right)$$

$$+ b\left(\frac{y-bu}{\sigma} \cdot \frac{t+bu}{\sigma} - \frac{cu}{\sigma} \cdot \frac{au}{\sigma}\right) + c \cdot \frac{au}{\sigma} \cdot \frac{t+bu}{\sigma}$$

$$= \cdots = b$$

となり，やはり成立します．これらの三つの等式は，2 次形式 (a, b, c) が 1 次変換 $\begin{pmatrix} \lambda, & \mu \\ \nu, & \rho \end{pmatrix}$ により自分自身に移されること，言い換えると，この変換は 2 次形式 (a, b, c) の自己変換であることを示しています．

ペルの方程式 $t^2 - Du^2 = \sigma^2$ の解の個数を数える．

$D < 0$ の場合

　これで (a, b, c) の自己変換とペルの方程式 $t^2 - Du^2 = \sigma^2$ の解とが対応する様子が明らかになりました．形式 (a, b, c) の何らかの自己変換 $\begin{pmatrix} \lambda, & \mu \\ \nu, & \rho \end{pmatrix}$ が与えられたなら，方程式 $t^2 - Du^2 = \sigma^2$ の解もまた与えられ，逆に方程式 $t^2 - Du^2 = \sigma^2$ の解 t, u が与えられたなら，その解を用いて形式 (a, b, c) の自己変換をつくることができます．この対応が 1 対 1 であることもまた明瞭ですから，

形式 (a,b,c) の自己変換の探索は方程式 $t^2-Du^2=\sigma^2$ の解の探索に帰着されました.

そこでペルの方程式 $t^2-Du^2=\sigma^2$ の解の個数を数えるという課題が浮上します. D の正負に応じて大きく状況が異なりますが, まず D が負の場合を考えることにして, D の絶対値を Δ と表記して $D=-\Delta$ と置くと, ペルの方程式は

$$t^2+\Delta u^2=\sigma^2$$

という形になります. この方程式の左辺はつねに正で, しかも σ^2 という有限値に等しいというのですから, この方程式を満たす t,u の個数は有限個でしかありえません.

σ は 3 個の数 $a,2b,c$ の最大公約数でしたから, 積 ac が σ^2 で割り切れることは明らかです. $2b$ もまた σ で割り切れますが, 商 $\dfrac{2b}{\sigma}$ の偶奇に応じて 2 通りの場合に分かれます.

1° $\dfrac{2b}{\sigma}$ が偶数の場合には $\dfrac{b}{\sigma}$ は整数になります. これを言い換えると b は σ で割り切れるということですから, b^2 は σ^2 で割り切れます. それゆえ, $D=b^2-ac$ は σ^2 で割り切れることになり, 合同式

$$D\equiv 0 \pmod{\sigma^2}$$

が成立します.

この場合, $\Delta>\sigma^2$ なら, ペルの方程式 $t^2+\Delta u^2=\sigma^2$ には 2 個の解が存在します. それらは

$$t=\sigma,\ u=0 \quad \text{と} \quad t=-\sigma,\ u=0$$

です. また, $\Delta=\sigma^2$ なら, 方程式 $t^2+\Delta u^2=\sigma^2$ には 4 個の解

$$t=\sigma,\ u=0 \qquad t=-\sigma,\ u=0$$
$$t=0,\ u=1 \qquad t=0,\ u=-1$$

が存在します.

2°　$\dfrac{2b}{\sigma}$ が奇数の場合には σ は必然的に偶数であることになります. また，σ が b を割り切るとすると $\dfrac{2b}{\sigma}$ は偶数になってしまいますから，σ が b を割り切ることはなく，b^2 は σ^2 で割り切れません. それゆえ，D は σ^2 で割り切れませんが，4 倍して $4D$ をつくれば，これは σ^2 で割り切れます. しかも，奇数 $\dfrac{2b}{\sigma}$ の自乗は法 4 に関して 1 と合同ですから，

$$\frac{4D}{\sigma^2} = \frac{4}{\sigma^2}(b^2 - ac) = \left(\frac{2b}{\sigma}\right)^2 - 4 \times \frac{a}{\sigma} \times \frac{c}{\sigma} \equiv 1 \pmod{4}.$$

それゆえ，合同式

$$4D \equiv \sigma^2 \pmod{4\sigma^2}$$

が成立します.

　この場合，$4\varDelta \equiv -\sigma^2 \pmod{4\sigma^2}$. したがって，$4\varDelta \equiv 3\sigma^2 \pmod{4\sigma^2}$. となります. まず $4\varDelta > 3\sigma^2$ の場合を考えてみます. この場合には必然的に $4\varDelta \geqq 7\sigma^2$ となることに留意すると，方程式 $t^2 + \varDelta u^2 = \sigma^2$ の解は 2 個であることがわかります. それらは

$$t = \sigma,\ u = 0 \quad \text{と} \quad t = -\sigma,\ u = 0$$

です. これに対し，$4\varDelta = 3\sigma^2$ の場合には，方程式 $t^2 + \varDelta u^2 = \sigma^2$ の解は 6 個になります. それらは

$$t = \sigma,\ u = 0 \qquad t = \frac{\sigma}{2},\ u = 1$$

$$t = \frac{\sigma}{2},\ u = -1 \qquad t = -\sigma,\ u = 0$$

$$t = -\frac{\sigma}{2},\ u = -1 \qquad t = -\frac{\sigma}{2},\ u = 1$$

です.

判別式 D が正の場合

D が正の場合には本来のペルの方程式 $t^2 - Du^2 = \sigma^2$ が考察の
対象になりますが, 解の個数の探索は D が負の場合に比して格
段に困難になります. ディリクレとともに歩みを進めていきたい
と思います. ディリクレは無理数 $\sqrt{D}$ を導入しました. 2 次形
式 (a, b, c), すなわち

$$ax^2 + 2bxy + cy^2$$

の判別式 $D = b^2 - ac$ は正とすると, a と c はいずれも 0 ではあ
りえません. なぜなら, a, c のどちらかが 0 の場合には判別式 D
は平方数になりますが, そのような場合は避けられているからで
す. そこで, この形式に対応する 2 次方程式

$$a + 2b\omega + c\omega^2 = 0$$

は二つの実根

$$\omega = \frac{-b \mp \sqrt{D}}{c} = \frac{a}{-b \mp \sqrt{D}}$$

をもちます. ディリクレはこれらの 2 根を区別して, $\dfrac{-b - \sqrt{D}}{c} =$

$\dfrac{a}{-b + \sqrt{D}}$ を形式 (a, b, c) の第 1 根, $\dfrac{-b + \sqrt{D}}{c} = \dfrac{a}{-b - \sqrt{D}}$ を

第 2 根と呼びました. これらの根にはどちらにも 2 次形式を定め
る力が備わっています. 言い換えると, 同一の判別式をもつ二つ
の形式 (a, b, c), (a', b', c') について, それらの第 1 根もしくは
第 2 根が等しいなら, これらの形式は一致します. 実際, それ
らの第 1 根が等しくて

$$\frac{-b - \sqrt{D}}{c} = \frac{-b' - \sqrt{D}}{c'}$$

となるとすれば，$bc' - b'c = (c - c')\sqrt{D}$ となりますが，$\sqrt{D}$ が無理数である以上，この等式が成立するのは $bc' - b'c = 0$, $c = c'$，したがって $b = b'$, $c = c'$ となるときに限定されます．これより $a = a'$ も導かれて，二つの形式 (a, b, c), (a', b', c') は完全に一致することがわかります．第 2 根が互いに等しくて

$$\frac{-b + \sqrt{D}}{c} = \frac{-b' + \sqrt{D}}{c'}$$

となる場合についても同様です．

　　二つの形式 (a, b, c), (a', b', c') は正式もしくは非正式に同値とし，前者の形式 (a, b, c) は 1 次変換

$$\begin{pmatrix} \alpha & \beta \\ \gamma & \delta \end{pmatrix}$$

により後者の形式 (a', b', c') に移されるとします．ここで $\alpha\delta - \beta\gamma = \pm 1$ ですが，$\alpha\delta - \beta\gamma = +1$ ならこの変換には正式変換，$\alpha\delta - \beta\gamma = -1$ なら非正式変換という呼び名が附与されます．変数を省かずに表記すると，変換

$$x = \alpha x' + \beta y', \ y = \gamma x' + \delta y'$$

により等式

$$ax^2 + 2bxy + cy^2 = a'x'^2 + 2b'x'y' + c'y'^2$$

が成立します．2 次方程式 $ax^2 + 2bxy + cy^2 = 0$, $a'x'^2 + 2b'x'y' + c'y'^2 = 0$ の根をそれぞれ ω, ω' で表すと，これらはそれぞれ比 $\dfrac{y}{x}, \dfrac{y'}{x'}$ の値ですから，

$$\omega = \frac{\gamma x' + \delta y'}{\alpha x' + \beta y'} = \frac{\gamma + \delta \dfrac{y'}{x'}}{\alpha + \beta \dfrac{y'}{x'}} = \frac{\gamma + \sigma\omega'}{\alpha + \beta\omega'}$$

と計算が進み，ω が ω' により表示されます．この計算を逆向きにたどると，

$$\omega' = \frac{-\gamma + \alpha\omega}{\delta - \beta\omega}$$

となって，ω' が ω により表示されます．これで ω と ω' が対応することはわかりましたが，(a, b, c) の第 1 根と第 2 根に対応するのは (a', b', c') の第 1 根と第 2 根のどちらなのかという論点はまだ残されています．

形式 (a, b, c) の根

$$\omega = \frac{-b \mp \sqrt{D}}{c}$$

から出発して対応する ω' を算出すると，

$$
\begin{aligned}
\omega' &= \frac{-\gamma + \alpha\frac{-b\mp\sqrt{D}}{c}}{\delta - \beta\frac{-b\mp\sqrt{D}}{c}} \\
&= \frac{-\gamma c + \alpha(-b\mp\sqrt{D})}{\delta c - \beta(-b\mp\sqrt{D})} = \frac{-\gamma c - \alpha b \mp \alpha\sqrt{D}}{\delta c + \beta b \pm \beta\sqrt{D}} \\
&= \frac{(-\gamma c - \alpha b \mp \alpha\sqrt{D})(\delta c + \beta b \mp \beta\sqrt{D})}{(\delta c + \beta b)^2 - \beta^2 D} \\
&= \cdots \\
&= \frac{-(a\alpha\beta + b(\alpha\delta + \beta\gamma) + \gamma\delta)c \mp (\alpha\delta - \beta\gamma)c\sqrt{D}}{(c\delta^2 + 2b\beta\delta + a\beta^2)c} \\
&= \frac{-b'c \mp (\alpha\delta - \beta\gamma)c\sqrt{D}}{c'c} = \frac{-b' \mp \varepsilon\sqrt{D}}{c}
\end{aligned}
$$

と計算が進みます．ここで，$\alpha\delta - \beta\gamma = \varepsilon$ と置きました．ε の値は $+1$ もしくは -1 のいずれかで，変換

$$\begin{pmatrix} \alpha, & \beta \\ \gamma, & \delta \end{pmatrix}$$

は $\varepsilon = +1$ なら正式変換，$\varepsilon = -1$ なら非正式変換です．

隣接形式

ここから先の叙述では 2 次形式の同値性を考えて行く際に非正

式同値と非正式変換は除外して，もっぱら正式同値と正式変換のみを考えていくことにします．ここでディリクレは次の命題を提示しました．

《二つの2次形式 (a, b, c), (a', b', c') は同一の判別式をもつとし，それぞれの形式の同類の根 ω, ω' をとる（同類というのは，ともに第1根であるか，あるいはともに第2根であるという意味です）．これらの根は

$$\omega = \frac{\gamma + \delta \omega'}{\alpha + \beta \omega'}$$

という関係で相互に結ばれているとする．ここで，4個の整数 $\alpha, \beta, \gamma, \delta$ には

$$\alpha \delta - \beta \gamma = 1$$

という制約が課されている．このとき，形式 (a, b, c), (a', b', c') は同値であり，変換 $\begin{pmatrix} \alpha, & \beta \\ \gamma, & \delta \end{pmatrix}$ により (a, b, c) は (a', b', c') に移る．》

これを確認します．変換 $\begin{pmatrix} \alpha, & \beta \\ \gamma, & \delta \end{pmatrix}$ により (a, b, c) が移っていく先の形式を (a'', b'', c'') とし，その根 ω'' を ω と同類であるようにとると，すでに示されたように，ω と ω'' は

$$\omega = \frac{\gamma + \delta \omega''}{\alpha + \beta \omega''}$$

により結ばれることがわかります．これを $\omega = \dfrac{\gamma + \beta \omega'}{\alpha + \beta \omega'}$ という前提条件と組合わせると等式

$$\frac{\gamma + \delta \omega'}{\alpha + \beta \omega'} = \frac{\gamma + \delta \omega''}{\alpha + \beta \omega''}$$

が得られますが，これより $(\alpha \delta - \beta \gamma)(\omega' - \omega'') = 0$，したがって $\omega' = \omega''$ が導かれます．ω' と ω は同類ですから ω' と ω''

もまた同類です．また，(a', b', c') は (a, b, c) と同一の判別式をもち，(a, b, c) と (a'', b'', c'') は同一の判別式をもちますから，(a', b', c') と (a'', b'', c'') の判別式もまた同一です．これで (a', b', c') と (a'', b'', c'') は一致することが明らかになりました．

同一の正の判別式をもつ二つの形式の同値性の判定基準が得られましたが，ディリクレはこれを**隣接形式**に適用しました．隣接形式というのは文字通り「隣り合う形式」のことで，二つの形式 (a, b, c), (a', b', c') の間に次に挙げる三つの状況が観察されるとき，(a, b, c) は (a', b', c') に**左から隣接する**といい，(a', b', c') は (a, b, c) に**右から隣接する**といいます．

1° $b^2 - ac = b'^2 - a'c'$ （判別式が等しい）

2° $c = a'$ （(a, b, c) の第 3 項と (a', b', c') の第 1 項が等しい）

3° $b + b' \equiv 0 \pmod{a'}$

3°により $b + b' = -a'\delta$ と置くと，(a, b, c) は変換

$$\begin{pmatrix} 0, & 1 \\ -1, & \delta \end{pmatrix}$$

により (a', b', c') に移ります．(a, b, c) の根 ω と (a', b', c') の根 ω' は同類であるものとすると，これらは等式

$$\omega = \delta - \frac{1}{\omega'}, \ \omega' = \frac{1}{\delta - \omega}$$

により結ばれています．

被約形式

ディリクレはガウスの 2 次形式論にならって隣接形式を語りましたが，被約形式の考え方もまたガウスにならっています．形式 (a, b, c) に対して次に挙げる三つの状況が観察されるとき，これを被約形式と呼びます．

1° 第 1 根の絶対値が 1 より大きい．すなわち,

$$\left|\frac{-b-\sqrt{D}}{c}\right| > 1.$$

2° 第 2 根の絶対値が 1 より小さい．すなわち

$$\left|\frac{-b+\sqrt{D}}{c}\right| < 1.$$

3° 第 1 根と第 2 根は異符号である．

　証明は略しますが，正の判別式が任意に与えられたとき，その判別式をもつ 2 次形式はある被約形式と同値になること，しかも指定された判別式をもつ被約形式の個数は有限に留まることが示されます．そこで，指定された判別式の被約形式の一覧表を作成しておいて，その判別式をもつ二つの 2 次形式 φ, ψ について，それらの各々と同値な被約形式 Φ, Ψ を求めれば，φ と ψ が同値か否かの判定は Φ と Ψ が同値か否かの判定に帰着されることになり，判定作業は著しく簡易化されます．被約形式を考えることの意義がここに現れています．

　正の判別式が指定されたとき，その判別式をもつ形式の全体は，同値な形式をみなひとつのクラスに所属させることによりクラス分けされます．どの形式もある被約形式と同値であり，被約形式の個数は有限個なのですから，クラスの個数もまた有限であることになります．その個数には**類数**という呼称が与えられています．どの二つの被約形式も同値ではないというのであれば，類数は被約形式の個数そのものになりますが，異なる被約形式が同値になることもありますから被約形式の個数がそのまま類数になるわけではありません．そこで異なる二つの被約形式が同値か否かの判定が問題になります．ガウスは被約形式の**周期**のアイデアをもってこの課題に応じ，ディリクレはそれを踏襲しています．

　ペルの方程式 $t^2 - Du^2 = \sigma^2\ (D > 0)$ を完全に解くことができ
たなら，判別式 D の形式 φ を自分自身に移す変換がことごとく
みな求められますから，それに基づいて，φ を ψ と同値な他の
形式 ψ に移す変換のひとつを知って，φ を ψ に移すすべての変
換を求めることができます．これにより，正の判別式をもつ形式
φ と数 M が指定されたとき，φ による M のすべての原始表示
を求めることが可能になります．

第8章

2次形式のアリトメチカ的 (数論的) 理論 (続)

❧❧❧❧❧❧❧❧❧❧❧❧❧❧❧❧❧❧❧❧❧❧❧❧❧

2次形式の類数

D が正の場合の本来のペルの方程式 $t^2 - Du^2 = \sigma^2$ の解法手順の紹介はひとまず措いて，2次形式の類数を決定する問題を観察してみたいと思います．判別式 D を指定して，判別式 D の形式のつくる類の個数を数えようというのですが，形式の姿を限定して第1種もしくは第2種の原始形式のみを考えることにします．いくつかの用語を回想すると，形式 $\varphi = (a, b, c)$ において3個の数 a, b, c の最大公約数を τ，3個の数 $a, 2b, c$ の最大公約数を σ と表記して，$\tau = 1$ のとき，φ を原始形式と呼びました．φ が原始形式なら σ の値は1または2であることになりますが，$\sigma = 1$ なら φ は第1種原始形式，$\sigma = 2$ なら第2種原始形式です．形式 φ による数 M の表示が原始的というのは，その表示を実現するために用いられる二つの数 x, y が互いに素ということを指しています．

$\varphi = (a, b, c)$ において $\tau = 1$ ではない場合，言い換えるとこの形式が原始形式ではない場合には3個の数 a, b, c を $a = \tau a'$，$b = \tau b'$，$c = \tau c'$ と置いて形式 $\varphi' = (a', b', c')$ をつくると，これは原始形式です．φ' の判別式は $b'^2 - a'c' = D'$ とな

ります．判別式 D' の形式の類数が判明すれば判別式 $D = \tau^2 D'$ の形式の類数も導かれますから，類数の探索にあたって考察の対象を原始形式に限定すれば十分です．また，判別式が負の形式では第 1 係数と第 3 係数は同符号です．このような限定を課したうえで，判別式 D の第 σ 種の形式のつくる各々の類から 1 個の形式を選定し，それらの集りを S で表すと，S に所属する形式の総数が求める類数です．S を完全代表系と呼ぶことにします．

　　第 2 種の形式で表される数はすべて偶数であることに留意して，第 1 種と第 2 種の形式による数の表示をまとめて考察するのに便宜をはかるという理由により，ディリクレは表示される数を一般に σm と表記して，そのうえでなお m は正の奇数で，判別式 D と互いに素という限定を課しました．これに加えてもうひとつ，考える表示は原始的なもののみに限られています．

　　以上のような状況のもとで判別式 D の形式 (a, b, c) による数 σm の表示を考えていくのですが，何よりもまず注目しなければならないのは，D は σm に関する平方剰余であるという一事です（第 7 章参照[※1]）．言い換えると，σm を法とする 2 次合同式

$$z^2 \equiv D \pmod{\sigma m}$$

にはつねに解が存在します．これが 2 次形式による数の表示を考えていく際に根幹をつくる事実です．この合同式は法として m の任意の素因数 f を採用しても成立しますから，D は f の平方剰余です．これをルジャンドルの記号を用いて表記すると，

$$\left(\frac{D}{f} \right) = 1$$

という等式が得られます．逆に，数 m の素因数はすべてそのようなものであるとしてみます．言い換えると，D は m のどの素

[※1]　91 頁.

因数についてもその平方剰余であるとして, そのような素因数のうち, 異なるものの個数を μ とします ($\mu = 0$ の場合も除外しません). このとき, D は m の平方剰余です. そうして合同式 $z^2 \equiv D\ (\mathrm{mod.}\ 2)$ はつねに根をもちますから, D は $2m$ の平方剰余でもあることがわかります. σ の値は 1 もしくは 2 であることに留意すると, D は σm の平方剰余であることになります. この論点について, ディリクレの記述に沿ってもう少し一般的な視点から考えてみたいと思います.

2 次合同式 $x^2 \equiv D\ (\mathrm{mod.}\ p^\pi)$ の根の個数を数える

一般に p は奇素数, D は p で割り切れない数として, p の何らかの冪 p^π (π はある正の整数) を法とする合同式

$$x^2 \equiv D\ (\mathrm{mod.}\ p^\pi)$$

を設定します. この合同式が解をもつとして, 根のひとつを α とし, x は任意の根とすると,

$$x^2 - \alpha^2 = (x - \alpha)(x + \alpha) \equiv 0\ (\mathrm{mod.}\ p^\pi)$$

となります. よって, $x - \alpha$ と $x + \alpha$ の少なくとも一方は p で割り切れることになりますが, 両方とも p で割り切れるということはありません. なぜなら, もしこれらがいずれも p で割り切れるなら, それらの差 2α が p で割り切れます. したがって α が p で割り切れることになりますが, そのとき合同式 $D \equiv \alpha^2\ (\mathrm{mod.}\ p^\pi)$ により D が p で割り切れることになってしまうからです. それゆえ, $x - \alpha$, $x + \alpha$ のどちらかひとつが p^π で割り切れて, もうひとつは p で割り切れないという状況が現れます. 言い換えると,

$$x \equiv \alpha\ (\mathrm{mod.}\ p^\pi)$$

となるか，あるいは

$$x \equiv -\alpha \pmod{p^\pi}$$

となるかのいずれかであることになります.

　合同式 $x^2 \equiv D \pmod{p^\pi}$ が根 α をもつなら $-\alpha$ もまた根であり，それらは p^π に関して非合同です. しかも α 以外の根 x があるとすれば，それは必然的に α と $-\alpha$ のどちらかと法 p^π に関して合同になるというのですから，提示された合同式 $x^2 \equiv D \pmod{p^\pi}$ が根 α をもつとするなら，根のすべては α と $-\alpha$ の 2 個で尽くされてしまいます.

　合同式 $x^2 \equiv D \pmod{p^\pi}$ の根 α は当然のことながら合同式

$$x^2 \equiv D \pmod{p}$$

をも満たしますから，前者の合同式が解けるためには後者の合同式が解けなければならないことがわかります. この逆の事柄を考えていくために，後者の合同式は根 α をもつとしてみます. これを言い換えると，D は p の平方剰余であるということにほかなりません. ルジャンドルが導入した記号を用いると，

$$\left(\frac{D}{p}\right) = 1$$

と表記されます.

　状況を少々一般的にして，奇素数 p の冪 p^π を法とする合同式

$$x^2 \equiv D \pmod{p^\pi}$$

は根 α をもつとしてみます. このとき $\alpha^2 - D$ は p^π で割り切れますから，整数 h を用いて

$$\alpha^2 - D = h p^\pi$$

という形に表されます. したがって

$$x = \alpha + p^\pi y$$

2次合同式 $x^2 \equiv D \pmod{p^\pi}$ の根の個数を数える

と置くと,

$$x^2 - D = (\alpha + p^\pi y)^2 - (\alpha^2 - hp^\pi)$$
$$= hp^\pi + 2\alpha p^\pi y + p^{2\pi} y^2$$
$$\equiv p^\pi (h + 2\alpha y) \pmod{p^{\pi+1}}$$

となりますから,

$$2\alpha y \equiv -h \pmod{p}$$

となるように y を定めれば, 合同式

$$x^2 \equiv D \pmod{p^{\pi+1}}$$

が成立することになります. そこで y に関する1次合同式 $2\alpha y \equiv -h \pmod{p}$ を考えると, D が p で割り切れない以上 α もまた p で割り切れることはありませんし, そのうえ p は奇数なのですから 2α は p で割り切れません. これに加えて, この1次合同式が満たされるように y を定めることができます.

これで, 合同式 $x^2 \equiv D \pmod{p^\pi}$ が解ければ合同式 $x^2 \equiv D \pmod{p^{\pi+1}}$ もまた解けることがわかりました. この論証を繰り返していくことにより, 合同式 $x^2 \equiv D \pmod{p}$ の根 α から出発して, 合同式

$$x^2 \equiv D \pmod{p^2},$$
$$x^2 \equiv D \pmod{p^3},$$
$$\cdots\cdots,$$
$$x^2 \equiv D \pmod{p^\pi}$$

の根が順次見つかります. これで, 合同式 $x^2 \equiv D \pmod{p^\pi}$ が解けるための必要十分条件は

$$\left(\frac{D}{p}\right) = 1$$

であること, 言い換えると D が p の平方剰余であることであることが明らかになりました. 合同式 $x^2 \equiv D \pmod{p^\pi}$ が解ける

113

場合には 2 個の根が存在します．ひとつの根を α とするともう
ひとつの根は $-\alpha$ で，これらは合同式 $x^2 \equiv D$ (mod. p) の 1 個
の根がわかれば，それを用いて見つけることができます．

　合同式 $x^2 \equiv D$ (mod. k) の法 k が 2 の冪 2^π の場合には，合同
式

$$x^2 \equiv D \ (\text{mod.} \, 2^\pi) \ (\pi \geq 3)$$

が解けるための必要十分条件は

$$D \equiv 1 \ (\text{mod.} \, 8)$$

となることであることが示されますが，これについてはここでは
省きます．

連立合同式の解の個数

　今度は法が合成数の場合を考えます．
$a, b, c, \cdots$ はどの二つも互いに素な数として，積 $abc\cdots$ を法とす
る合同式

$$f(x) \equiv 0 \ (\text{mod.} \, abc\cdots)$$

が解ける場合について，根の総数を数えることをめざします．こ
こで $f(x)$ は何らかの整係数多項式を表しています．この合同式
の根は次の連立合同式

$$f(x) \equiv 0 \ (\text{mod.} \, a)$$
$$f(x) \equiv 0 \ (\text{mod.} \, b)$$
$$f(x) \equiv 0 \ (\text{mod.} \, c)$$
$$\cdots\cdots\cdots$$

の根でもあることは明白で，もしこれらの合同式のなかに解けな
いものがひとつでも存在するなら，元の合同式もまた解けませ
ん．逆に，合同式 $f(x) \equiv 0$ (mod. a), $f(x) \equiv 0$ (mod. b), $f(x)$
$\equiv 0$ (mod. c), $\cdots$ はみな解けるとして，これらの合同式の根のひ

とつをそれぞれ $\alpha, \beta, \gamma, \cdots$ としてみます．そのうえで連立 1 次合同式

$$x \equiv \alpha \pmod{a}$$
$$x \equiv \beta \pmod{b}$$
$$x \equiv \gamma \pmod{c}$$
$$\cdots\cdots\cdots$$

を立てると，これを満たす数 x は無数に存在しますが，それらのどの二つも積 $abc\cdots$ を法として合同になります．そうしてひとつの根 x に対し，

$$f(x) \equiv f(\alpha) \equiv 0 \pmod{a}$$
$$f(x) \equiv f(\beta) \equiv 0 \pmod{b}$$
$$f(x) \equiv f(\gamma) \equiv 0 \pmod{c}$$
$$\cdots\cdots\cdots$$

となりますが，$a, b, c, \cdots$ はどの二つも互いに素ですから，合同式

$$f(x) \equiv 0 \pmod{abc\cdots}$$

が成立します．これを言い換えると，上記の連立 1 次合同式の根は提示された合同式 $f(x) \equiv 0 \pmod{abc\cdots}$ の根でもあるということにほかなりません．ところがこの連立 1 次合同式の根はどの二つも積 $abc\cdots$ を法として合同ですから，対応して定まる合同式 $f(x) \equiv 0 \pmod{abc\cdots}$ の根はただひとつであることになります．

　合同式 $f(x) \equiv 0 \pmod{a}$ の根 α のうち，法 a に関して合同ではないものの総数を λ とし，合同式 $f(x) \equiv 0 \pmod{b}$ の根 β のうち，法 b に関して合同ではないものの総数を μ，合同式 $f(x) \equiv 0 \pmod{c}$ の根 γ のうち，法 c に関して合同ではないものの総数を ν，$\cdots$ とします．これらの $\alpha, \beta, \gamma, \cdots$ を組合せると，組合せの総数は $\lambda\mu\nu\cdots$ になります．このような組合せの各々に，合同式 $f(x) \equiv 0 \pmod{abc\cdots}$ のひとつの根が対応しますから，

この合同式の根のうち，法 $abc\cdots$ に対して合同ではないものの総数は $\lambda\mu\nu\cdots$ 個であることがわかります.

2 次合同式 $x^2 \equiv D \,(\mathrm{mod}.\,k)$ の場合には

上述のような一般的考察を基礎にして，合同式

$$x^2 \equiv D \,(\mathrm{mod}.\,k)$$

の非合同な根の総数を求めることができます. D と k は互いに素であるものとします. この合同式が根をもつなら, k を割り切る任意の奇素数 p に対し, その根は必然的に合同式 $x^2 \equiv D \,(\mathrm{mod}.\,p)$ の根でもあることになります. これを言い換えると, D は p の平方剰余であり, 等式

$$\left(\frac{D}{p}\right) = 1$$

が成立します. そうしてこの等式が成立するなら, 先ほど目にしたように, p の任意の冪 p^π を法とする合同式 $x^2 \equiv D \,(\mathrm{mod}.\,p^\pi)$ はきっかり 2 個の非合同な根をもちます. それゆえ, k が奇数の場合, k を割り切る異なる奇素数の個数を μ とすると, 合同式 $x^2 \equiv D \,(\mathrm{mod}\,k)$ の非合同な根の総数は 2^μ になります. k がある奇数の 2 倍である場合, すなわち k は偶数で, しかも $\frac{k}{2}$ が奇数の場合にも根の総数は同一で, k を割り切る異なる奇素数の個数により定められます. なぜなら, 合同式 $x^2 \equiv D \,(\mathrm{mod}\,2)$ はつねに唯一の根をもつからです.

合同式 $z^2 \equiv D \,(\mathrm{mod}.\,\sigma m)$ の根の個数

ここで 2 次形式 (a, b, c) により表示される数 σm の考察に立ち

返りたいと思います．m は正の奇数で，しかも形式 (a, b, c) の判別式 D と互いに素であるものとしたうえで，その属性を明らかにすることをめざします．D は σm の平方剰余であり，合同式

$$z^2 \equiv D \pmod{\sigma m}$$

には根が存在するところまではすでに（第7章参照）観察しましたが，上述の考証により，この合同式の非合同な解の個数は 2^μ であることがわかりました．ここで，μ は m の異なる素因数の個数を表しています．これらの根のひとつに着目し，その根を代表する数 n をとると $n^2 - D$ は σm で割り切れますが，もう少し精密に，$\sigma^2 m$ で割り切れること，すなわち l は整数として

$$n^2 - D = \sigma^2 m l$$

という形に表示されることがわかります．実際，$\sigma = 1$ の場合には何も言うことはありませんから $\sigma = 2$ の場合を考えてみます．この場合，a と c は偶数，b は奇数であり，奇数の平方は法4に関して1と合同ですから，$D = b^2 - ac \equiv 1 \pmod{4}$．それゆえ，$D$ は奇数です．そうして $n^2 - D$ は $2m$ で割り切れますから偶数で，n は奇数であるほかはありません．したがって n^2 は法4に関して1と合同で，$n^2 - D$ は $\sigma^2 = 4$ で割り切れることになります．

2次形式

$$(\sigma m, n, \sigma l)$$

をつくると，これは第 σ 種の原始形式です．実際，$\sigma = 1$ の場合には，$n^2 - D = ml$ により，m, n, l の公約数は D を割り切ることになりますが，m と D は互いに素ですから，m, n, l の公約数は1でしかありません．したがって (m, n, l) は原始形式です．また，m は奇数ですから $m, 2n, l$ の公約数は m, n, l の公約数でもあり，したがって1であることになります．それゆえ (m, n, l) は第1種です．$\sigma = 2$ の場合には n は奇数ですか

ら，3 個の数 $\sigma m, n, \sigma l$ の公約数，すなわち $2m, n, 2l$ の公約数は 2 ではありえず，必然的に m と n の公約数になります．ところがそれは $D = n^2 - 4ml$ を割り切りますから D と m の約数でもあることになり，そのために 1 であるほかはありません．これで形式 $(2m, n, 2l)$ は原始形式であることがわかりました．また，$2m, 2n, 2l$ の最大公約数が $\sigma = 2$ であることは明白ですから，$(2m, n, 2l)$ は第 2 種です．したがって，形式 $(\sigma m, n, \sigma l)$ は完全代表系 S に所属するあるひとつの形式と同値になります．そのような形式はひとつしか存在しませんから，それを (a, b, c) とすると，この形式だけが数 σm の表示 (x, y) を実現します．表示 (x, y) はもとより唯一というわけではなく，いくつも存在する可能性がありますが，それらの個数は形式 (a, b, c) を形式 $(\sigma m, n, \sigma l)$ に移す 1 次変換 $\begin{pmatrix} x, & \xi \\ y, & \eta \end{pmatrix}$ の個数であり，しかもそれはペルの方程式 $t^2 - Du^2 = \sigma^2$ の解 (t, u) の個数と同じです．形式 (a, b, c) による数 σm の表示のうち，n で代表される同一の根に所属するものをすべて集めて，それを表示のつくる**グループ**（原語は Gruppe，グルッペ）と呼ぶことにします．

　合同式 $x^2 \equiv D \pmod{\sigma m}$ には非合同な根が 2^μ 個存在し，それらの各々に対応して 2^μ 個のグループがつくられます．どのグループにも同個数の表示が含まれていて，その個数はペルの方程式 $t^2 - Du^2 = \sigma^2$ の解の個数に一致しています．

　判別式 D の第 σ 種の原始形式による表示を許容する数 σm において，m に課される限定条件は次のとおりです．

　1° $m > 0$

　2° m と $2D$ は互いに素．

　3° D は m の平方剰余．

D が負の場合には不定方程式 $t^2 - Du^2 = \sigma^2$ の解 (t, u) の総個数は有限です. その個数を κ とします. κ は, ひとつのグループに所属する数 σm の表示の総数でもあり, その個数はどのグループについても同一です. そうしてグループの総数は 2^μ 個ですから, 数 σm の表示の総数は

$$\kappa \cdot 2^\mu$$

となります. κ のとりうる数値については以前 (第 8 章参照) 考察したことがありますが, あらためて数えてみると, まず $D = -1$ なら, 方程式 $t^2 + u^2 = \sigma^2$ には 4 個の解 $(t, u) = (\sigma, 0)$, $(-\sigma, 0)$, $(0, \sigma)$, $(0, -\sigma)$ があります. したがって, この場合には $\kappa = 4$ となります. $D = -2$ なら, 方程式 $t^2 + 2u^2 = \sigma^2$ の解は $(t, u) = (\sigma, 0)$, $(-\sigma, 0)$ のみですから, この場合には $\kappa = 2$ となります. $D = -3$ なら, 方程式 $t^2 + 3u^2 = \sigma^2$ の解の個数は σ の数値により異なります. $\sigma = 1$ の場合の解は $(t, u) = (1, 0)$, $(-1, 0)$ のみですから $\kappa = 2$ ですが, $\sigma = 2$ の場合には $(t, u) = (2, 0)$, $(-2, 0)$, $(1, 1)$, $(1, -1)$, $(-1, 1)$, $(-1, -1)$ という解が見つかり, $\kappa = 6$ となります. 最後に, $D < -3$ の場合には $t^2 - Du^2 = \sigma^2$ において $u = 0$ であるほかはなく, 解のすべては $(t, u) = (1, 0)$, $(-1, 0)$ の 2 個で尽きています. したがって $\kappa = 2$ となります. この状況をまとめると次のとおりです.

1° たいていの場合, $\kappa = 2$.

2° $D = -1$ のとき, $\kappa = 4$.

3° $D = -3$, $\sigma = 2$ のとき, $\kappa = 6$.

$D > 0$ の場合

D が正の場合にはペルの方程式 $t^2 - Du^2 = \sigma^2$ の解の個数は

無限ですから，2^μ 個のグループの各々を構成する数 σm の表示の個数もまた無限です．そこで表示を実現する数 x, y を限定し，個々のグループに所属する無数の表示の中からつねに 1 個の表示を取り出せるようにするという方針を立ててみます．

　完全代表系 S の中から 2 次形式 $(\sigma m, n, \sigma l)$ と同値となる形式 (a, b, c) を選定し，(a, b, c) を $(\sigma m, n, \sigma l)$ に移す 1 次変換 $\begin{pmatrix} \alpha, & \beta \\ \gamma, & \delta \end{pmatrix}$ を定めると，(a, b, c) を $(\sigma m, n, \sigma l)$ に移すあらゆる 1 次変換は

$$\begin{pmatrix} \lambda, & \mu \\ \nu, & \rho \end{pmatrix}\begin{pmatrix} \alpha, & \beta \\ \gamma, & \delta \end{pmatrix} = \begin{pmatrix} \lambda\alpha + \mu\gamma, & \lambda\beta + \mu\delta \\ \nu\alpha + \rho\gamma, & \nu\beta + \rho\delta \end{pmatrix}$$

により与えられます．ここで，$\begin{pmatrix} \lambda, & \mu \\ \nu, & \rho \end{pmatrix}$ は (a, b, c) を自分自身に移す任意の 1 次変換を表しています．2 次形式による数の表示ということを一般的に顧みると，この 1 次変換の第 1 係数 λ と第 3 係数 ν は数 σm の表示を与え，しかもその表示は 2 次合同式 $z^2 \equiv D \ (\mathrm{mod}. m)$ の根 n に所属しています．逆に，根 n に所属する表示はどれもみなこのような 1 次変換により生成されるのですから，上記の 1 次変換により σm の表示の一般形

$$x = \lambda\alpha + \mu\gamma, \quad y = \nu\alpha + \rho\gamma$$

が与えられます．この式において α と γ は 1 次変換 $\begin{pmatrix} \alpha, & \beta \\ & \delta \end{pmatrix}$ の第 1 係数と第 3 係数で，これらもまた σm の表示のひとつであることに留意すると，1 個の表示を元にしてあらゆる表示をつくり出す手順がここに示されていることがわかります．

　1 次変換 $\begin{pmatrix} \lambda, & \mu \\ \nu, & \rho \end{pmatrix}$ の 4 個の係数 λ, μ, ν, ρ と a, b, c は

$$\lambda = \frac{t - bu}{\sigma}, \quad \mu = -\frac{cu}{\sigma}, \quad \nu = \frac{au}{\sigma}, \quad \rho = \frac{t + bu}{\sigma}$$

という等式で結ばれています（t, u はペルの方程式 $t^2-Du^2=\sigma^2$ の任意の解）．これらを代入すると，

$$x=\frac{t-bu}{\sigma}\times\alpha-\frac{cu}{\sigma}\times\gamma=\alpha\frac{t}{\sigma}-(b\alpha+c\gamma)\frac{u}{\sigma},$$

$$y=\frac{au}{\sigma}\times\alpha+\frac{t+bu}{\sigma}\times\gamma=\gamma\frac{t}{\sigma}+(a\alpha+b\gamma)\frac{u}{\sigma}$$

という表示が得られます．このようなすべての x, y に対し，等式 $ax^2+2bxy+cy^2=\sigma m$ が成立します．両辺に a を乗じて変形をすすめると，

$$\sigma am=a^2x^2+2abxy+acy^2$$
$$=(ax+by)^2-(b^2-ac)y^2$$
$$=(ax+by)^2-Dy^2$$
$$=(ax+(b+\sqrt{D})y)(ax+(b-\sqrt{D})y)$$

という因数分解に達しますが，ここで $x=\alpha\frac{t}{\sigma}-(b\alpha+c\gamma)\frac{u}{\sigma}$，$y=\gamma\frac{t}{\sigma}+(a\alpha+b\gamma)\frac{u}{\sigma}$ を代入すると，

$$ax+(b+\sqrt{D})y=a\times\left(\alpha\frac{t}{\sigma}-(b\alpha+c\gamma)\frac{u}{\sigma}\right)$$
$$+(b+\sqrt{D})\left(\gamma\frac{t}{\sigma}+(a\alpha+b\gamma)\frac{u}{\sigma}\right)$$
$$=(\alpha a+(b+\sqrt{D})\gamma)\frac{t}{\sigma}+(-a(b\alpha+c\gamma)+(b+\sqrt{D})(a\alpha+b\gamma))\frac{u}{\sigma}$$
$$=(a\alpha+(b+\sqrt{D})\gamma)\frac{t}{\sigma}+((b^2-ac)\gamma+(a\alpha+b\gamma)\sqrt{D})\frac{u}{\sigma}$$
$$=(a\alpha+(b+\sqrt{D})\gamma)\frac{t}{\sigma}+(D\gamma+(a\alpha+b\gamma)\sqrt{D})\frac{u}{\sigma}$$
$$=(a\alpha+(b+\sqrt{D})\gamma)\frac{t}{\sigma}+(a\alpha+(b+\sqrt{D})\gamma)\sqrt{D}\frac{u}{\sigma}$$
$$=(a\alpha+(b+\sqrt{D})\gamma)\frac{t+u\sqrt{D}}{\sigma}$$

という表示に到達します．同様に，もうひとつの因子についても

$$ax+(b-\sqrt{D})y=(a\alpha+(b-\sqrt{D})\gamma)\frac{t-u\sqrt{D}}{\sigma}$$

と表示されます．ここで，ペルの方程式 $t^2-Du^2=\sigma^2$ の任意の解 t,u は最小解 T,U と連繋し，

$$\theta=\frac{T+U\sqrt{D}}{\sigma}$$

と置くと，

$$\frac{T+U\sqrt{D}}{\sigma}=\pm\theta^n,\ \frac{T-U\sqrt{D}}{\sigma}=\pm\theta^{-n}$$

$$(n=0,\pm1,\pm2,\pm3,\cdots)$$

という等式で結ばれます，$u_{-n}=-u_n,\ t_{-n}=t_n$ と定め，各々の n についてそのつど正負の符号を添えることにすれば，あらゆる解がきっかり一度ずつ表示されます，ペルの方程式の解法の観察を通じて明らかになることですが（これについては省略します），これを受け入れると，等式

$$ax+(b+\sqrt{D})y=\pm(a\alpha+(b+\sqrt{D})\gamma)\theta^n,$$
$$ax+(b-\sqrt{D})y=\pm(a\alpha+(b-\sqrt{D})\gamma)\theta^{-n}$$

が得られます．

　これらの二つの等式は同等で，一方から他方が導かれますから，前者の等式のみを採用します，この等式は $ax+(b-\sqrt{D})y$ の全体が公比 θ の等比数列を形作っているというめざましい事実を示しています，k は 0 ではない任意の実数とするとき，この等式の右辺の正負の符号と冪指数 n を適当に定めることにより $ax+(b+\sqrt{D})y$ が k と $k\theta$ の間に留まるようにすることができます，実際，まず正負の符号については $\pm(a\alpha+(b+\sqrt{D}\,\gamma)$ と k が同符号になるように選定します，$A=\pm(a\alpha+(b+\sqrt{D}\gamma))$ と置き，k が $A\theta^{n-1}$ と $A\theta^n$ にはさまれるように n を定めれば，そのとき $A\theta^n$，すなわち $ax+(b+\sqrt{D})y$ は k と $k\theta$ の間にとどまり

ます，しかもこのような表示 x, y はただひとつに限定されます．

　完全代表系 S に所属する形式 (a, b, c) において，第 1 係数 a は正としておいてもさしつかえありません，というのは，(a, b, c) は 2 次形式のつくるあるひとつの同値類の代表なのですが，(a, b, c) と同値な被約形式 (a', b', c') の第 1 係数 a' と第 3 係数 c' は異符号であり（多少の確認が必要ですが略します），そのうえ (a', b', c') と $(c', -b', a')$ は正式同値であるからです．

　そこで $a > 0$ として，$k = \sqrt{\sigma am}$ と定めると，不等式

$$\sqrt{\sigma am} \leq ax + (b + \sqrt{D})y < \theta\sqrt{\sigma am}$$

が成立します．各項を平方すると，$\sigma am \leq (ax + (b + \sqrt{D})y)^2 < \theta^2 \sigma am$，$\sigma am = (ax + (b + \sqrt{D})y)(ax + (b - \sqrt{D})y)$ により，

$$ax + (b - \sqrt{D})y \leq ax + (b + \sqrt{D})y$$
$$< \theta^2(ax + (b - \sqrt{D})y).$$

前半の不等式 $ax + (b - \sqrt{D})y \leq ax + (b + \sqrt{D})y$ より $\sqrt{D}\,y \geq 0$，これより $y \geq 0$ であることがわかります．後半の不等式を θ で割り，式変形を続けると，$(\theta - \theta^{-1})(ax + by) > (\theta + \theta^{-1})y\sqrt{D}$．

ここで $\theta = \dfrac{T + U\sqrt{D}}{\sigma}$，$\theta^{-1} = \dfrac{T - U\sqrt{D}}{\sigma}$ を代入して計算を進めると，不等式

$$U(ax + by) > Ty$$

が現れます．

第9章

ディリクレにならう

クロネッカーに返る

ディリクレの叙述に沿って2次形式による数の表示に関する事柄を書き綴ってきましたが，ここまでのところで判明したことをまとめて書き留めておきます．判別式 D を指定するのが第一歩．続いて D の第 σ 種の原始形式のつくる完全代表系 S を設定します．その際，S に所属する2次形式を

$$(a, b, c),\ (a', b', c'), \cdots$$

というふうに表示するとき，これらの形式の第1係数 $a, a', \cdots$ はどれもみな正であるものとしてさしつかえありません．形式 (a, b, c) の不定数を x, y とすると，この形式は $ax^2 + 2bxy + cy^2$ と表示されますが，x, y のところに次に挙げる条件を満たす整数値を代入します．

I．$\dfrac{ax^2 + 2bxy + cy^2}{\sigma}$ は $2D$ と互いに素．

II．$D > 0$ の場合には，x と y に

$$y \geqq 0,\ U(ax + by) > Ty$$

という条件が課されます．ここで，T, U はペルの方程式

$$T^2 - DU^2 = \sigma^2$$

を満たす最小の正の整数値を表しています.

III.　x と y は互いに素.

このような代入を実行すると 2 次形式 (a, b, c) によりさまざま
な整数が表されますが,　それらはみな,　m は整数として,　σm と
いう形であり,　しかも次のような性質を備えています.

1)　$m > 0$.

2)　m と $2D$ は互いに素.

3)　D は m の平方剰余.

このような数 σm の表示の仕方の総数は

$$\kappa \cdot 2^{\mu}$$

により与えられます.　ここで,　μ は m に含まれる異なる素数の
総数.　κ は次のように定められる数値です.

$$D > 0 \text{ のとき } \kappa = 1$$

$$D = -1 \text{ のとき } \kappa = 4$$

$$D = -3 \text{ で,　しかも } \sigma = 2 \text{ のとき,　} \kappa = 6$$

これら以外の場合には $\kappa = 2$.

諸記号を振り返ると,　σ は 2 次形式 (a, b, c) の 3 個の係数
$a, 2b, c$ の正の最大公約数,　τ は a, b, c の正の最大公約数.　ディ
リクレはガウスの流儀を踏襲して $ax^2 + 2bxy + cy^2$ という形
の 2 次形式を考察しています.　中央の項の係数 $2b$ は偶数で,
$D = b^2 - ac$ をこの形式の判別式と呼んでいます.　これに対しク
ロネッカーは中央の項も任意にして 2 次形式を $ax^2 + bxy + cy^2$
という形に設定し,　判別式 $D = b^2 - 4ac$ を定めました.　このよ
うな状況を踏まえてクロネッカーの連作「楕円関数の理論に寄せ

て」の第Ⅷ論文に立ち返り，クロネッカーが書いた等式

$$(\text{ϱ}) \qquad \frac{1}{2}\tau\sum_{A}\frac{\psi(D,4A)}{A^{1+\rho}} = \sum_{a,b,c}\sum_{\alpha,\gamma}\frac{1}{(a\alpha^2+b\alpha\gamma+c\gamma^2)^{1+\rho}} \quad (\rho>0)$$

を再考してみたいと思います．まず左辺の総和についてですが，この和はすべての異なる正整数 A にわたっています．クロネッカーは A に例外を設定せずに「すべての異なる正整数」と記して，「すべての (all)」ということを強調していますが，実際には「すべて」ということはなく，ある限定された数値のみが現れます．クロネッカーはここに脚註を附し，「ある判別式 D の 2 次形式の第 1 係数でありうるような数のみが現れる」と明記して，「なぜならそのほかの数 A に対しては $\psi(D,4A)=0$ となるから」という理由を書き添えました．では $\psi(D,4A)$ とは何かといえば，これは 2 次合同式

$$B^2 \equiv D \pmod{4A}$$

の法 $4A$ に関する解の個数を表す数論的関数です．この合同式の解そのものは無数に存在しますが，法 $4A$ に関して合同な二つの解は同じものと見ることにして 1 個と数えています．ディリクレの数論の回想の場で語られたように，この合同式の解は 2 次形式を自分自身に移す 1 次変換を定め，その結果，その 2 次形式の第 1 係数はその 2 次形式により表示されます．クロネッカーこの状況を踏まえて上記の脚註を書き，等式 (ϱ) において A に限定を課さずに「すべての A」と明記したのでした．

τ という記号の意味は次のとおりです．

$$D>0 \text{ に対し，} \tau=1$$
$$D=-3 \text{ に対し，} \tau=6$$
$$D=-4 \text{ に対し，} \tau=4$$
$$D<-4 \text{ に対し，} \tau=2.$$

このτはディリクレのκと同じものです．ディリクレとクロネッカーでは取り上げた 2 次形式の中央の項の係数が異なっていますので，前方に $\dfrac{1}{2}$ を乗じるなど，多少の調整が必要になりますが，$\tau \cdot \psi(D, 4A)$ は $\kappa \cdot 2^{\mu}$，すなわち 2 次形式 (a, b, c) による数 A の表示の個数に該当します．合同式 $B^2 \equiv D \pmod{4A}$ を満たす A を探索し，個々の A を表示する 2 次形式 (a, b, c) を完全代表系から選定し，その 2 次形式よる A の表示の総数を確定し，そのようにして構成される数値 $\dfrac{1}{2}\tau \displaystyle\sum_{A} \dfrac{\psi(D, 4A)}{A^{1+\rho}}$ をすべての A に関して加えたものを，等式 (ℒ) の左辺は表しています．

　等式 (ℒ) の右辺はどうかというと，まず第 1 に判別式 D の 2 次形式の完全代表系に所属する 2 次形式 (a, b, c) を固定したうえで，公約数をもたない二つの数 α, γ に関して総和が行われます．この二つの数には，$D > 0$ の場合には，不等式

$$\left(2a\dfrac{\alpha}{\gamma} + b\right)^2 > \dfrac{T^2}{U^2}$$

を満たすという限定が課されています．ここで，T と U はペルの方程式

$$T^2 - DU^2 = 1 \text{ または } = 4$$

の**基本解**（**Fundamentallösung**），すなわち正の最小の解を表しています．第 2 に，完全代表系に所属するすべての 2 次形式系

$$(a', b', c'),\ (a'', b'', c''),\cdots$$

にわたる総和を遂行します．これで等式 (ℒ) の意味するところが明らかになりました．

再びディリクレにならう

クロネッカーは等式 (ℒ) の左辺を変形して,

$$(\mathfrak{M}^0) \qquad \tau \sum \left(\frac{D}{h} \right) \frac{1}{(hk)^{1+\rho}} = \sum_{a,b,c} \sum_{m,n} \frac{1}{(am^2 + bmn + cn^2)^{1+\rho}}$$

という等式を書き, 参考文献としてクロネッカー自身の論文

　「2 次形式の理論におけるディリクレの方法の使用」
　『プロイセン科学アカデミー月報』(1864 年)

を挙げました. 1864 年 5 月 12 日に科学アカデミーで報告された論文です. 連作「楕円関数の理論に寄せる」の第 8 論文が科学アカデミーに報告されたのは 1885 年 6 月 30 日のことですから, この間に 20 年という歳月が流れていて, 息の長い探究の様子がうかがわれます. クロネッカー自身が「ディリクレがそうしたように (wie bei Dirichlet)」と語っているとおり, クロネッカーはディリクレの研究を踏まえて歩を運んでいますので, ここでもディリクレの叙述に追随してみたいと思います.

　ディリクレの語法に沿って論証を進めます. ディリクレの語法では取り上げる 2 次形式は $ax^2 + 2bxy + cy^2$ という形で, その判別式は $D = b^2 - ac$ です. クロネッカーが書いた等式 (ℒ) に相当する等式は

$$(1) \qquad \sum \left(\frac{ax^2 + 2bxy + cy^2}{\sigma} \right)^{-s} + \cdots = \kappa \sum \frac{2^\mu}{m^s}$$

という形になります. ここで, s は 1 よりも大きい正の数を表しています. $2D$ を割り切ることのない素数で, しかも D がその平方剰余であるものを全部集めて, それらを

$$f_1, f_2, f_3, \cdots$$

と表記します. このとき, $2D$ と互いに素であるような正の数 m

は，これらの素数を用いて

$$f_1^{n_1} f_2^{n_2} f_3^{n_3} \cdots$$

という形にただひととおりの仕方で表示されます．ここで，冪指数 $n_1, n_2, n_3, \cdots$ は 0 または正の整数です．無限級数の系列

$$1 + \frac{2}{f_1^s} + \frac{2}{f_1^{2s}} + \frac{2}{f_1^{3s}} + \cdots + \frac{2}{f_1^{n_1 s}} + \cdots$$

$$1 + \frac{2}{f_2^s} + \frac{2}{f_2^{2s}} + \frac{2}{f_2^{3s}} + \cdots + \frac{2}{f_2^{n_2 s}} + \cdots$$

$$1 + \frac{2}{f_3^s} + \frac{2}{f_3^{2s}} + \frac{2}{f_3^{3s}} + \cdots + \frac{2}{f_3^{n_3 s}} + \cdots$$

をつくり，これらのすべてを乗じると，その積は

$$\sum \frac{2^\mu}{m^s}$$

という形の無限級数になります．実際，上記の無限級数の系列の第 1，第 2，第 3 …の級数から任意の項をひとつずつ抽出して乗じると，

$$\frac{2^\mu}{(f_1^{n_1} f_2^{n_2} f_3^{n_3} \cdots)^s} = \frac{2^\mu}{m^s}$$

という形の数になります．ここで，μ は m をつくっている素数の総個数を表しています．他方，等比級数の和を実行すると

$$1 + \frac{2}{f^s} + \frac{2}{f^{2s}} + \frac{2}{f^{3s}} + \cdots = 1 + \frac{2}{f^s} \cdot \frac{1}{1 - \frac{1}{f^s}} = \frac{1 + \frac{1}{f^s}}{1 - \frac{1}{f^s}}$$

となります．これで等式

$$\sum \frac{2^\mu}{m^s} = \prod \frac{1 + \frac{1}{f^s}}{1 - \frac{1}{f^s}}$$

に到達しました．

式変形の続き

数 $2D$ を割り切ることのない素数のうち，D がその平方剰余であるものを $f_1, f_2, f_3, \cdots$ と表記してここまで式変形を進めてきましたが，「D がその平方剰余になる」という限定を解除して，$2D$ を割り切らない素数を一般に q という文字で表してみます．このとき，D が q の平方剰余なら $\left(\dfrac{D}{q}\right) = +1$ となり，D が q の平方非剰余なら $\left(\dfrac{D}{q}\right) = -1$ となることに留意すると，先ほど得られた等式は

$$\sum \frac{2^\mu}{m^s} = \prod \frac{1 + \dfrac{1}{q^s}}{1 - \left(\dfrac{D}{q}\right)\dfrac{1}{q^s}}$$

という形に表示されることがわかります．右辺の無限積の一般項の分母と分子に $1 - \dfrac{1}{q^s}$ を乗じると，

$$\frac{\left(1 - \dfrac{1}{q^s}\right)\left(1 + \dfrac{1}{q^s}\right)}{\left(1 - \dfrac{1}{q^s}\right)\left(1 - \left(\dfrac{D}{q}\right)\dfrac{1}{q^s}\right)} = \frac{1 - \dfrac{1}{q^{2s}}}{\left(1 - \dfrac{1}{q^s}\right)\left(1 - \left(\dfrac{D}{q}\right)\dfrac{1}{q^s}\right)}$$

$$= \frac{\left(\dfrac{1}{1 - \dfrac{1}{q^s}}\right)\left(\dfrac{1}{1 - \left(\dfrac{D}{q}\right)\dfrac{1}{q^s}}\right)}{\left(\dfrac{1}{1 - \dfrac{1}{q^{2s}}}\right)}$$

という形になり，分子の二つの因子と分母のそれぞれを一般項とする 3 個の無限積がここに現れました．ディリクレはさらに式変形を押し進め，3 個の無限積を 1 個の無限級数に統合しています．

統合に向う第一歩は，冪級数展開

$$\frac{1}{1-\left(\frac{D}{q}\right)\frac{1}{q^s}} = \sum \left(\frac{D}{q}\right)^r \frac{1}{q^{rs}}$$

$$= 1 + \left(\frac{D}{q}\right)\frac{1}{q^s} + \left(\frac{D}{q}\right)^2\frac{1}{q^{2s}} + \cdots + \left(\frac{D}{q}\right)^r\frac{1}{q^{rs}} + \cdots$$

です．$2D$ を割り切ることのない素数 q のそれぞれに対してこのような形の無限級数が形成され，それらのすべてを乗じた積が

$$\frac{1}{1-\left(\frac{D}{q}\right)\frac{1}{q^s}}$$

を一般項とする無限積です．それゆえ，この無限積を無限級数に展開したときの一般項は，$2D$ を割り切らない素数 q を

$$q_1, q_2, q_3, \cdots$$

と書き並べ，それぞれに対応する無限級数の一般項の積であることになります．その積は

$$\left(\frac{D}{q_1}\right)^{r_1}\left(\frac{D}{q_2}\right)^{r_2}\left(\frac{D}{q_3}\right)^{r_3}\cdots\frac{1}{(q_1^{r_1}q_2^{r_2}q_3^{r_3}\cdots)^s}$$

という形になります．ここで，冪指数 $r_1, r_2, r_3, \cdots$ は 0 または正の整数です．もうひとつの冪指数 s のもとに記されている積を

$$q_1^{r_1}q_2^{r_2}q_3^{r_3}\cdots = n$$

と置いて整数 n を定め，$q_1, q_2, q_3, \cdots$ と $r_1, r_2, r_3, \cdots$ のあらゆる組合せを考えていくと，$2D$ と互いに素な正の整数のすべてが現れます．ここで，ルジャンドルの記号を拡大したヤコビの記号を用いると見通しのよい表記が得られます．一般に奇数 P を素数 $p, p', p'', \cdots$ の積に分解して

$$P = pp'p'' \cdots$$

と表記するとき，P と互いに素な数 m に対して

$$\left(\frac{m}{P}\right) = \left(\frac{m}{p}\right)\left(\frac{m}{p'}\right)\left(\frac{m}{p''}\right)\cdots$$

と定めるのが，ヤコビが提案した記号です．ヤコビはこれを

「円周等分とその数論への応用」

『クレルレの数学誌』，第 30 巻，1846 年．初出は 1837 年の
『ベルリン科学アカデミー月報』．

という論文において提案しました．「ルジャンドルの記号」に対
し，「ヤコビの記号」という呼び名が相応しいと思います．この記
号を用いると，

$$\left(\frac{D}{q_1}\right)^{r_1}\left(\frac{D}{q_2}\right)^{r_2}\left(\frac{D}{q_3}\right)^{r_3}\cdots = \left(\frac{D}{q_1^{r_1}q_2^{r_2}q_3^{r_3}\cdots}\right)$$

という表示が可能になり，これにより無限積の無限級数展開が

$$\prod \frac{1}{1-\left(\dfrac{D}{q}\right)\dfrac{1}{q^s}} = \sum \left(\frac{D}{n}\right)\frac{1}{n^s}$$

と簡明に書き表されます．右辺の総和は $2D$ と互いに素なあらゆ
る正整数 n にわたって行われます．

$\displaystyle\sum \frac{2^\mu}{m^s}$ を規定する 3 個の無限積のうち，他の二つについても
同様にして無限級数に変換されます．無限級数展開

$$\frac{1}{1-\dfrac{1}{q^s}} = 1+\frac{1}{q^s}+\frac{1}{q^{2s}}+\cdots+\frac{1}{q^{rs}}+\cdots$$

を基礎にして同様の論証を進めると，

$$\prod \frac{1}{1-\dfrac{1}{q^s}} = \sum \frac{1}{n^s}$$

という表示が得られます．これより

$$\prod \frac{1}{1-\dfrac{1}{q^{2s}}} = \sum \frac{1}{n^{2s}}$$

も導かれます．これで

$$\sum \frac{2^\mu}{m^s} = \frac{\sum \frac{1}{n^s} \times \sum \left(\frac{D}{n}\right)\frac{1}{n^s}}{\sum \frac{1}{n^{2s}}}$$

という表示に到達し，等式

$$\sum \left(\frac{ax^2+2bxy+cy^2}{\sigma}\right)^{-s} + \cdots = \kappa \sum \frac{2^\mu}{m^s}$$

の右辺の新たな表示式が得られました．そこで両辺に無限級数

$$\sum \frac{1}{n^{2s}}$$

を乗じると，

(2)　　$$\sum \frac{1}{n^{2s}} \times \sum \left(\frac{ax^2+2bxy+cy^2}{\sigma}\right)^{-s} + \cdots = \kappa \sum \frac{1}{n^s} \times \sum \left(\frac{D}{n}\right)\frac{1}{n^s}$$

となります．左辺は二つの無限級数の積の無限和で，x と y，それに n に関する3重の無限級数です．

さらに式変形を続ける

上記の3重無限級数の一番はじめの積を実行すると，

$$\sum \left(\frac{an^2x^2+2bn^2xy+cn^2y^2}{\sigma}\right)^{-s}$$

という形になります．そこで

$$nx = x', \quad ny = y'$$

と置くと，

$$\sum \left(\frac{ax'^2+2nx'y'+cy'^2}{\sigma}\right)^{-s}$$

となりますから，3重級数は2重級数に変換されます．ここで考えていかなければならないのは，こうして設定された整数 x', y' に課された条件です．

x と y には三つの条件が課されていました．第1の条件は，

$$\frac{ax^2 + 2bxy + cy^2}{\sigma}$$

が $2D$ と互いに素というものでした．n もまた $2D$ と互いに素ですから，

$$\frac{ax'^2 + 2bx'y' + cy'^2}{\sigma} = n^2 \cdot \frac{ax^2 + 2bxy + cy^2}{\sigma}$$

もやはり $2D$ と互いに素です．

第 2 の条件は正の判別式の場合に課されるもので，不等式

$$y \geqq 0, \ U(ax + by) > Ty$$

により表されます．これらの二つの不等式に n を乗じると，x', y' に対して同じ形の条件

$$y' \geqq 0, \ U(ax' + by') > Ty'$$

が課されることがわかります．

第 3 の条件は，x と y が互いに素であることを課しています．これにより x' と y' は最大公約数 n をもつことになり，これが x', y' に課される唯一の限定です．そこで n に課されるべき条件が問題になりますが，それは「$2D$ と互いに素」ということのみです．ところが，これは第 1 の条件に含まれていますから，新たに課される条件は何もないことになります．

こうして等式 (2) の左辺の形が変りました．変数が x, y から x', y' に移行しましたが，x', y' をあらためて x, y と表記すると，等式 (2) は次のように表されます．

(3) $$\sum \left(\frac{ax^2 + 2bxy + cy^2}{\sigma} \right)^{-s} + \cdots = \kappa \sum \frac{1}{n^s} \times \sum \left(\frac{D}{n} \right) \frac{1}{n^s}$$

左辺には形式 (a, b, c) に関する和のみを書きました．この和において，x, y には次に挙げる 2 条件が課されています．

Ⅰ．$\dfrac{ax^2 + 2bxy + cy^2}{\sigma}$ は $2D$ と互いに素．

Ⅱ．$D>0$ の場合には，

$$y \geqq 0, \ U(ax+by) > Ty.$$

再びクロネッカーに返る

　等式 (3) の 右辺に見られる二つの無限級数を混同しないようにするために，

$$\sum \frac{1}{n'^{\,s}}, \ \sum \left(\frac{D}{n''}\right)\frac{1}{n''^{\,s}}$$

と表記して，これらの積を実行すると，2 重級数

$$\sum \left(\frac{D}{n''}\right)\frac{1}{(n'n'')^s}$$

が得られます．それゆえ，等式 (3) は

(4) $$\sum \left(\frac{ax^2+2bxy+cy^2}{\sigma}\right)^{-s}+\cdots = \kappa \sum \left(\frac{D}{n''}\right)\frac{1}{(n'n'')^s}$$

という形になりますが，ここでクロネッカーに立ち返ると，等式 (4) に該当する等式を，クロネッカーは

($\mathfrak{M}^\circ$) $$\tau\sum \left(\frac{D}{h}\right)\frac{1}{(hk)^{1+\rho}} = \sum_{a,b,c}\sum_{m,n}\frac{1}{(ax^2+bmn+cn^2)^{1+\rho}}$$

と書きました．そうして「ρ は任意であるから」という理由をつけて，より一般的な形の等式

($\mathfrak{M}$) $$\tau\sum \left(\frac{D}{h}\right)F(hk) = \sum_{a,b,c}\sum_{m,n}F(am^2+bmn+cn^2)$$

をも書いています．F については何も説明がありませんが，ここに脚註を附して，クロネッカーの論文

　「2 次形式の理論におけるディリクレの方法の使用について」

　『プロイセン科学アカデミー月報』(1864 年)．1864 年 5 月 12
　日，科学アカデミーで報告．

を参照するように指示しています．F はともあれ 1 変数の 1 価関数で，属性については不明瞭ですが，

$$F(z) = \frac{1}{z^{1+\rho}}$$

という関数を取り上げれば等式（$\mathfrak{M}^\circ$）が現れます．

等式（$\mathfrak{M}$）の左辺には見られる記号 $\left(\dfrac{D}{h}\right)$ については注意を要します．ディリクレが書いた等式（4）にも同じ形の記号 $\left(\dfrac{D}{n''}\right)$ が介在していますが，これはヤコビの記号です．n'' は奇数ですからヤコビの記号としての意味をもちますが，クロネッカーの等式（$\mathfrak{M}$）の場合には少々状況が異なります．h は奇数とは限らないというのがその理由です．

等式（$\mathfrak{M}$）の左辺は Q と互いに素であるようなすべての正整数 h, k にわたって行われます．右辺の総和は $am^2 + bmn + cn^2$ が Q と素になるようなあらゆる整数 m, n にわたっています．ここで，Q は判別式 $D = b^2 - 4ac$ の平方因子をすべて集めてつくられる数で，等式

$$D = D_0 Q^2$$

により規定されます．クロネッカーは D_0 を指して基本判別式と呼びました（第 7 章参照[※1]）．まず D と h が互いに素ではなく公約数をもつ場合には

$$\left(\frac{D}{h}\right) = 0$$

と定めます．次に，D と h が互いに素の場合には，h' は奇数として $h = 2^g h'$ と表示して，

[※1] 84 頁．

$$\left(\frac{D}{h}\right) = \left(\frac{2^g}{D}\right)\left(\frac{D}{h'}\right) = 0$$

と定めます. $g = 0$ の場合には h は奇数ですから $\left(\dfrac{D}{h}\right)$ はヤコビの記号として意味をもちます. $g \geqq 1$ の場合には h は偶数で, D と h は互いに素ですから D は奇数であることになり, $\left(\dfrac{2^g}{D}\right)$ はやはりヤコビの記号として諒解されます. $\left(\dfrac{D}{h'}\right)$ もまたヤコビの記号です. クロネッカーはヤコビの記号のことを**ヤコビ – ディリクレの記号**と呼んでいます.

クロネッカーは等式 $(\mathfrak{M}')$ を

$$(\mathfrak{M})\quad \tau\sum_{h,k}\left(\frac{Q^2}{h}\right)\left(\frac{D}{k}\right)F(hk) = \sum_{a,b,c}\sum_{m,n}\left(\frac{Q^2}{m}\right)F(am^2 + bmn + cn^2)$$

という形に書き換えました. ここで, 左辺の和は**あらゆる**正整数 h, k にわたって行われ, 右辺の和は $m = n = 0$ を除外して**あらゆる**整数 m, n にわたって行われます. ただし, 三つの等式 $(\mathfrak{M}°)$, $(\mathfrak{M}')$, $(\mathfrak{M})$ において, $D > 0$ の場合には, m と n に対して

$$n > 0,\ 2am + bn \geqq \frac{T}{U}n$$

という条件が課されていることに, ここで留意しておきたいと思います.

3 個の整数 a, b, c については,

> a と Q は互いに素であり, b と c は Q のあらゆる素因子により割り切れる.

というふうに選定します. これはいつでも可能であることをクロネッカーは明言し, そのうえでそうしておくと多くの応用にとって都合がよいからという理由を挙げて, 今後はつねにそのように定められているものとすると宣言しました.

第 10 章

2次形式の類数公式

~~~~~~

類数公式の探索

　クロネッカーの叙述は2次形式の類数公式へと向います．クロネッカーの言葉をそのままたどっていくと，クロネッカーはまず表記を簡明にするためとして

$$\sum_h \left(\frac{D}{h}\right)\frac{1}{h} = H(D)$$

と置きました．次に，判別式 D の2次形式の完全代表系 (a, b, c) の個数を

$$K(D)$$

と表記しました．これを言い換えると，$K(D)$ は判別式 D の2次形式の類数にほかなりません．$K(D)$ を具体的に表示する式を書くことができれば，それが類数公式ですが，クロネッカーは

$(\Re)$　　　$\tau H(D) = \dfrac{2\pi}{\sqrt{-D}} K(D)$ （$D < 0$ に対して）

$$H(D) = \frac{K(D)}{2|\sqrt{D}|} \log\frac{T + U\sqrt{D}}{T - U\sqrt{D}} \quad (D > 0 \text{ に対して})$$

という等式を書きました．類数 $K(D)$ が無限級数 $H(D)$ を用いて表されています．そこで D のさまざまな形に応じて $H(D)$ の総和を具体的に求めることができれば，それらはみな類数公式と

いう呼び名に値します．D の正負に応じて二つの等式が記されて
いますが，ひとつにまとめることもできるとして，

$$(\mathfrak{N}') \qquad H(D) = K(D) \int_{\frac{T}{U}}^{\infty} \frac{dz}{z^2 - D}$$

という表示も提示されました．ここで，T, U はペルの方程式
$T^2 - DU^2 = 1$ または $T^2 - DU^2 = 4$ の解で，上記の積分値が可
能な限りもっとも小さくなるように定めることと指定されていま
す．これはつまり，積分の下限 $\frac{T}{U}$ が可能なかぎりもっとも大き
くなるように定めるということと同じです．この類数公式は前回
の等式

$$(\mathfrak{M}°) \qquad \tau \sum_h \left(\frac{D}{h}\right) \frac{1}{(hk)^{1+\rho}} = \sum_{a,b,c} \sum_{m,n} \frac{1}{(ax^2 + bmn + cn^2)^{1+\rho}}$$

から導かれるとクロネッカーは言っています．

　2 次形式の類数公式を確立したのはディリクレです．ディリク
レは

　　　「無限小解析の数論への種々の応用に関する研究」
　　　（1839, 1840 年）

という長い論文を書き，微積分を駆使して計算を進めて類数公
式に到達しています．『クレルレの数学誌』の第 19 巻（1839 年）
と第 21 巻（1840 年）に 2 回に分けて掲載されました．クロネッ
カーはディリクレの論証を基礎にして，記号や文言をいくぶん変
更して紹介しています．そこで以下しばらくディリクレの議論に
沿って類数公式への道をたどってみたいと思います．ひとつの見
どころは $H(D)$ を定める無限級数 $\sum_h \left(\frac{D}{h}\right) \frac{1}{h}$ が収束することの
確認です．

出発点

ディリクレは等式

$$(*)\quad \sum\left(\frac{ax^2+2bxy+cy^2}{\sigma}\right)^{-s}+\cdots = \kappa\sum\frac{1}{n^s}\times\sum\left(\frac{D}{n}\right)\frac{1}{n^s}$$

から出発して考察を進めました（第9章参照）．ディリクレととも に，これを**主等式（Hauptgleichung）**[1] と呼ぶことにします． 見かけは異なりますが，クロネッカーの等式（$\mathfrak{M}^\circ$）と同じもので す．左辺に書かれているのは形式 (a,b,c) に関する和のみで，こ の和において x, y には次の2条件が課されています．

I．$\dfrac{ax^2+2bxy+cy^2}{\sigma}$ は $2D$ と互いに素．

II．$D>0$ の場合には，$y \geqq 0,\ u(ax+by) > Ty$．

左辺の和において，和の対象となるのは判別式 D の2次形式の 完全代表系にわたって推移する2次形式 (a,b,c) のみではなく， 上記の2条件をみたすあらゆる x, y に関しても総和が行われま す．形式 (a,b,c) の各々に対し，x, y に関する無限和

$$\sum_{x,y}\left(\frac{ax^2+2bxy+cy^2}{\sigma}\right)^{-s}$$

が附随しているのですが，$s>1$ であればこの和は収束します． ではありますが，1よりも大きい s の何らかの値を固定して，附 随する和を調べようとするのはあまりにもむずかしい作業になり そうです．ディリクレはそんなふうに判断してこれを断念し，そ れに代って「s を限りなく1に近づけていく」という方針を採り ました．無数の s を個別に考察するのでは見込みがありませんの で，$s \to 1$ という極限状態において立ち現れる何事かを汲み取ろ

---

[1] 第2章で Hauptgleichung に「主方程式」（23頁参照）という訳語をあ てたが，ここでは言葉の混用を避けて「主等式」とした．

うという構えです.

　減少しつつ 1 に近づいていくと和の値は限りなく大きくなって発散してしまいますが, 極限状態に移行するのに先立ってあらかじめ $s-1$ を乗じておき, その積において $s \to 1$ とすると今度はある有限値に収束します. しかもその有限値は判別式 D のみに依存して確定し, 個々の形式 (a, b, c) に無関係に定まります. そこでその和を L と表記すると, 判別式 D の 2 次形式の類数を h で表すとき, 上記の和の左辺に $s-1$ を乗じた積において $s \to 1$ とするときの極限値は hL であることになります. 右辺の状況をよく観察しなければなりませんが, こんなふうにして類数公式が得られるであろうというのがディリクレの論証の方針です.

x, y に課された条件を変更する

　判別式 D の 2 次形式の完全代表系 S を構成する h 個の形式 (a, b, c) において, a は正としておいてさしつかえないことは既述のとおりです (第 9 章参照). その意味は, ある形式が所属する同値類の中に第 1 係数が正であるものが必ず存在するということですが, これに加えて $\dfrac{a}{\sigma}$ が $2D$ と互いに素であるものもまた存在します. これを確認してみます.

　(a, b, c) は判別式 D の任意の形式とし, 第 1 係数 a も正とは限らないものとします. $(a, b, c) = \sigma(Ax^2 + Bxy + Cy^2) = \sigma F$ (σ は $a, 2b, c$ の正の最大公約数) と置き, r は任意の素数とします. A が r で割り切れないなら, x として r で割り切れない値を選び, y として r で割り切れる値を選べば, そのとき F の値は r で割り切れません. C が r で割り切れない場合も同様で, x, y として適当な値を選ぶことにより F の値が r で割り切れないよう

にすることができます. A と C がともに r で割り切れる場合には B が r で割り切れませんから, x, y としてともに r で割り切れない値を選べば, そのとき F の値は r で割り切れません.

今度は k は素数とは限らない任意の数として, k の素因数のすべてを $r, r', r'', \cdots$ とします. 先ほどの考察により, 各々の素因数について, F がその素因数で割り切れないように x, y を選ぶことができます. しかもそのような選定は無数の仕方で可能であることに留意すれば, F の値が k で割り切れないような x, y の値の選定が可能であることが諒解されます.

適当に x, y を選ぶことにより F の値が正になるようにすることもできます. 実際, $D < 0$ の場合にはこれは明らかです (判別式が負の2次形式では両側の係数は同符号になります. それらがともに正の形式とともに負の形式は完全に切り離して, ともに正の形式のみを考えれば十分ですから, 両側の係数がともに負の形式ははじめから除外しておいてさしつかえないからです). $D > 0$ の場合には,

$$a\sigma F = (ax + by)^2 - Dy^2$$

と変形して, a の正負に応じて $|ax + by|$ が $|y\sqrt{D}|$ より大きくなるか, あるいは小さくなるように x, y をとれば (これはつねに可能です), そのとき F の値は正になります. こんなふうに x, y を定めるとき, さらに加えてそのような x, y として互いに素であるものを選ぶこともできます. 実際, 選ばれた x, y が互いに素ではないなら, それらの最大公約数で x, y を割り, そのようにして生じる商 x', y' を採用すれば, x', y' に対して F の値は正であり, しかもあらかじめ指定された k と互いに素であることは変りません.

　以上のことを踏まえて，あらためて $k = 2D$ と定めます．まず互いに素な二つの数 α, γ を

$$\frac{a'}{\sigma} = \frac{a\alpha^2 + 2b\alpha\gamma + c\gamma^2}{\sigma}$$

が正で，しかも $k = 2D$ と互いに素であるように定めます．次に，α, γ は互いに素ですから，ある数 β, δ を $\alpha\delta - \beta\gamma = 1$ となるように選ぶことができます．すると 1 次変換 $\begin{pmatrix} \alpha, & \beta \\ \gamma, & \delta \end{pmatrix}$ により形式 (a, b, c) が変換されていく先の形式 (a', b', c') では，第 1 係数 $a' > 0$ であり，しかも $\frac{a'}{\sigma}$ は $2D$ と互いに素になります．これで確認されました．

　完全代表系 S を構成する 2 次形式の各々をこのように選定しておくと，x, y に課される条件も変動し，その結果，x, y に関する総和の算出が容易になります．これでディリクレの論証の出発点が定まりました．

$D < 0$ の場合

　ディリクレは主等式を

$(**)$　$\displaystyle \rho \sum \frac{1}{(ax^2 + 2byx + cy^2)^{1+\rho}} + \cdots$

$$= \frac{\rho\kappa}{\sigma^{1+\rho}} \sum \frac{1}{n^{1+\rho}} \sum \left(\frac{D}{n}\right) \frac{1}{n^{1+\rho}}$$

という形に書きました．これまでの主等式と同じものですが，$s > 1$ を $s = 1 + \rho \, (\rho > 0)$ と表記して，両辺に $s - 1 = \rho$ が乗じられています．また，両辺を $\sigma^{1+\rho}$ で割っています．この形の主等式において，左右両辺の個々の項について $\rho \to 0$ とするときの極限値を求めることが課されています．

判別式 D が正の場合と負の場合では大きく状況が異なります.
$D < 0$ の場合, ディリクレは x, y に関する総和

$$\rho \sum \frac{1}{(ax^2 + 2bxy + cy^2)^{1+\rho}}$$

の $\rho \to 0$ に対応する極限値を算出し,

$$\frac{\omega \pi \varphi(2\Delta)}{4\Delta \sqrt{\Delta}}$$

という数値を求めました. ここで, $\Delta = |D|$ と置きました. ω は

$\sigma = 1$ のとき $\omega = 2$,

$\sigma = 2$, $D \equiv 1 \pmod{8}$ のとき $\omega = 1$,

$\sigma = 2$, $D \equiv 5 \pmod{8}$ のとき $\omega = 3$

と定められ, $\varphi(2\Delta)$ は数 2Δ に対するオイラー関数値を表しています.

ω という不思議な数やオイラー関数が登場するのはなぜだろうかという不可解な印象に襲われますが, この現象は完全代表系 S を構成する 2 次形式 (a, b, c) として, $\frac{a}{\sigma}$ が正で, しかも $2D$ と互いに素という特別のものを採用したことに根ざしています. このような特定の形式 (a, b, c) に対し, x, y に関する総和

$$\rho \sum \frac{1}{(ax^2 + 2bxy + cy^2)^{1+\rho}}$$

において, x, y には

$$\frac{ax^2 + 2bxy + cy^2}{\sigma}$$

が $2D$ と互いに素という限定が課されますが, このような x, y をまず

$$x = 2\Delta v + \alpha, \ y = 2\Delta w + \gamma$$

という形に表示してみます. ここで, α, γ はそれぞれ x, y を 2Δ で割るときの正の最小剰余で,

$$0, 1, 2, \cdots, 2\Delta - 1$$

という 2Δ 個の数のいずれかを表しています．v と w は不定整数です．このとき，

$$x \equiv \alpha \ (\mathrm{mod}.\, 2\Delta),\ y \equiv \gamma \ (\mathrm{mod}.\, 2\Delta)$$

ですから，

$$\frac{ax^2 + 2bxy + cy^2}{\sigma} \equiv \frac{a\alpha^2 + 2b\alpha\gamma + c\gamma^2}{\sigma} \ (\mathrm{mod}.\, 2\Delta)$$

となります．したがって，$\dfrac{ax^2 + 2bxy + cy^2}{\sigma}$ と 2Δ が互いに素であるような x, y を選定するには，まず $\dfrac{a\alpha^2 + 2b\alpha\gamma + c\gamma^2}{\sigma}$ が 2Δ と互いに素であるような α, γ を探索し，そのような α, γ のつくる組合せの各々に対し，それらを初項として 2Δ を公差とする等差数列を作ればよいことがわかります．それらの二つの等差数列に所属する数 x, y を自由に組合せると，それらはみな x, y に課された要請に応えています．

　そこで $\dfrac{a\alpha^2 + 2b\alpha\gamma + c\gamma^2}{\sigma}$ が 2Δ と互いに素であるような α, γ の組合せの総数を数える作業が課されることになります．オイラー関数値 $\varphi(2\Delta)$ が現れる理由がここにあります．$\dfrac{a}{\sigma}$ と $2D$ は互いに素という限定に基づいてこの総数を数えると，

$$\omega \cdot \Delta\varphi(2\Delta)$$

という数値に到達します．

　次に，ディリクレは主等式 (**) の右辺において，極限値

$$\lim_{\rho \to 0} \rho \sum \frac{1}{n^{1+\rho}}$$

を算出しました．和 $\rho \displaystyle\sum \frac{1}{n^{1+\rho}}$ において，n は 2Δ と互いに素となるすべての正整数にわたって推移します．そのような n

のうち，2Δ より小さいものの個数は $\varphi(2\Delta)$ ですが，それらを
$\nu, \nu', \nu'', \cdots$ と表示すると，上記の和は

$$\rho\left\{\frac{1}{\nu^{1+\rho}} + \frac{1}{(\nu+2\Delta)^{1+\rho}} + \frac{1}{(\nu+4\Delta)^{1+\rho}} + \frac{1}{(\nu+6\Delta)^{1+\rho}+\cdots}\right\},$$

$$\rho\left\{\frac{1}{\nu'^{1+\rho}} + \frac{1}{(\nu'+2\Delta)^{1+\rho}} + \frac{1}{(\nu'+4\Delta)^{1+\rho}} + \frac{1}{(\nu'+6\Delta)^{1+\rho}+\cdots}\right\},$$

$$\rho\left\{\frac{1}{\nu''^{1+\rho}} + \frac{1}{(\nu''+2\Delta)^{1+\rho}} + \frac{1}{(\nu''+4\Delta)^{1+\rho}} + \frac{1}{(\nu''+6\Delta)^{1+\rho}+\cdots}\right\},$$

…………

という $\varphi(2\Delta)$ 個の部分和に区分けされます．これらの部分和の
各々について $\rho \to 0$ とするときの極限値を求めたいのですが，そ
の値はどの部分和にも共通で $\frac{1}{2\Delta}$ になります．これは次の補助的
的命題により判明します．

補助的命題

a, b は正の定数とするとき，無限級数

$$S = \frac{1}{b^{1+\rho}} + \frac{1}{(b+a)^{1+\rho}} + \frac{1}{(b+2a)^{1+\rho}} + \frac{1}{(b+3a)^{1+\rho}} + \cdots$$

はあらゆる $\rho > 0$ に対し収束し，

$$\lim_{\rho \to 0} \rho S = \frac{1}{a}$$

となる．

b に依存することなく極限値が確定するところに，この命題の
おもしろさがあります．この命題により，上記の $\varphi(2\Delta)$ 個の部
分和はみな共通の極限値 $\frac{1}{2\Delta}$ をもつことがわかります．これで極

限値

$$\lim_{\rho \to 0} \rho \sum \frac{1}{n^{1+\rho}} = \frac{\varphi(2\varDelta)}{2\varDelta}$$

が求められました.

これで主等式 $(**)$ の両辺において $\rho \to 0$ としたときの極限値が算出されましたから, それらを等値すると,

$$\frac{\omega\pi\varphi(2\varDelta)}{4\varDelta\sqrt{\varDelta}} h = \frac{\kappa\varphi(2\varDelta)}{\sigma \cdot 2\varDelta} \lim_{\rho \to 0} \sum \left(\frac{D}{n} \right) \frac{1}{n^{1+\rho}}$$

となり, これより類数の表示式

$$h = \frac{2\kappa}{\sigma\omega\pi} \sqrt{-D} \cdot \lim_{\rho \to 0} \sum \left(\frac{D}{n} \right) \frac{1}{n^{1+\rho}}$$

が導かれます. ここで, κ は

$$D = -1 \text{ のとき } \kappa = 4,$$
$$D = -3, \ \sigma = 2 \text{ のとき } \kappa = 6,$$
$$\text{これら以外のときは } \kappa = 2$$

と定められました (第 9 章参照[※2]). 極限値 $\displaystyle\lim_{\rho \to 0} \sum \left(\frac{D}{n} \right) \frac{1}{n^{1+\rho}}$ についてはさらに考えていく必要があります.

$D > 0$ の場合

判別式 D が正の場合には x, y の変域に課される条件がいくぶん複雑になります. 判別式 $D\,(= \varDelta)$ の 2 次形式の完全代表系 S を構成する各々の形式 (a, b, c) について, x, y に関する総和

$$\rho \sum \frac{1}{(ax^2 + 2bxy + cy^2)^{1+\rho}}$$

を考えるとき, x, y に対して

[※2]　126 頁.

$$\frac{ax^2 + 2bxy + cy^2}{\sigma}$$

が $2D$ と互いに素という限定を課すのは判別式が負の場合と同じです. このような x, y を

$$x = 2\Delta v + \alpha, \ y = 2\Delta w + \gamma$$

という形に表示するとき, α と γ の組合せに一定の制約が課されることも同じです. そのような α, γ の組の定め方に応じて, 上記の総和は $\omega\Delta\varphi(2\Delta)$ 個の部分和に区分けされますが, 今度は x, y の変域に対してなおもうひとつの条件が加わります. それは,

$$y \geqq 0, \ U(ax + by) > Ty$$

という条件です. この条件を加味して $\omega\Delta\varphi(2\Delta)$ 個の部分和の各々について極限値

$$\lim_{\rho \to 0} \rho \sum \frac{1}{(ax^2 + 2bxy + cy^2)^{1+\rho}}$$

を求めると, B はある定数として, すべての部分和に共通の極限値

$$\frac{B}{4\Delta^2}$$

が得られることをディリクレは示しました. これらの部分和の個数は全部で $\omega\Delta\varphi(2\Delta)$ 個ですから, すべての部分和の総和

$$\rho \sum \frac{1}{(ax^2 + 2bxy + cy^2)^{1+\rho}}$$

の $\rho \to 0$ のときの極限値は

$$\frac{\omega\varphi(2\Delta)}{4\Delta}$$

となります.

　この計算の鍵をにぎるのは定数 B の決定ですが, ディリクレは

$$B = \frac{1}{4\sqrt{D}} \log \frac{T+U\sqrt{D}}{T-U\sqrt{D}} = \frac{1}{2\sqrt{D}} \log \frac{T+U\sqrt{D}}{\sigma}$$

という数値を算出しています．ここで，T, U はペルの方程式 $T^2 - DU^2 = \sigma^2$ を満たす最小の正整数で，これらの数値がここに現れるのは x, y の変域を限定する不等式に T, U が介在していることに根ざしています．これで主等式 (**) の左辺の和のうち，形式 (a, b, c) に関する和の $\rho \to 0$ のときの極限値が得られました．それは

$$\frac{\omega \varphi(2D)}{8D\sqrt{D}} \log \frac{T+U\sqrt{D}}{\sigma}$$

という数値です．それゆえ，主等式の左辺の $\rho \to 0$ のときの極限値は，完全代表系 S を構成する 2 次形式の個数を h とするとき，

$$h\frac{\omega \varphi(2D)}{8D\sqrt{D}} \log \frac{T+U\sqrt{D}}{\sigma}$$

となります．h は正の判別式 D の第 σ 種の原始形式の類数にほかなりません．

　主等式の右辺では，$D > 0$ の場合には $\kappa = 1$ であることに留意します．極限値に目を留めると，

$$\lim_{\rho \to 0} \sum \frac{1}{n^{1+\rho}} = \frac{\varphi(2\Delta)}{2\Delta} = \frac{\varphi(2D)}{2D}$$

となることは負の判別式の場合と同じです．そこで主等式の両辺の $\rho \to 0$ とするときの極限値を等置することにより，

$$h = \frac{1}{\sigma \omega} \cdot \frac{4\sqrt{D}}{\log \dfrac{T+U\sqrt{D}}{\sigma}} \cdot \lim_{\rho \to 0} \sum \left(\frac{D}{n}\right) \frac{1}{n^{1+\rho}}$$

という表示に到達します．これが正の判別式の場合の類数の表示式です．

類数公式

　判別式の正負を区分けして，それぞれの場合に類数の表示式を導くためにディリクレが示した道筋をスケッチしてみましたが，なお確立しなければならないことが残されています．それは，無限級数

$$\sum\left(\frac{D}{n}\right)\frac{1}{n^{1+\rho}}$$

が $\rho \to 0$ のときに収束すること確認して，その極限値を求めることです．この級数を $\rho > 0$ において定義される関数とみて $\Phi(\rho)$ と表示してみます．$\rho > 0$ の場合にはこの級数は絶対収束しますから関数 $\Phi(\rho)$ は確定しますが，確認しなけれらないことは二つあります．ひとつは，

　　$\rho = 0$ の場合の無限級数 $\sum\left(\dfrac{D}{n}\right)\dfrac{1}{n}$ は収束する

ことです．もうひとつは，

　　極限 $\sum\left(\dfrac{D}{n}\right)\dfrac{1}{n^{1+\rho}}$ が存在して，しかもその極限値は

　　$\sum\left(\dfrac{D}{n}\right)\dfrac{1}{n}$ に等しい

ことです．この二つのことが確認されたなら，h の値を表示する無限級数が手に入ります．クロネッカーはそれを $H(D)$ という記号で表記しました．

　ここまで追い詰めたうえでなおさまざまな場合を区別して和 $\sum\left(\dfrac{D}{n}\right)\dfrac{1}{n}$ の数値を算出することにより，いっそう精密な類数の表示式が現れます．ディリクレの論文「無限小解析の数論への種々の応用に関する研究」を参照すると，8通りの場合に区分け

されていて，それらのひとつひとつが類数公式という呼び名に相応しい姿形を備えています．

クロネッカーの論文 IX に移る

クロネッカーの連作「楕円関数論に寄せる」の第Ⅷ論文は，2次形式の類数 $K(D)$ と無限級数 $H(D)$ の関係を記述する等式 $(\mathfrak{R})$ が紹介されたところで終っています．第 IX 論文に移ると，クロネッカーはその等式 $(\mathfrak{R})$ を用いて，第Ⅵ論文に現れた関数 $L(a_0, c_0)$ のひとつの表示式を導こうとしています．$L(a_0, c_0)$ は

$$L(a_0, c_0) = \lim_{\rho \to 0} \left\{ -\frac{1}{\rho} + \sum_{m,n} (2\pi(a_0 m^2 + b_0 mn + c_0 n^2))^{-1-\rho} \right\}$$

と表示される関数でした（第 5 章参照[※3]）．ここで，$\rho, a_0, b_0\, c_0$ には $\rho > 0,\ a_0 > 0,\ c_0 > 0,\ 4a_0 c_0 - b_0^2 = 1$ という条件が課されていますが，さらにクロネッカーは $a_0^2, a_0 c_0, c_0^2$ が**有理数値をもつ**という限定のもとで式変形を進めています．

3 個の整数 a, b, c を

$$a = a_0 \sqrt{\Delta},\ b = b_0 \sqrt{\Delta},\ c = c_0 \sqrt{\Delta}$$

と定めると，

$$4ac - b^2 = \Delta$$

となります．次に，

$$w_1 = \frac{-b + i\sqrt{\Delta}}{2c},\ w_2 = \frac{b + i\sqrt{\Delta}}{2c}$$

と置くと，a_0, c_0 は w_1, w_2 を用いて

$$a_0 = \frac{-i w_1 w_2}{w_1 + w_2},\ c_0 = \frac{i}{w_1 + w_2}$$

[※3]　66 頁.

と表されます. a, b, c を係数とする 2 次方程式

$$a + bw + cw^2 = 0$$

をつくると, w_1 と $-w_2$ はこの 2 次方程式の 2 根です. a, b, c は w_1 と $-w_2$ を 2 根とする 2 次方程式の整係数として公約数は除いて定まりますが, 公約数が存在することもありえます.

式

$$\log c(\vartheta'(0, w_1)\vartheta'(0, w_2))^{-\frac{2}{3}}$$

を w_1 と w_2 のみの関数と見て, これを

$$\mathfrak{L}(w_1, w_2)$$

と表記します. 第VII論文の式 $(\mathfrak{K})$（第 7 章参照[※4]）

$$(\mathfrak{K}) \quad \lim_{\rho \to 0} \sum_{m, n} \left\{ \frac{1}{(am^2 + bmn + cn^2)^{1+\rho}} - \frac{1}{(a'm^2 + b'mn + c'n^2)^{1+\rho}} \right\}$$

$$= \frac{2\pi}{\sqrt{\Delta}} \log \frac{c(\vartheta'(0, w_1')\vartheta'(0, w_2'))^{\frac{2}{3}}}{c'(\vartheta'(0, w_1)\vartheta'(0, w_2))^{\frac{2}{3}}}$$

を回想すると, 関数 $\mathfrak{L}(w_1, w_2)$ を用いて

$$(\mathfrak{K}') \quad \lim_{\rho \to 0} \sum_{m, n} \left\{ \frac{1}{(am^2 + bmn + cn^2)^{1+\rho}} - \frac{1}{(a'm^2 + b'mn + c'n^2)^{1+\rho}} \right\}$$

$$= \frac{2\pi}{\sqrt{\Delta}} (\mathfrak{L}(w_1, w_2) - \mathfrak{L}(w_1', w_2'))$$

という表示が得られます. ここで, (a, b, c), (a', b', c') は同一の判別式 $-\Delta$ をもつ 2 次形式ですが, 異なる目に所属してもよいものとします. 目（Ordnung（独）, order（英））というのは 2 次形式の分類にあたってガウスが提案した用語です. ガウスは同一の判別式をもつ 2 次形式をまず類にわけ, 次に類を目に分け, さらに目を種に分けました.

(a', b', c') と同一の目に所属する類の各々から, その類を代表

[※4] 81 頁.

する形式を選定し，(a',b',c') 以外のものを

$$(a'',b'',c''),\ (a''',b''',c'''),\cdots,(a^{(K)},b^{(K)},c^{(K)})$$

とします．上記の等式 ($\Re'$) において (a',b',c') のところにこれらの形式を次々と割り当てると，($\Re'$) も含めて全部で K 個の等式が得られます．それらを加えると，

($\mathfrak{Q}$)
$$\lim_{\rho=0}\Big\{K\sum_{m,n}(am^2+bmn+cn^2)^{-1-\rho}$$
$$-\sum_{t=1}^{t=K}\sum_{m,n}(a^{(t)}m^2+b^{(t)}mn+c^{(t)}n^2)^{-1-\rho}\Big\}$$
$$=\frac{2\pi}{\sqrt{\Delta}}\sum_{t=1}^{t=K}\{\mathfrak{L}(w_1,w_2)-\mathfrak{L}(w_1^{(t)},w_2^{(t)})\}$$

という式が帰結します．

第 11 章

関数 $L(a_0, c_0)$ と不変量 $M(\varDelta_0)$

～～～～～～～～～～～～～～～～～～～～～～～～～～

不変量 $M(\varDelta_0)$ の導入の準備

連作「楕円関数の理論に寄せる」の第 VI 論文において，クロネッカーは関数 $L(a_0, c_0)$ を

$$L(a_0, c_0) = \lim_{\rho=0}\left\{-\frac{1}{\rho} + \sum_{m,n}(2\pi(a_0 m^2 + b_0 mn + c_0 n^2))^{-1-\rho}\right\}$$

と定めました（第 5 章参照）．$a = a_0\sqrt{\varDelta}$, $b = b_0\sqrt{\varDelta}$, $c = c_0\sqrt{\varDelta}$ により a_0, b_0, c_0 を a, b, c に置き換えて式変形を進めると，

$$\begin{aligned}
L(a_0, c_0) &= \lim_{\rho=0}\left\{-\frac{1}{\rho} + \sum_{m,n}(2\pi(a_0 m^2 + b_0 mn + c_0 n^2))^{-1-\rho}\right\}\\
&= \lim_{\rho=0}\left\{-\frac{1}{\rho} + \sum_{m,n}\left(\frac{2\pi}{\sqrt{\varDelta}}(am^2 + bmn + cn^2)\right)^{-1-\rho}\right\}\\
&= \lim_{\rho=0}\left\{-\frac{1}{\rho} + \left(\frac{2\pi}{\sqrt{\varDelta}}\right)^{-1-\rho}\sum_{m,n}(am^2 + bmn + cn^2)^{-1-\rho}\right\}\\
&= \frac{\sqrt{\varDelta}}{2\pi}\lim_{\rho=0}\left(\frac{2\pi}{\sqrt{\varDelta}}\right)^{-\rho}\left\{-\left(\frac{2\pi}{\sqrt{\varDelta}}\right)^{1+\rho}\frac{1}{\rho} + \sum_{m,n}(am^2 + bmn + cn^2)^{-1-\rho}\right\}\\
&= \frac{\sqrt{\varDelta}}{2\pi}\lim_{\rho=0}\left\{-\left(\frac{2\pi}{\sqrt{\varDelta}}\right)^{1+\rho}\frac{1}{\rho} + \sum_{m,n}(am^2 + bmn + cn^2)^{-1-\rho}\right\}
\end{aligned}$$

という形になります．これより

$$\lim_{\rho=0}\left\{\sum_{m,n}\frac{1}{(am^2+bmn+cn^2)^{1+\rho}} - \sum_{m,n}\frac{1}{(a'm^2+b'mn+cn^2)^{1+\rho}}\right\}$$

$$=\frac{2\pi}{\sqrt{\Delta}}(L(a_0,c_0)-L(a_0',c_0'))$$

という等式が導かれます. ここで a_0', b_0', c_0' は,　a, b, c により a_0, b_0, c_0 が定められたのと同様に,

$$a' = a_0'\sqrt{\Delta}, \ b' = b_0'\sqrt{\Delta}, \ c' = c_0'\sqrt{\Delta}$$

と定めます. ここで前章 (第 10 章) で書き留めた等式 ($\mathfrak{K}'$)[1]

$$(\mathfrak{K}') \quad \lim_{\rho=0}\sum_{m,n}\left\{\frac{1}{(am^2+bmn+cn^2)^{1+\rho}} - \frac{1}{(a'm^2+b'mn+c'n^2)^{1+\rho}}\right\}$$

$$=\frac{2\pi}{\sqrt{\Delta}}(\mathfrak{L}(w_1,w_2)-\mathfrak{L}(w_1',w_2'))$$

を想起したいと思います. これを先ほどの等式と連結すると, 等式

$$\frac{2\pi}{\sqrt{\Delta}}(L(a_0,c_0)-L(a_0',c_0'))=\frac{2\pi}{\sqrt{\Delta}}(\mathfrak{L}(w_1,w_2)-\mathfrak{L}(w_1',w_2'))$$

が得られます. これより

$$L(a_0,c_0)-L(a_0',c_0')=\mathfrak{L}(w_1,w_2)-\mathfrak{L}(w_1',w_2').$$

ここで

$$w_1 = \frac{-b+i\sqrt{\Delta}}{2c} = \frac{-b_0+i}{2c_0},$$

$$w_2 = \frac{b+i\sqrt{\Delta}}{2c} = \frac{b_0+i}{2c_0},$$

$$w_1' = \frac{-b'+i\sqrt{\Delta}}{2c'} = \frac{-b_0'+i}{2c_0'},$$

$$w_2' = \frac{b'+i\sqrt{\Delta}}{2c'} = \frac{b_0'+i}{2c_0'}$$

---

[1]　153 頁.

に留意すると, 等式

$(\Re)$ $\mathfrak{L}\left(\dfrac{-b_0+i}{2c_0}, \dfrac{b_0+i}{2c_0}\right) - L(a_0, c_0)$

$\qquad = \mathfrak{L}\left(\dfrac{-b_0'+i}{2c_0'}, \dfrac{b_0'+i}{2c_0'}\right) - L(a_0', c_0')$

に到達します.

$M(\Delta_0)$ の数値決定をめざす

等式 $(\Re)$ は, 差

$$\mathfrak{L}\left(\dfrac{-b_0+i}{2c_0}, \dfrac{b_0+i}{2c_0}\right) - L(a_0, c_0)$$

すなわち

$$\mathfrak{L}\left(\dfrac{-b+i\sqrt{\Delta}}{2c}, \dfrac{b+i\sqrt{\Delta}}{2c}\right) - L\left(\dfrac{a}{\sqrt{\Delta}}, \dfrac{c}{\sqrt{\Delta}}\right)$$

は判別式 $-\Delta$ のあらゆる 2 次形式 (a, b, c) に対してある定値を
もつことを示しています. したがって, この値は基本判別式をも
つ原始形式から導かれる 2 次形式 (a, b, c) に所属するということ
になります. 前にそうしたように, 判別式 $-\Delta$ に対応する基本
判別式を $-\Delta_0$ として, クロネッカーは先ほど定められた差を

$$M(\Delta_0)$$

と表記しました. この値の数値決定が当面の目標ですが, これ
は等式 $(\mathfrak{Q})$ (第 10 章参照) を用いて達成されるとクロネッカー
は言っています. 等式 $(\mathfrak{Q})$ を再現すると次のとおりです.

$(\mathfrak{Q})$ $\displaystyle \lim_{\rho=0}\left\{ K \sum_{m,n} (am^2 + bmn + cn^2)^{-1-\rho}\right.$

$$-\sum_{t=1}^{t=K} \sum_{m,n} (a^{(t)} m^2 + b^{(t)} mn + c^{(t)} n^2)^{-1-\rho} \Bigg\}$$

$$= \frac{2\pi}{\sqrt{\Delta}} \sum_{t=1}^{t=K} \{ \mathfrak{L}(w_1, w_2) - \mathfrak{L}(w_1^{(t)}, w_2^{(t)}) \}$$

この等式において $\Delta = \Delta_0$ の場合を考えると $M(\Delta_0)$ の値が得られるというのがクロネッカーの主張で，クロネッカーは前々章（第 9 章）の等式

$$(\mathfrak{M}^{\circ}) \qquad \tau \sum \left(\frac{D}{h} \right) \frac{1}{(hk)^{1+\rho}} = \sum_{a,b,c} \sum_{m,n} \frac{1}{(am^2 + bmn + cn^2)^{1+\rho}}$$

に手掛かりを求めて論証を進めています.

等式 $(\mathfrak{M}^{\circ})$ から等式 $(\mathfrak{S})$ へ

等式 $(\mathfrak{M}^{\circ})$ において $Q = 1$ および $D = -\Delta_0$ と置くと，

$$(\mathfrak{S}) \qquad \tau \sum_{h,k} \left(\frac{-\Delta_0}{k} \right) (hk)^{-1-\rho}$$

$$= \sum_{t=1}^{t=K(-\Delta_0)} \sum_{m,n} (a^{(t)} m^2 + b^{(t)} mn + c^{(t)} n^2)^{-1-\rho}$$

となります．この等式の右辺の級数は等式 $(\mathfrak{S})$ の左辺に見られる二つの級数のひとつにほかなりません．そこでまずこの等式 $(\mathfrak{S})$ の左辺の式変形を試みたいのですが，ひとまずクロネッカーが書き留めている結果を再現します.

第 VIII 論文において 2 次形式の類数公式を書き留めたとき，

$$\sum_{k=1}^{k=\infty} \left(-\frac{\Delta_0}{k} \right) \frac{1}{k} = H(-\Delta_0)$$

という無限級数に出会いました（第 10 章参照）．ここでさらに

$$\sum_{k=1}^{k=\infty}\left(\frac{-\Delta_0}{k}\right)\frac{\log k}{k}=\overline{H}(-\Delta_0)$$

と置くと，等式 ($\mathfrak{S}$) の左辺の式は $H(-\Delta_0)$ と $\overline{H}(-\Delta_0)$ を用いて

$$\tau(H(-\Delta_0)-\rho\overline{H}(-\Delta_0))\left(\frac{1}{\rho}+C\right)+Z(\rho)$$

という形に表示されます．ここで，$Z(\rho)$ は ρ の関数で，$\rho=0$ に対して値が 0 になるという性質を備えています．また，C は「オイラーの定数」と呼ばれる定数で，極限値

$$\lim_{n=\infty}\left(1+\frac{1}{2}+\frac{1}{3}+\cdots+\frac{1}{n}-\log n\right)$$

を表しています．

クロネッカーはこんなふうに書いていますが，これを確認してみます．まず ($\mathfrak{S}$) の左辺の式を

$$\tau\sum_{h,k}\left(\frac{-\Delta_0}{k}\right)\frac{1}{(hk)^{1+\rho}}=\tau\left(\sum_h\frac{1}{h^{1+\rho}}\right)\left(\sum_k\left(\frac{-\Delta_0}{k}\right)\frac{1}{k^{1+\rho}}\right)$$

と変形します．無限級数 $\sum_h\frac{1}{h^{1+\rho}}$ を ρ の関数と見ると，これはゼータ関数という名で知られている関数です．ρ を複素変数と思うことにすると，複素 ρ 平面の全域における有理型関数で，$\rho=0$ において 1 位の極をもっています．$\rho=0$ のまわりで無限級数に展開すると，$\frac{1}{\rho}$ の係数（極 $\rho=0$ における留数）は 1 で，定数項にはオイラーの定数 C が現れます．これが等式 ($\mathfrak{S}$) の左辺にオイラーの定数が現れる理由です．ゼータ関数の級数展開式の残余の諸項は整関数です．それを $\varphi(\rho)$ と表すと，

$$\sum_h\frac{1}{h^{1+\rho}}=\frac{1}{\rho}+C+\varphi(\rho)$$

という形に表示されます．

次に，

$$g(\rho) = \sum_k \left(\frac{-\Delta_0}{k}\right) \frac{1}{k^{1+\rho}}$$

と置いて，これを $\rho = 0$ のまわりで無限級数に展開すると，

$$g(\rho) = g(0) + \rho g'(0) + \rho^2 \psi(\rho)$$

という形に表示されます．ここで，$\psi(\rho)$ は ρ の整関数を表しています．定数項は，

$$g(0) = \sum_k \left(\frac{-\Delta_0}{k}\right) \frac{1}{k} = H(-\Delta_0)$$

となります．また，微分計算により

$$g'(\rho) = \sum_k \left(\frac{-\Delta_0}{k}\right) \frac{-\log k}{k^{1+\rho}}$$

となりますから，ρ の係数 $g'(0)$ の値は

$$g'(0) = -\sum_k \left(\frac{-\Delta_0}{k}\right) \frac{\log k}{k} = -\overline{H}(-\Delta_0)$$

と算出されます．これより

$$g(\rho) = H(-\Delta_0) - \rho \overline{H}(-\Delta_0) + \rho^2 \psi(\rho)$$

となります．これらを合せると，

$$\tau \sum_{h,k} \left(\frac{-\Delta_0}{k}\right) \frac{1}{(hk)^{1+\rho}} = \tau\left(\frac{1}{\rho} + C + \varphi(\rho)\right)$$

$$\times (H(-\Delta_0) - \rho \overline{H}(-\Delta_0) + \rho^2 \psi(\rho))$$

$$= \tau\left(\frac{1}{\rho} + C\right)(H(-\Delta_0) - \rho \overline{H}(-\Delta_0))$$

$$+ \tau\rho(1 + C\rho)\psi(\rho) + \tau\varphi(\rho)(H(-\Delta_0) - \rho \overline{H}(-\Delta_0)) + \tau\rho^2 \varphi(\rho)\psi(\rho)$$

という表示に到達します．そこで

$$Z(\rho) = \tau\rho(1 + C\rho)\psi(\rho)$$

$$+ \tau\varphi(\rho) \times (H(-\Delta_0) - \rho \overline{H}(-\Delta_0)) + \tau\rho^2 \varphi(\rho)\psi(\rho)$$

と置けば $Z(0) = 0$ であり，クロネッカーが明記したとおりの結

果が得られます．これで確認されました．

　等式（ᔢ）の左辺の表示式の変形をもう少し進めると，

$$\tau(H(-\Delta_0)-\rho\,\overline{H}(-\Delta_0))\Big(\frac{1}{\rho}+C\Big)+Z(\rho)$$

$$=\frac{\tau}{\rho}H(-\Delta_0)+\tau C H(-\Delta_0)-\tau\overline{H}(-\Delta_0)-\tau C\rho\,\overline{H}(-\Delta_0)+Z(\rho)$$

となります．そこで $Z^0(\rho)=-\tau C\rho\,\overline{H}(-\Delta_0)\ +Z(\rho)$ と置くと，$Z^0(\rho)$ は ρ の関数で $\rho=0$ に対して $Z^0(0)=0$ となります．これにより等式（ᔢ）の左辺は，

$$\sum_{t=1}^{t=K(-\Delta_0)}\ \sum_{m,\,n}(a^{(t)}m^2+b^{(t)}mn+c^{(t)}n^2)^{-1-\rho}$$

$$=\frac{\tau}{\rho}H(-\Delta_0)+\tau C H(-\Delta_0)-\tau\overline{H}(-\Delta_0)+Z^0(\rho)$$

という形に書き直されました．これで等式（ᔢ）の左辺の二つの級数のうちのひとつの表示が得られました．

等式（ᔢ）の左辺の式変形の続き

　関数 $L(a_0,c_0)$ の表示式に立ち返ると，

$$\frac{2\pi}{\sqrt{\Delta_0}}L(a_0,c_0)=\frac{2\pi}{\sqrt{\Delta_0}}L\Big(\frac{a}{\sqrt{\Delta_0}},\frac{c}{\sqrt{\Delta_0}}\Big)$$

$$=\lim_{\rho=0}\Big\{-\Big(\frac{2\pi}{\sqrt{\Delta_0}}\Big)^{1+\rho}\frac{1}{\rho}+\sum(am^2+bmn+cn^2)^{-1-\rho}\Big\}$$

となります．ここで，ρ の関数

$$f(\rho)=\Big(\frac{2\pi}{\sqrt{\Delta_0}}\Big)^{1+\rho}$$

を $\rho=0$ のまわりで無限級数に展開すると，$\alpha(\rho)$ は ρ の整関数として，

$$f(\rho) = f(0) + \rho f'(0) + \rho^2 \alpha(\rho)$$

という形の表示が得られます. ここで, $f(0) = \dfrac{2\pi}{\sqrt{\Delta_0}}$. また,

$$f'(\rho) = \left(\frac{2\pi}{\sqrt{\Delta_0}}\right)^{1+\rho} \log \frac{2\pi}{\sqrt{\Delta_0}}$$

となりますから, $f'(0) = \dfrac{2\pi}{\sqrt{\Delta_0}} \log \dfrac{2\pi}{\sqrt{\Delta_0}}$. したがって,

$$f(\rho) = \frac{2\pi}{\sqrt{\Delta_0}} + \rho \frac{2\pi}{\sqrt{\Delta_0}} \log \frac{2\pi}{\sqrt{\Delta_0}} + \rho^2 \alpha(\rho).$$

これを代入すると,

$$
\begin{aligned}
\frac{2\pi}{\sqrt{\Delta_0}} L(a_0, c_0) &= \frac{2\pi}{\sqrt{\Delta_0}} L\left(\frac{a}{\sqrt{\Delta_0}}, \frac{c}{\sqrt{\Delta_0}}\right) \\
&= \lim_{\rho=0} \left\{ -\left(\frac{2\pi}{\sqrt{\Delta_0}} + \rho \frac{2\pi}{\sqrt{\Delta_0}} \log \frac{2\pi}{\sqrt{\Delta_0}} + \rho^2 \alpha(\rho)\right) \frac{1}{\rho} \right. \\
&\qquad\qquad \left. + \sum_{m,n} (am^2 + bmn + cn^2)^{-1-\rho} \right\} \\
&= \lim_{\rho=0} \left\{ -\frac{2\pi}{\sqrt{\Delta_0}} \left(\frac{1}{\rho} + \log \frac{2\pi}{\sqrt{\Delta_0}}\right) \right. \\
&\qquad\qquad \left. + \rho \alpha(\rho) + \sum_{m,n} (am^2 + bmn + cn^2)^{-1-\rho} \right\}
\end{aligned}
$$

と変形が進みます. ここで

$$
\begin{aligned}
&-\frac{2\pi}{\sqrt{\Delta_0}} \left(\frac{1}{\rho} + \log \frac{2\pi}{\sqrt{\Delta_0}}\right) + \rho \alpha(\rho) \\
&\quad + \sum_{m,n} (am^2 + bmn + cn^2)^{-1-\rho} - \frac{2\pi}{\sqrt{\Delta_0}} L(a_0, c_0) \\
&= \beta(\rho)
\end{aligned}
$$

と置くと,

$$
\begin{aligned}
&\sum_{m,n} (am^2 + bmn + cn^2)^{-1-\rho} \\
&= \frac{2\pi}{\sqrt{\Delta_0}} \left(\frac{1}{\rho} + \log \frac{2\pi}{\sqrt{\Delta_0}}\right) + \frac{2\pi}{\sqrt{\Delta_0}} L\left(\frac{a}{\sqrt{\Delta_0}}, \frac{c}{\sqrt{\Delta_0}}\right) + \beta(\rho) - \rho \alpha(\rho)
\end{aligned}
$$

となります. そこで $Z'(\rho) = \beta(\rho) - \rho \alpha(\rho)$ と置くと, $Z'(\rho)$ は

$\rho = 0$ に対して値 0 をもつ ρ の関数で,

$$\sum_{m,n}(am^2+bmn+cn^2)^{-1-\rho}$$

$$= \frac{2\pi}{\sqrt{\Delta_0}}\Big(\frac{1}{\rho}+\log\frac{2\pi}{\sqrt{\Delta_0}}\Big) + \frac{2\pi}{\sqrt{\Delta_0}}L\Big(\frac{a}{\sqrt{\Delta_0}},\frac{c}{\sqrt{\Delta_0}}\Big) + Z'(\rho)$$

という等式に到達します.

第 VIII 論文で遭遇した等式（ℜ）（第 10 章参照[※2]）をここで想起すると,

$$K(-\Delta_0) = \frac{\tau(\sqrt{\Delta_0})}{2\pi}H(-\Delta_0)$$

という関係式が手に入ります. これで素材が出揃いました. 等式（ℶ）において $K = K(-\Delta_0)$, $\Delta = \Delta_0$ として, 得られた素材を（ℶ）に代入して計算を進めます. まず（ℶ）の左辺は次のように変形されます.

$$\lim_{\rho=0}\Big\{K(-\Delta_0)\sum_{m,n}(am^2+bmn+cn^2)^{-1-\rho}$$

$$- \sum_{t=1}^{t=K(-\Delta_0)}\sum_{m,n}(a^{(t)}m^2+b^{(t)}mn+c^{(t)}n^2)^{-1-\rho}\Big\}$$

$$= \lim_{\rho=0}\Big\{\frac{\tau\sqrt{\Delta_0}}{2\pi}H(-\Delta_0)\Big(\frac{2\pi}{\sqrt{\Delta_0}}\Big(\frac{1}{\rho}+\log\frac{2\pi}{\sqrt{\Delta_0}}\Big)$$

$$+ \frac{2\pi}{\sqrt{\Delta_0}}L\Big(\frac{a}{\sqrt{\Delta_0}},\frac{c}{\sqrt{\Delta_0}}\Big) + Z'(\rho)\Big)$$

$$- \Big(\frac{\tau}{\rho}H(-\Delta_0)+\tau CH(-\Delta_0)-\tau\overline{H}(-\Delta_0)+Z^0(\rho)\Big)\Big\}$$

$$= \tau H(-\Delta_0)\lim_{\rho=0}\Big\{\log\frac{2\pi}{\sqrt{\Delta_0}}+L\Big(\frac{a}{\sqrt{\Delta_0}},\frac{c}{\sqrt{\Delta_0}}\Big)$$

$$+ \frac{\sqrt{\Delta_0}}{2\pi}Z'(\rho)-C+\frac{\overline{H}(-\Delta_0)}{H(-\Delta_0)}-\frac{Z^0(\rho)}{\tau H(-\Delta_0)}\Big\}$$

$$= \tau H(-\Delta_0)\Big\{\log\frac{2\pi}{\sqrt{\Delta_0}}+L\Big(\frac{a}{\sqrt{\Delta_0}},\frac{c}{\sqrt{\Delta_0}}\Big)-C+\frac{\overline{H}(-\Delta_0)}{H(-\Delta_0)}\Big\}.$$

[※2] 139 頁.

等式 (ℚ) の右辺の式変形

次に, (ℚ) の右辺の式変形を進めます.

$$\frac{2\pi}{\sqrt{\Delta_0}} \sum_{t=1}^{t=K(-\Delta_0)} (\mathfrak{L}(w_1, w_2) - \mathfrak{L}(w_1^{(t)}, w_2^{(t)}))$$

$$= \frac{2\pi}{\sqrt{\Delta_0}} \times K(-\Delta_0) \mathfrak{L}(w_1, w_2) - \frac{2\pi}{\sqrt{\Delta_0}} \sum_{t=1}^{t=K(-\Delta_0)} \mathfrak{L}(w_1^{(t)}, w_2^{(t)})$$

$$= \frac{2\pi}{\sqrt{\Delta_0}} \times \frac{\tau(\Delta_0)}{2\pi} H(-\Delta_0) \mathfrak{L}(w_1, w_2) - \frac{2\pi}{\sqrt{\Delta_0}} \sum_{t=1}^{t=K(-\Delta_0)} \mathfrak{L}(w_1^{(t)}, w_2^{(t)})$$

$$= \tau H(-\Delta_0) \mathfrak{L}(w_1, w_2) - \frac{2\pi}{\sqrt{\Delta_0}} \sum_{t=1}^{t=K(-\Delta_0)} \mathfrak{L}(w_1^{(t)}, w_2^{(t)}).$$

このようにして得られた (ℚ) の左右両辺の表示式を等置する
と,

$$\tau H(-\Delta_0) \left\{ \log \frac{2\pi}{\sqrt{\Delta_0}} + L\left(\frac{a}{\sqrt{\Delta_0}}, \frac{c}{\sqrt{\Delta_0}}\right) - C + \frac{\overline{H}(-\Delta_0)}{H(-\Delta_0)} \right\}$$

$$= \tau H(-\Delta_0) \mathfrak{L}(w_1, w_2) - \frac{2\pi}{\sqrt{\Delta_0}} \sum_{t=1}^{t=K(-\Delta_0)} \mathfrak{L}(w_1^{(t)}, w_2^{(t)}).$$

となります. 両辺を $\tau H(-\Delta_0)$ で割ると,

$$\log \frac{2\pi}{\sqrt{\Delta_0}} + L\left(\frac{a}{\sqrt{\Delta_0}}, \frac{c}{\sqrt{\Delta_0}}\right) - C + \frac{\overline{H}(-\Delta_0)}{H(-\Delta_0)}$$

$$= \mathfrak{L}(w_1, w_2) - \frac{2\pi}{\tau H(-\Delta_0)\sqrt{\Delta_0}} \sum_{t=1}^{t=K(-\Delta_0)} \mathfrak{L}(w_1^{(t)}, w_2^{(t)}).$$

となります. 右辺の第2項において $\dfrac{2\pi}{\tau H(-\Delta_0)\sqrt{\Delta_0}} = \dfrac{1}{K(-\Delta)}$
に留意して

$$\mathfrak{M}(\Delta_0) = \frac{1}{K} \sum_{t=1}^{t=K(-\Delta_0)} \mathfrak{L}(w_1^{(t)}, w_2^{(t)})$$

と置くと，$M(\Delta_0) = \mathfrak{L}(w_1, w_2) - L\left(\dfrac{a_0}{\sqrt{\Delta_0}}, \dfrac{c_0}{\sqrt{\Delta_0}}\right)$ の表示式

$$M(\Delta_0) = \mathfrak{M}(\Delta_0) - C + \log\frac{2\pi}{\sqrt{\Delta_0}} + \frac{\overline{H}(-\Delta_0)}{H(-\Delta_0)}$$

が得られます．$\mathfrak{M}(\Delta_0)$ は関数 $\mathfrak{L}\left(\dfrac{-b+i\sqrt{\Delta_0}}{2c}, \dfrac{b+i\sqrt{\Delta_0}}{2c}\right)$ のすべ

ての値の和

$$\sum_{t=1}^{t=K(-\Delta_0)} \left(\frac{-b^{(t)}+i\sqrt{\Delta_0}}{2c^{(t)}}, \frac{b^{(t)}+i\sqrt{\Delta_0}}{2c^{(t)}}\right)$$

の平均値です．このように定められた $M(\Delta_0)$ を用いて，関数 $L(a_0, c_0)$ の値は等式

$$L(a_0, c_0) = \mathfrak{L}\left(\frac{-b_0+i}{2c_0}, \frac{b_0+i}{2c_0}\right) - M(\Delta_0)$$

により表されます．これで第 IX 論文が終りました．

第 X 論文へ

連作「楕円関数の理論に寄せる」の第 X 論文は第 VIII 論文の等式 $(\mathfrak{M})$ の回想から始まります．再現すると次のとおりです．

$$(\mathfrak{M}) \quad \tau\sum_{h,k}\left(\frac{Q^2}{h}\right)\left(\frac{D}{k}\right)F(hk) = \sum_{a,b,c}\sum_{m,n}\left(\frac{Q^2}{m}\right)F(am^2+bmn+cn^2)$$

$F(am^2+bmn+cn^2)$ は任意の関数ですが，クロネッカーは第 X 論文では

$$\left(\frac{D_1}{am^2+bmn+cn^2}\right)(am^2+bmn+cn^2)^{-1-\rho}$$

を選択しました．ここで D_1 は判別式 D の約数で，しかもそれ

自身が判別式の形になっているものを表しています. 第 1 因子

$$\left(\frac{D_1}{am^2 + bmn + cn^2}\right)$$

はヤコビがルジャンドル記号の拡張として提案した記号です. ク
ロネッカーはまずこの因子を $\left(\dfrac{D_1}{am^2}\right)$ に置き換えてもさしつかえ
ないことを言い添えました. そこでこの置き換えを採用し, ヤコ
ビの記号の性質により

$$\left(\frac{D_1}{am^2}\right) = \left(\frac{D_1}{a}\right)\left(\frac{D_1^2}{m}\right)$$

となることに留意すると, 等式 $(\mathfrak{M})$ は

$$\tau \sum_{h,k} \left(\frac{Q^2}{h}\right)\left(\frac{D}{k}\right)\left(\frac{D_1}{hk}\right)\frac{1}{(hk)^{1+\rho}}$$
$$= \sum_{a,b,c} \left(\frac{D_1}{a}\right)\sum_{m,n}\left(\frac{D_1^2 Q^2}{m}\right)\frac{1}{(am^2 + bmn + cn^2)^{1+\rho}}$$

という等式に移行します. ここで Q^2 は判別式 D を D に対
応する基本判別式 D_0 で割るときの商として定められます.
$D_2 = \dfrac{D}{D_1}$ と置くと, 上記の等式は

$(\mathfrak{U})$
$$\tau \sum_k \left(\frac{D_1 Q^2}{k}\right)\frac{1}{k^{1+\rho}}\sum_k \left(\frac{D_1^2 D_2}{k}\right)\frac{1}{k^{1+\rho}}$$
$$= \sum_{a,b,c}\left(\frac{D_1}{a}\right)\sum_{m,n}\left(\frac{D_1^2 Q^2}{m}\right)\frac{1}{(am^2 + bmn + cn^2)^{1+\rho}}$$

という形になります. クロネッカーはこれをさらに簡明な形に変
形しようとしています.

　D_1 の異なる素因子のうち, 同時に Q を割り切ることのない
ものを $p_1', p_1'', p_1''', \cdots$ とします. したがって, これらはみな基本
判別式 D_0 の素因子であることになります. ヤコビの記号の性質

により，数 m はこれらの素因子のうちのひとつを因子として含むとすると，

$$\left(\frac{D_1^2}{m}\right) = 0$$

となり，m が $p_1', p_1'', p_1''', \cdots$ と互いに素なら

$$\left(\frac{D_1^2}{m}\right) = 1$$

となります．正の数 $\tilde{\omega}_0, \tilde{\omega}_1, \tilde{\omega}_2, \cdots$ を等式

$$(1 - p_1'^2)(1 - p_1''^2)(1 - p_1'''^2)\cdots = \tilde{\omega}_0 - \tilde{\omega}_1^2 + \tilde{\omega}_2^2 - \cdots$$

により定めると，等式 (u) の右辺は

$$\sum_\nu \sum_{a,b,c} \sum_{m,n} (-1)^\nu \left(\frac{D_1}{a}\right)\left(\frac{Q^2}{m}\right)\left(\frac{Q^2}{\tilde{\omega}_\nu}\right)(am^2\tilde{\omega}_\nu^2 + bmn\tilde{\omega}_\nu + cn^2)^{-1-\rho}$$

$$(\nu = 0, 1, 2, \cdots)$$

と表示されます．ここで，$\tilde{\omega}_\nu$ は Q と互いに素ですから，因子 $\left(\dfrac{Q^2}{\tilde{\omega}_\nu}\right)$ の値は 1 になります．それゆえ，この因子は省いてさしつかえありません．また，2 次形式 (a, b, c) は，a が D と互いに素で，しかも $c \equiv 0 \pmod{D}$ であるように選定されていますから，$\dfrac{c}{\tilde{\omega}_\nu}$ は整数です．さらに，$D = b^2 - 4ac$ により D は a のあらゆる素因子の平方剰余ですから，ヤコビの記号の定義により $\left(\dfrac{D}{a}\right) = 1$ となります．それゆえ，$D = D_1 D_2$ より

$$1 = \left(\frac{D}{a}\right) = \left(\frac{D_1 D_2}{a}\right) = \left(\frac{D_1}{a}\right)\left(\frac{D_2}{a}\right).$$

よって $\left(\dfrac{D_1}{a}\right)$ と $\left(\dfrac{D_2}{a}\right)$ は同時に 1 となるか，あるいは同時に -1 となるかのいずれかです．そうして D_1 に含まれる素因子

$p_1', p_1'', p_1''', \cdots$ のどれについても同時に D_2 に含まれることはありませんから,

$$\left(\frac{D_1}{a}\right) = \left(\frac{D_2}{a}\right) = \left(\frac{D_2}{a}\right)\left(\frac{D_2}{\tilde{\omega}_\nu}\right)^2 = \left(\frac{D_2}{a\tilde{\omega}_\nu}\right)\left(\frac{D_2}{\tilde{\omega}_\nu}\right)$$

となります. これにより等式 (𝔘) の右辺は

$$\sum_\nu (-1)^\nu \left(\frac{D_2}{\tilde{\omega}_\nu}\right)\tilde{\omega}_\nu^{-1-\rho} \sum_{a,b,c} \sum_{m,n} \left(\frac{D_2}{a\tilde{\omega}_\nu}\right)\left(\frac{Q^2}{m}\right)$$

$$\times \left(a\tilde{\omega}_\nu m^2 + bmn + \frac{c}{\tilde{\omega}_\nu}n^2\right)^{-1-\rho}$$

という形に変形されることがわかります.

第 12 章

ガウス級数とその一般化をめぐって

振り返って

クロネッカーの連作「楕円関数の理論に寄せる」は，第 I 論文
の冒頭で ϑ 関数

$$\vartheta(\zeta, w) = \sum_{\nu} e^{\frac{1}{4}(\nu^2 w + 4\nu\zeta - 2\nu)\pi i}$$

が書き下されたところから始まりました．ϑ 関数を用いて関数

$$\Lambda(\sigma, \tau, w_1, w_2)$$
$$= (4\pi^2)^{\frac{1}{3}} e^{\tau^2(w_1+w_2)\pi i} \times \frac{\vartheta(\sigma+\tau w_1, w_1)\vartheta(\sigma-\tau w_2, w_2)}{(\vartheta'(0, w_1)\,\vartheta'(0, w_2))^{\frac{1}{3}}}$$

が導入され，その対数の無限級数表示

$$\log \Lambda(\sigma, \tau, w_1, w_2) = \frac{-1}{2\pi} \lim_{h=\infty} \lim_{k=\infty} \sum_{m,n} \frac{e^{2(m\sigma+n\tau)\pi i}}{a_0 m^2 + b_0 mn + c_0 n^2}$$

が 書 き 下 さ れ て ， ク ロ ネ ッ カ ー は こ れ を 主 方 程 式
（Hauptgleichung）と呼びました．2 次形式の姿が現れて不思議な
印象に誘われますが，関数 $\Lambda(\sigma, \tau, w_1, w_2)$ を介して ϑ 関数と 2
次形式の理論との連繋の所在がここに示唆されています．以下，
精密な式変形が重ねられて，第 IV 論文において

(ㄈ) $\log \Lambda(\sigma, \tau, w_1, w_2) = \dfrac{-\sqrt{\Delta}}{2\pi} \lim_{\rho=0} \sum_{m,n} \dfrac{e^{2(m\sigma+n\tau)\pi i}}{(am^2+bmn+cn^2)^{1+\rho}}$

$$(\Delta = 4ac-b^2)$$

という表示に到達し，この表示に関連して，第 VI 論文では関数

$$L(a_0, c_0) = \lim_{\rho=0} \left\{ -\frac{1}{\rho} + \sum_{m,n} (2\pi(a_0 m^2 + b_0 mn + c_0 n^2))^{-1-\rho} \right\}$$

が導入されました．

　第 VIII 論文に移るとディリクレの研究を基礎にして 2 次形式の類数公式が報告され，第 IX 論文では $L(a_0, c_0)$ と類数を連繋する等式

$$L(a_0, c_0) = \mathfrak{L}\left(\frac{-b_0+i}{2c_0}, \frac{b_0+i}{2c_0} \right) - M(\Delta_0)$$

が示されました．こんなふうに進んで第 X 論文に移り，前章（第 11 章）までに等式

(ㄈ) $\tau \sum_k \left(\dfrac{D_1 Q^2}{k} \right) \dfrac{1}{k^{1+\rho}} \sum_k \left(\dfrac{D_1^2 D_2}{k} \right) \dfrac{1}{k^{1+\rho}}$

$\qquad = \sum_{a,b,c} \left(\dfrac{D_1}{a} \right) \sum_{m,n} \left(\dfrac{D_1^2 Q^2}{m} \right) \dfrac{1}{(am^2+bmn+cn^2)^{1+\rho}}$

を書き，それからさらに変形をめざして，右辺を

$$\sum_\nu (-1)^\nu \left(\frac{D_2}{\tilde{\omega}_\nu} \right) \tilde{\omega}_\nu^{-1-\rho}$$

$$\times \sum_{a,b,c} \sum_{m,n} \left(\frac{D_2}{a\tilde{\omega}_\nu} \right) \left(\frac{Q^2}{m} \right) \left(a\tilde{\omega}_\nu m^2 + bmn + \frac{c}{\tilde{\omega}_\nu} n^2 \right)^{-1-\rho}$$

という形に書き下しました．

等式 (ㄈ) の変形の続き

　クロネッカーの式変形はなお続きます．しばらくクロネッカーの指示に沿って変形の様子を観察したいと思います．2 次形式

(a',b',c') は $\left(a\tilde{\omega}_\nu, b, \dfrac{c}{\tilde{\omega}_\nu}\right)$ と同値とし，a' は D と互いに素であるものとすると，

$$\left(\frac{D_2}{a\tilde{\omega}_\nu}\right)=\left(\frac{D_2}{a'}\right)=\left(\frac{D_1}{a'}\right)$$

が成立します．上記の（ꀔ）の右辺の 2 次形式 $\left(a\tilde{\omega}_\nu, b, \dfrac{c}{\tilde{\omega}_\nu}\right)$ をこのような同値な 2 次形式に置き換えて総和を実行するのですが，その際，a, b, c, m, n に関する和は $\tilde{\omega}_\nu$ とは無関係であることに留意すると，総和は

$$\prod_{p_1}\left(1-\left(\frac{D_1}{p_1}\right)p_1^{-1-\rho}\right)\times\sum_{a,b,c}\sum_{m,n}\left(\frac{D_1}{a}\right)\left(\frac{Q^2}{m}\right)(am^2+bmn+cn^2)^{-1-\rho}$$

という形になります．ここで，積はすべての素数 $p_1', p_1'', p_1''', \cdots$ にわたって行われます．

等式（ꀔ）の左辺の第 2 の和 $\displaystyle\sum_k\left(\frac{D_1^2 D_2}{k}\right)\frac{1}{k^{1+\rho}}$ において，因子 $\left(\dfrac{D_1^2 D_2}{k}\right)$ は $\left(\dfrac{D_1^2}{k}\right)\left(\dfrac{D_2 Q_2^2}{k}\right)$ に置き換えることができます．なぜなら，k と Q が共通因子をもたなければ $\left(\dfrac{Q^2}{k}\right)=1$ となりますし，そうでなければ

$$\left(\frac{D_1^2 D_2}{k}\right)=\left(\frac{D_1}{k}\right)\left(\frac{D}{k}\right)=\left(\frac{D_0 Q_2}{k}\right)=0$$

となるからです．これより，等式（ꀔ）の左辺の第 2 の級数は

$$\sum_k\left(\frac{D_1^2}{k}\right)\left(\frac{D_2 Q^2}{k}\right)\frac{1}{k^{1+\rho}}$$

という形になり，この級数は級数

$$\sum_\nu\sum_k(-1)^\nu\left(\frac{D_2 Q^2}{k\tilde{\omega}_\nu}\right)\frac{1}{(k\tilde{\omega}_\nu)^{1+\rho}}$$

に変形されることが導かれますが，この級数は二つの級数の積と

して

$$\sum_\nu (-1)^\nu \left(\frac{D_2\,Q^2}{\tilde\omega_\nu}\right)\frac{1}{\tilde\omega_\nu^{1+\rho}}\sum_k \left(\frac{D_2\,Q^2}{k}\right)\frac{1}{k^{1+\rho}}$$

という形に表されます．ここで,

$$\left(\frac{Q^2}{\tilde\omega_\nu}\right)=1.$$

また,

$$\sum_\nu (-1)^\nu \left(\frac{D_2}{\tilde\omega_\nu}\right)\frac{1}{\tilde\omega_\nu^{1+\rho}}=\prod_{p_1}\left(1-\left(\frac{D_2}{p_1}\right)p_1^{-1-\rho}\right).$$

それゆえ，等式 (U) の左辺の式の全体は

$$\tau\prod_{p_1}\left(1-\left(\frac{D_2}{p_1}\right)\frac{1}{p_1^{1+\rho}}\right)\times\sum_k\left(\frac{D_1\,Q^2}{k}\right)\frac{1}{k^{1+\rho}}\sum_k\left(\frac{D_2\,Q^2}{k}\right)\frac{1}{k^{1+\rho}}$$

という形になります．等式 (U) の左右両辺がこんなふうに変形
されましたが，それらを比較すると共通因子

$$\prod_{p_1}\left(1-\left(\frac{D_2}{p_1}\right)\frac{1}{p_1^{1+\rho}}\right)$$

が目に留まります．そこで両辺をこの因子で割ると，等式

$$\tau\sum_k\left(\frac{D_1\,Q^2}{k}\right)\frac{1}{k^{1+\rho}}\sum_k\left(\frac{D_2\,Q^2}{k}\right)\frac{1}{k^{1+\rho}}$$

$$=\sum_{a,b,c}\sum_{m,n}\left(\frac{D_1}{a}\right)\left(\frac{Q^2}{m}\right)(am^2+bmn+cn^2)^{-1-\rho}$$

が現れます．ここで $\left(\dfrac{D_1}{a}\right)=\left(\dfrac{D_2}{a}\right)$ に留意すると，さらに変形が
進んで,

$$(\bar{\mathrm{U}})\quad \tau\sum_k\left(\frac{D_1\,Q^2}{k}\right)\frac{1}{k^{1+\rho}}\sum_k\left(\frac{D_2\,Q^2}{k}\right)\frac{1}{k^{1+\rho}}$$

$$=\frac{1}{2}\sum_{a,b,c}\left\{\left(\frac{D_1}{a}\right)+\left(\frac{D_2}{a}\right)\right\}\times\sum_{m,n}\left(\frac{Q^2}{m}\right)(am^2+bmn+cn^2)^{-1-\rho}$$

という形に表示されます．ここで，D_1, D_2 は相互に補足しあい
ながら判別式 D を構成する因子で，$D=D_1D_2$ となります．し

かもどちらもそれ自身が判別式の形をもっています．等式（$\bar{\mathfrak{U}}$）の右辺では $\left(\dfrac{D_1}{a}\right)$ の代わりに

$$\frac{1}{2}\left\{\left(\frac{D_1}{a}\right)+\left(\frac{D_2}{a}\right)\right\}$$

を選択して，D_1 と D_2 に関して対称性が目に見えるようになっています．等式（$\bar{\mathfrak{U}}$）よりいっそう一般的な等式

$$(\mathfrak{M}^*)\quad \tau\sum_{h,k}\left(\frac{D_1Q^2}{h}\right)\left(\frac{D_2Q^2}{k}\right)F(hk)$$

$$=\frac{1}{2}\sum_{a,b,c}\left\{\left(\frac{D_1}{a}\right)+\left(\frac{D_2}{a}\right)\right\}\times\sum_{m,n}\left(\frac{Q^2}{m}\right)F(am^2+bmn+cn^2)$$

もまた導かれます．前に第 VIII 論文において等式

$$(\mathfrak{M})\quad \tau\sum_{h,k}\left(\frac{Q^2}{h}\right)\left(\frac{D}{k}\right)F(hk)=\sum_{a,b,c}\sum_{m,n}\left(\frac{Q^2}{m}\right)F(am^2+bmn+cn^2)$$

が報告されました（第 9 章参照[※1]）．等式（$\mathfrak{M}^*$）において $D_1=1$ とすると（$\mathfrak{M}$）と一致しますから，（$\mathfrak{M}^*$）は（$\mathfrak{M}$）を一般化したものになっています．

　等式（$\mathfrak{M}^*$）は次のように表示することもできます．

$$(\bar{\mathfrak{M}})\quad \tau\sum_{r_1,r_2}\left(\frac{D_1}{r_1}\right)\left(\frac{D_2}{r_2}\right)F(r_1r_2)$$

$$=\frac{1}{2}\sum_{a,b,c}\left\{\left(\frac{D_1}{a}\right)+\left(\frac{D_2}{a}\right)\right\}\sum_{m,n}F(am^2+bmn+cn^2).$$

この等式では，左辺の総和は r_1,r_2 は Q すなわち商 $\dfrac{D_1D_2}{D_0}$ と互いに素であるようなすべての正数にわたって行われます．これに対し，右辺では数 $am^2+bmn+cn^2$ が $\dfrac{D_1D_2}{D_0}$ と互いに素である

[※1]　138 頁.

ような正負のすべての数 m, n にわたっています.

極限 $\rho = 0$ への移行

等式 $(\mathfrak{U})$ において極限 $\rho = 0$ に移行すると,第 VIII 論文で導入された記号を用いて(第 10 章参照)

$$(\mathfrak{U}^0) \quad \tau H(D_1 Q^2) H(D_2 Q^2)$$

$$= \lim_{\rho = 0} \sum_{a, b, c} \left(\frac{D_1}{a} \right) \sum_{m, n} \left(\frac{Q^2}{m} \right) (am^2 + bmn + cn^2)^{-1-\rho}$$

という式が帰結します.第 VIII 論文では,一般に判別式 D に対して二つの数値 $H(D), K(D)$ が導入されました.$H(D)$ は無限級数

$$H(D) = \sum_h \left(\frac{D}{h} \right) \frac{1}{h}$$

により規定される数値,$K(D)$ は判別式 D の 2 次形式の類数で,一方は他方の定数倍になっています.クロネッカーは第 VIII 論文においてこの関係を等式

$$(\mathfrak{R}^0) \qquad H(D) = \frac{K(D)}{(\sqrt{D})} \log E(D)$$

により明示していました.ここで $E(D)$ は基本単数を表しています.このような関係がありますから,$(\mathfrak{U}^0)$ の左辺は判別式 $D_1 Q^2, D_2 Q^2$ の類数と基本単数を用いて表されるということになります.

円関数と楕円関数

D が負で,しかも $Q = 1$ の場合には,$(\mathfrak{U}^0)$ の右辺は等式 $(\mathfrak{R})$ を用いてテータ関数により表示されます.等式 $(\mathfrak{R})$ は第 VII 論

文で「注目すべき関係式」として書き留められました（第 7 章参照）．次のような等式です．

(𝔄)
$$\lim_{\rho=0} \sum_{m,n} \left\{ \frac{1}{(am^2+bmn+cn^2)^{1+\rho}} - \frac{1}{(a'm^2+b'mn+c'n^2)^{1+\rho}} \right\}$$
$$= \frac{2\pi}{\sqrt{\Delta}} \log \frac{c(\vartheta'(0,w_1')\vartheta'(0,w_2'))^{\frac{2}{3}}}{c'(\vartheta'(0,w_1)\vartheta'(0,w_2))^{\frac{2}{3}}}$$

これを用いて（𝔘⁰）の右辺を書き直すことにより，等式

(𝔅)
$$\frac{\tau\sqrt{\Delta}}{2\pi} H(D_1)H(D_2)$$
$$= \sum_{a,b,c} \left(\frac{D_1}{a}\right) \log c\left(\vartheta'\left(0, \frac{-b+i\sqrt{\Delta}}{2c}\right)\left(0, \frac{b+i\sqrt{\Delta}}{2c}\right)\right)^{-\frac{2}{3}}$$

が得られます．ここで，

$$D_1 D_2 = D = -\Delta$$

と置きました．これにより，二つの因子 D_1, D_2 の一方は正，他方は負であることがわかります．

そこで D_1 は負，D_2 は正としてみます．このとき，第 VIII 論文の等式

(ℜ)
$$\tau H(D) = \frac{2\pi}{\sqrt{-D}} K(D) \quad (D<0 \text{ に対して})$$
$$H(D) = \frac{K(D)}{2|\sqrt{D}|} \log \frac{T+U\sqrt{D}}{T-U\sqrt{D}} \quad (D>0 \text{ に対して})$$

により（第 10 章参照），

$$\frac{\tau\sqrt{\Delta}}{\pi} H(D_1)H(D_2) = K(D_1)K(D_2) \log \frac{T+U\sqrt{D_2}}{T-U\sqrt{D_2}}$$

となります．これで等式

(𝔅⁰)
$$K(D_1)K(D_2) \log \frac{T+U\sqrt{D_2}}{r}$$
$$= \sum_{a,b,c} \left(\frac{D_1}{a}\right) \log c\left(\vartheta'\left(0, \frac{-b+i\sqrt{\Delta}}{2c}\right)\vartheta'\left(0, \frac{b+i\sqrt{\Delta}}{2c}\right)\right)^{-\frac{2}{3}}$$

が得られました．

　$Q = 1$ という前提条件が課されていますから，二つの因子 D_1, D_2 はどちらも基本判別式です．ここでクロネッカーは第 VIII 論文の式 $(\mathfrak{P}), (\mathfrak{P}_1)$ に言及しました．それらは次のとおりです．

$(\mathfrak{P})$　$K(D_0) = \dfrac{\tau}{2D_0} \displaystyle\sum_{k=1}^{k=-D_0-1} \left(\dfrac{D_0}{k}\right) k \quad (D_0 < 0)$

$(\mathfrak{P}_1)$　$K(D_0) \log E(D_0)$

$$= -\sum_{k=1}^{k=D_0-1} \left(\dfrac{D_0}{k}\right) \log\left(1 - e^{\frac{2k\pi i}{D_0}}\right) \quad (D_0 > 0)$$

$(\mathfrak{P})$ は負の判別式に対する式，$(\mathfrak{P}_1)$ は正の判別式に対する式です．D_0 は基本判別式ですが，現在直面している状況では D_1, D_2 はいずれも基本判別式ですから D_1, D_2 に対してこれらの二つの式が成立します．$E(D_0)$ は基本単数 $\dfrac{T + U\sqrt{D_0}}{r}$ です．これらを $(\mathfrak{B}^0)$ に代入すると，

$(\mathfrak{B}')$　$-\dfrac{1}{2}\tau \displaystyle\sum_{k=1}^{k=-D_1-1} \left(\dfrac{D_1}{k}\right) \dfrac{k}{D_1} \sum_{k=1}^{k=D_2-1} \left(\dfrac{D_2}{k}\right) \log\left(1 - e^{\frac{2k\pi i}{D_2}}\right)$

$$= \sum_{a,b,c} \left(\dfrac{D_1}{a}\right) \log c \left(\vartheta'\left(0, \dfrac{-b+i\sqrt{\Delta}}{2c}\right) \vartheta\left(0, \dfrac{b+i\sqrt{D}}{2c}\right)\right)^{-\frac{2}{3}}$$

という表示に到達します．あるいはまた $(\mathfrak{B}^0)$ の左辺の因子 $K(D_1)$ をそのままにしておいて，対数を解除してから諸量そのものに移行すれば，

$(\overline{\mathfrak{B}})$　$\displaystyle\prod_{k=1}^{k=D_2-1} \left(1 - e^{\frac{2k\pi i}{D_2}}\right)^{3\left(\frac{D_2}{k}\right) K\left(\frac{-\Delta}{D_2}\right)}$

$$= \prod_{a,b,c} \left(\dfrac{1}{c^3} \vartheta'\left(0, \dfrac{-b+i\sqrt{\Delta}}{2c}\right)^2 \vartheta'\left(0, \dfrac{b+i\sqrt{\Delta}}{2c}\right)^2\right)^{\left(\frac{D_2}{a}\right)}$$

という形になります．

　クロネッカーの言葉が続き，この等式は円関数の理論に由来す

る数の表示（Zahlenausdrücken）と楕円関数の理論に由来する数の表示の間の非常に興味深い関係を与えているという所見が表明されました．クロネッカーはこれをすでに

　　「楕円関数によるペルの方程式の解法について」
　　（『プロイセン月報』, 1863 年）

という表題で科学アカデミーで報告したことも言い添えられています．報告の日付は 1863 年 1 月 22 日です．また, 1862 年 6 月 26 日にも科学アカデミーで

　　「楕円関数の虚数乗法について」
　　（『プロイセン月報』, 1863 年）

という報告を行っています．ここで報告されたのは「特異モジュールに対する方程式（die Gleichungen für die singulären Moduln)」の分解が可能であることの証明のようですが, 上記の等式 ($\mathfrak{B}$) によりまったく簡単な第 2 の証明がもたらされるとクロネッカーは言っています．クロネッカーの楕円関数論のねらいの所在を指し示している言葉です．

　クロネッカーはまたディリクレの論文

　　「無限小解析の数論へのいくつかの応用に関する研究」
　　（『クレルレの数学誌』, 第 19 巻, 1839 年．同誌, 第 21
　　巻, 1840 年）

を挙げています．この論文の第 7 節の末尾でディリクレが有益なヒントを書き留めていることが指摘され, そのヒントとの連繋を考えていくと等式 ($\mathfrak{M}^*$) に対して楕円関数論を上述のものとはまったく異なる様式で適用することができるという所見が述べられました．

　クロネッカーはこのあたりの消息を説明するために, 等

式 (𝔐) にみられる「ヤコビ - ルジャンドルの記号 (Jacobi-Legendreschen Zeichen)」 を「ガウス級数 (die Gauss'schen Reihen)」を用いて表示することから説き起こしました. まず D_0 が基本判別式の場合には, $\left(\dfrac{D_0}{r}\right)$ は特にエレガントに表されるとして,

$$\left(\frac{D_0}{r}\right) = \frac{1}{(\sqrt{D_0})}\sum_k \left(\frac{D_0}{k}\right)e^{\frac{2rk\pi i}{|D_0|}} \quad (k=1,3,5,\cdots,2|D_0|-1)$$

という等式が書き下されました. 右辺の級数がガウス級数で, その原型はガウスが平方剰余相互法則の証明にあたって導入した「ガウスの和」です. ここで, $|D_0|$ は D_0 の絶対値で, 絶対値を表すためにヴァイエルシュトラスが導入した記号が使われています. $(\sqrt{D_0})$ という記号は第 II 論文にも登場しましたが,

$(\sqrt{D_0}) = |\sqrt{D_0}|$, $D_0 > 0$ に対して,

$(\sqrt{D_0}) = i|\sqrt{D_0}|$, $D_0 < 0$ に対して

と定めます.

等式 (𝔐) における二つのルジャンドル記号 $\left(\dfrac{D_1}{r_1}\right)$, $\left(\dfrac{D_2}{r_2}\right)$ をガウス級数を用いて表示すると, (𝔐̄) は

$$(\bar{\bar{\mathfrak{M}}}) \quad \frac{2r}{(\sqrt{D_1})(\sqrt{D_2})}\sum_{k_1,k_2}\sum_{r_1,r_2}\left(\frac{D_1}{k_1}\right)\left(\frac{D_2}{k_2}\right)e^{2\pi i\left(\frac{k_1 r_1}{|D_1|}+\frac{k_2 r_2}{|D_2|}\right)}F(r_1 r_2)$$

$$= \sum_{a,b,c}\left(\left(\frac{D_1}{a}\right)+\left(\frac{D_2}{a}\right)\right)\sum_{m,n}F(am^2+bmn+cn^2)$$

という形に変ります. ここで, a,b,c,m,n,r_1,r_2 については, それらの各々に関する総和にあたって課される条件は変りませんが, k_1, k_2 に関する和はそれぞれ

$$k_1 = 1,2,3,\cdots,|D_1|; k_2 = 1,2,3,\cdots,|D_2|$$

にわたって行われます. D_1 と D_2 に課される条件は, どちら

も基本判別式の形をもつということと，それらの積は判別式 b^2-4ac に等しいということのみです.

$$D = D_1 D_2 < 0, \ D_1 < 0, \ Q^2 = \frac{D_1 D_2}{D_0} = 1$$

とすると，$(\overline{\overline{\mathfrak{M}}})$ における和はすべての正数 r_1, r_2，および $m = n = 0$ のみを除外してすべての（正負の）数 m, n にわたっています．和を表す文字 k_1, k_2 をそれぞれ

$$-D_1-k_1, \ D_2-k_2$$

に置き換えると，等式 $(\overline{\overline{\mathfrak{M}}})$ は左辺の指数因子において i が $-i$ に変り，全体に -1 が乗じられるだけにとどまります．これはヤコビ‐ルジャンドルの記号の性質により

$$\left(\frac{D_1}{k}\right) = -\left(\frac{D_1}{-D_1-k}\right), \ \left(\frac{D_2}{k}\right) = \left(\frac{D_2}{D_2-k}\right)$$

という関係が成立するからです．この置き換えを実行し，もとの等式との和を作り，その和を二分すると，

$$(\sqrt{D_1})(\sqrt{D_2}) = i|\sqrt{D}|$$

に留意して，等式

$$(\overline{\overline{\mathfrak{M}_1}}) \quad \frac{2\tau}{|\sqrt{D}|} \sum_{k_1, k_2} \sum_{r_1, r_2} \left(\frac{D_1}{k_1}\right)\left(\frac{D_2}{k_2}\right) \sin 2\pi \left(\frac{k_2 r_2}{D_2} - \frac{k_1 r_1}{D_1}\right) F(r_1 r_2)$$

$$= \sum_{a, b, c} \left(\left(\frac{D_1}{a}\right) + \left(\frac{D_2}{a}\right)\right) \sum_{m, n} F(am^2 + bmn + cn^2)$$

が得られます．クロネッカーはこの等式を重く見て，ここに現れる諸記号の意味を次のようにあらためて書き並べています.

1. D_1 と D_2 は基本判別式である．したがって，奇数であるか，ある奇数の 4 倍であるか，あるいはある奇数の 8 倍であるかのいずれかである．また，それらの奇素因子はすべて互いに異なっている．奇数の場合には $\equiv 1 \ (\mathrm{mod}.\,4)$ となる．4 で割り切

れるが 8 では割り切れない場合には $\equiv -4 \ (\mathrm{mod.}\,16)$ となる.

2. D_1 は負，D_2 は正である．また $D = D_1 D_2$．$D_1 = -3$ に対して $\tau = 6$．$D_1 = -4$ に対して $\tau = 4$．$D_1 < -4$ に対しては $\tau = 2$．

3. k_1 としては数 $1, 2, \cdots, -D_1$ をとり，k_2 としては $1, 2, 3, \cdots, D_2$ をとる.

4. r_1, r_2 としてはすべての正数をとる.

5. (a, b, c) としては，判別式 D すなわち $D_1 D_2$ の異なるすべての 2 次形式類の代表を採用する．その際，a は D と互いに素であるようなものを選択する.

6. m, n には，$m = n = 0$ のみを除外して，$-\infty$ から $+\infty$ までのあらゆる数を配置する.

ヤコビにならって

「ヤコビがそうしたように」と前置きして，クロネッカーは $|q| < 1$ となる実または複素量 q を取り上げて，等式 $(\overline{\overline{\mathfrak{M}}}_1)$ において

$$F(h) = (1 - (-1)^h) q^{\frac{1}{2} h}$$

と置きました．この場合，左右両辺の級数は収束します．このようにすると，特別の等式

$$\frac{2\tau}{|\sqrt{D}|} \sum_{k_1, k_2} \sum_{\nu_1, \nu_2} \left(\frac{D_1}{k_1}\right)\left(\frac{D_2}{k_2}\right) q^{\frac{1}{2}\nu_1\nu_2} \sin 2\pi \left(\frac{k_2 \nu_2}{D_2} - \frac{k_1 \nu_1}{D_1}\right)$$

$$= \sum_{a, b, c} \left(\frac{D_1}{a}\right) \sum_{m, n} q^{\frac{1}{2}(am^2 + bmn + cn^2)}$$

が得られます．ここで，左辺の総和はすべての正の奇数 ν_1, ν_2 に

わたり, 右辺の総和では,

$$am^2 + bmn + cn^2$$

が奇数になるようなすべての数 m, n のみにわたって行われます.

ν_1 と ν_2 に関する総和は, 式

$$\frac{\vartheta_1'(0)\,\vartheta_1(\xi+\eta)}{\vartheta_0(\xi)\vartheta_0(\eta)} = 4\pi \sum_{\mu,\nu} q^{\frac{1}{2}\mu\nu} \sin(\mu\xi+\nu\eta)\pi \quad (\mu, \nu = 1, 3, 5, \cdots)$$

を用いて遂行されます. クロネッカーはこの式を 1881 年 12 月 22 日に科学アカデミーに報告した「楕円関数の理論に寄せる」 (『プロイセン月報』, 1881 年) において報告しています. 1883 年 に始まる連作と同じ表題の論文です. この式を用いると, 等式

$$(\mathfrak{W}) \quad \frac{\tau\vartheta_1'(0)}{2\pi|\sqrt{D}|} \sum_{k_1, k_2} \left(\frac{D_1}{k_1}\right)\left(\frac{D_2}{k_2}\right) \frac{\vartheta_1\left(\frac{2k_2}{D_2} - \frac{2k_1}{D_1}\right)}{\vartheta_0\left(\frac{2k_1}{D_1}\right)\vartheta_0\left(\frac{2k_2}{D_2}\right)}$$
$$= \sum_{a,b,c} \left(\frac{D_1}{a}\right) \sum_{m,n} q^{\frac{1}{2}(am^2+bmn+cn^2)}$$

が現れます. ここで, 左辺の総和は

$$k_1 = 1, 2, 3, \cdots, -D_1\,;\, k_2 = 1, 2, 3, \cdots, D_2$$

にわたって行われ, 右辺の総和は $am^2 + bmn + cn^2$ が奇数に なるようなすべての正負の数 m, n にわたって行われます. 関 数 ϑ_1 は, これまでのところで ϑ と表記してきた関数において $w\pi i = \log q$ と置いたものと一致します. また, ϑ_0 は

$$\vartheta_0(\zeta) = -iq^{\frac{1}{4}}e^{\zeta\pi i}\vartheta\left(\zeta + \frac{1}{2\pi i}\log q\right)$$

によって規定されます. それゆえ, 式 $(\mathfrak{W})$ における ϑ 関数は

$$\vartheta_0(\zeta) = \sum_{n=-\infty}^{n=+\infty} (-q)^{n^2}\cos 2n\zeta\pi,$$
$$\vartheta_1(\zeta) = q^{\frac{1}{4}}\sum_{n=-\infty}^{n=+\infty} (-1)^n q^{n^2+n}\sin(2n+1)\zeta\pi$$

と定められることになり, 等式 $(\mathfrak{W})$ の左辺の 2 重和は本質的な

点において「一般化されたガウス級数」を表していることが諒解
されるというのがクロネッカーの所見です.

これからの展望

　第 X 論文の末尾に書き留められているクロネッカーの所見を
もう少し紹介してみます.

・先ほど引用した論文 (1881 年の「楕円関数の理論に寄せる」) で
　導入された 2 変数関数

$$\frac{\vartheta_1(\xi+\eta)}{\vartheta_0(\xi)\,\vartheta_0(\eta)}$$

　の重要性がはっきりと浮かび上がってくる. この関数はガウス
　級数における正弦関数 (sinus) の位置を占めている.
・$D_2 = 1$ の場合には, 上記の 2 重和は単純ガウス和に帰着され
　る. その和では楕円関数 sin am が sinus の位置を占めている.
・等式 (𝔚) を q で割り, q に関して 0 から積分して右辺に現れる
　級数の $q = 1$ に対する極限値は, 円関数と特異モジュールをも
　つ楕円関数により表される. $\dfrac{\sqrt{-D}}{\pi}$ を乗じると, その極限値
　は $t+u\sqrt{D_2}$ という形の単数の対数に等しい. したがって, そ
　のような値により, 0 から 1 までの積分は一般化されたガウス
　級数を表すことが判明する.

　連作「楕円関数の理論に寄せる」の第 XI 論文は 1886 年の『プ
ロイセン議事報告』に掲載されました. 701 頁から 780 頁まで,
80 頁に及ぶ大きな作品で, 全篇にわたってヤコビの楕円関数論
に基づいて楕円関数論そのものが詳細に展開されています. 稿を
あらためて詳述したいと思います.

オイラーの楕円関数論

—— 加法定理への道を開く

〜〜

■ 曲線の弧長測定から微分方程式へ

オイラーの2論文

　西欧近代の数学史において，楕円関数論の黎明を告げたのはオイラーの2編の論文

　　(E 251)「微分方程式 $\dfrac{mdx}{\sqrt{1-x^4}} = \dfrac{ndy}{\sqrt{1-y^4}}$ の積分について」

　　(E 252)「求長不能曲線の弧の比較に関するさまざまな観察」

である．これらの2論文の観察を通じて，楕円関数論の泉はレムニスケート曲線の弧長積分に由来するある種の変数分離型微分方程式の解法の探究であることを論証したいと思う．

　オイラーの2論文はいずれもサンクトペテルブルクの科学アカデミーの学術誌『サンクトペテルブルク科学アカデミー新紀要』[※1] の第6巻 (1756/7年，1761年刊行) に掲載された．E 251は37頁から57頁まで，E 252は58頁から84頁までを占めている．エネストレームナンバーはこの掲載の順序に沿っているが，

※1　Novi Commentarii academiae scientiarum Petropolitanae

これらの2論文が実際に成立した順序は逆で，オイラーはE251に先立ってまずはじめにE252を書いたのである．E252は1752年1月27日付でベルリン王立科学文芸アカデミーに提出され，E251はそれから2年余ののちの1753年4月30日にサンクトペテルブルクの科学アカデミーに提出された．本稿ではまずE252の概観を試みたいと思う．

1751年の年末クリスマスのころ，ベルリン在住のオイラーのもとにトリノ在住の数学を愛好する貴族ファニャノ伯爵の数学論文集（全2巻）が届けられたことが，この緊密に連繋する連作のきっかけになった．E252がベルリンの科学アカデミーに提出された1752年1月27日という日付は真に瞠目に値する．ファニャノの諸論文を一瞥して何かしら大きな示唆を受け，たちまち1篇の論文を書き上げたのである．オイラーは楕円，双曲線，レムニスケート曲線を語るファニャノの諸論文の足取りに沿って歩を進め，まずはじめに楕円を取り上げた．

楕円の弧長積分の観察

楕円の4分の1部分 ABC を描き，その中心を C とする線分 CA を軸として採用する（図1）.

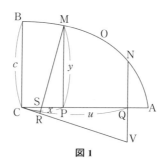

図1

楕円の2本の半軸線の長さを $\mathrm{CA} = 1$, $\mathrm{BC} = c$ $(0 < c < 1)$ とする. 軸 CA に沿って点 C からの距離を測定して切除線 $\mathrm{CP} = x$ をとり, 対応する向軸線を $\mathrm{PM} = y$ とする. このような状勢のもとで, x と y は方程式

$$x^2 + \frac{y^2}{c^2} = 1$$

によって結ばれている. これが楕円 ABC の方程式である. $y = c\sqrt{1-x^2}$ と表示して微分計算を適用すると, dx と dy を連繋する方程式

$$dy = -\frac{cxdx}{\sqrt{1-x^2}}$$

が得られ, これにより楕円の線素

$$ds = \sqrt{(dx^2) + (dy)^2} = \sqrt{(dx)^2 + \left(-\frac{cxdx}{\sqrt{1-x^2}}\right)^2}$$

$$= \frac{dx\sqrt{1-(1-c^2)x^2}}{\sqrt{1-x^2}} = \frac{dx\sqrt{1-nx^2}}{\sqrt{1-x^2}}$$

が算出される. ここで $1-c^2 = n$ と置いた. これで弧 BM を表示する積分

$$\mathrm{BM} = \int dx \frac{\sqrt{1-nx^2}}{\sqrt{1-x^2}} \quad ^{※2}$$

が確定した. この等式の左辺は1個の変数 φ であり, その微分は $d\varphi = dx\dfrac{\sqrt{1-nx^2}}{\sqrt{1-x^2}}$ と表示される. それがこの等式の意味するところである. オイラー以後に現れた語法では, 右辺の積分には第2種楕円積分という呼び名が与えられている.

　半軸線 CA 上にもうひとつの切除線 $\mathrm{CQ} = u$ を任意にとると,

※2 dx の位置が今日の通常の記法と異なっているが, オイラーの表記のままにした. 以下も同様.

対応する弧 BN の弧長は

$$\mathrm{BN} = \int_0^u du \frac{\sqrt{1-nu^2}}{\sqrt{1-u^2}}$$

と表示される．それゆえ，これらの二つの弧の和は

$$\mathrm{BM} + \mathrm{BN} = \int dx \frac{\sqrt{1-nx^2}}{\sqrt{1-x^2}} + \int_0^u du \frac{\sqrt{1-nu^2}}{\sqrt{1-u^2}}$$

と表示される．そこでオイラーが探究の課題として提示したのは，この和が積分可能であるために二つの切除線 x と u が相互に配置されるべき位置の関係を確定することである．積分可能ということを「幾何学的に提示することが可能」と言い換えても同じことになる．あるいはまた，微分式

$$dx \frac{\sqrt{1-nx^2}}{\sqrt{1-x^2}} + du \frac{\sqrt{1-nu^2}}{\sqrt{1-u^2}}$$

が積分を受け入れるためには u としてどのような x の関数を採用するべきだろうかと問うてもよい．オイラーはある同一の事柄を指して，こんなふうにさまざまな言葉で言い表した．

　この問いの一般的な解決は期待できないとオイラーは明言した．そのような試みはたちまち解析学の力をこえてしまうから，というのがその理由である．組織的な手続きをたどって解に到達するのは不可能である．そこでオイラーは偶然と推測に期待をかけて，いわば手探りで特殊解を見つけようとした．たとえ根拠は不明であっても，1 個の特殊解との遭遇は一般解の発見への道を開くであろう．

　オイラーはまず $u = -x$ という解を提示したが，これではあまりにも単純すぎるので解の仲間に加えるには及ばないとみずから判定した．幾何学的に言えば，これによって描かれるのは長さの等しい二つの弧にすぎない．次にオイラーは，α は定数として

$$\sqrt{\frac{1-nx^2}{1-x^2}} = \alpha u$$

と置いて，定数 α は

$$\sqrt{\frac{1-nu^2}{1-u^2}} = \alpha x$$

となるように定めるという状況を設定した．このようにすると積分が遂行されて，k は定数として，

$$\mathrm{BM+BN} = \alpha \int u\,dx + \alpha \int x\,du = \alpha xu + k$$

と表示される．α は二つの方程式

$$1 - nx^2 - \alpha^2 u^2 + \alpha^2 u^2 x^2 = 0$$
$$1 - nu^2 - \alpha^2 x^2 + \alpha^2 x^2 u^2 = 0$$

により定められる．これより $(n-\alpha^2)(x^2-u^2) = 0$．よって $\alpha^2 = n$．そこで $\alpha = \sqrt{n}$ と定めて

$$u = \frac{1}{\alpha}\sqrt{\frac{1-nx^2}{1-x^2}} = \sqrt{\frac{1-nx^2}{n-nx^2}}$$

とすると，等式

$$\mathrm{BM+BN} = xu\sqrt{n} + k$$

が成立する．

　これで課された問題の解が得られたように見えるが，この解は不適切である．これを見るために $n = 1-c^2 < 1$ に着目すると，$n - nx^2 < 1 - nx^2$．したがって $u > 1$ となる．このため切除線 CQ は半軸線 CA をこえて A の右方にはみ出てしまい，対応する弧が実在しないのである．この難点に鑑みて，オイラーは今度は

$$\sqrt{\frac{1-nx^2}{1-x^2}} = \frac{\alpha}{u}, \ \sqrt{\frac{1-nu^2}{1-u^2}} = \frac{\alpha}{x}$$

と置いた．先ほどと同様の計算をたどると，α が満たすべき二つの方程式

$$\alpha^2 - \alpha^2 x^2 - u^2 + nx^2 u^2 = 0,$$
$$\alpha^2 - \alpha^2 u^2 - x^2 + nx^2 u^2 = 0$$

が現れる．これより $(\alpha^2-1)(x^2-u^2)=0$．そこで $\alpha=1$ と定めると，$1-x^2-u^2+nx^2u^2=0$，$1-u^2-x^2+nx^2u^2=0$ より

$$x=\sqrt{\frac{1-u^2}{1-nu^2}},\ u=\sqrt{\frac{1-x^2}{1-nx^2}}$$ が得られる．この場合，二つの弧の和は

$$\mathrm{BM}+\mathrm{BN}=\int\frac{dx}{u}+\int\frac{du}{x}=\int\frac{xdx+udu}{xu}$$

と表示される．右辺の積分が可能か否かが問われるが，オイラーは方程式 $u^2+x^2=1+nx^2u^2$ を微分して

$$xdx+udu=nxu(xdu+udx)$$

すなわち

$$\frac{xdx+udu}{xu}=n(xdu+udx)$$

を導いた．これより，k は定数として，等式

$$\mathrm{BM}+\mathrm{BN}=n\int(xdu+udx)=nxu+k$$

が帰結する．今度は $u<1$ であるから先ほどの場合のような不都合な状況には出会わない．すなわち，任意の切除線 $\mathrm{CP}=x$ をとり，これに対応してもうひとつの切除線

$$\mathrm{CQ}=u=\sqrt{\frac{1-x^2}{1-nx^2}}$$

をとることができて，二つの弧 BM, BN の和は $\mathrm{BM}+\mathrm{BN}=nxu+k$ と表示される．$x=0$ のとき $\mathrm{BM}=0$ および $u=1$ となることに着目すると定数 k が定められる．実際，$u=1$ の場合というのは弧 BN が楕円の4分の1部分 BMNA に一致する場合にほかならないから等式 $0+\mathrm{BMNA}=0+k$ が成立し，$k=\mathrm{BMNA}$ となることが判明する．これで等式

$$\mathrm{BM}+\mathrm{BN}=nxu+\mathrm{BMNA}$$

に到達した. $\mathrm{BMNA-BN=AN}$, $\mathrm{BMNA-BM=AM}$ に留意
すると,等式

$$\mathrm{BM-AN} = nxu = (1-c^2)xu = \mathrm{BN-AM}$$

が帰結する.

代数的積分の発見

この等式を観察するとさまざまな幾何学的状勢が取り出され
る. 楕円の4分の1部分 ACB 上に任意の点 M が指定されたと
き,この楕円上にもうひとつの点 N を指定して,二つの弧の差
$\mathrm{BM-AN}$ もしくは $\mathrm{BN-AM}$ を幾何学的に表示することが可能
になる.

オイラーはこの事実を詳細に説明した.

まずオイラーは楕円上の点 M において法線 MS を引いた.
点 M における接線の傾きは $-\dfrac{cx}{\sqrt{1-x^2}}$ であるから,法線 MS
を斜辺にもつ直角三角形 $\triangle$MSP において $\dfrac{\mathrm{PM}}{\mathrm{PS}} = \dfrac{\sqrt{1-x^2}}{cx}$.
これより法線 MS の軸上への射影 PS[3] は $\mathrm{PS} = \dfrac{cx}{\sqrt{1-x^2}} \times \mathrm{PM}$
$= \dfrac{cx}{\sqrt{1-x^2}} \times c\sqrt{1-x^2} = c^2 x$ と表示される. これを $\mathrm{PM} = c\sqrt{1-x^2}$
と合わせると,法線 MS の長さは

$$\mathrm{MS} = \sqrt{PS^2+PM^2} = \sqrt{c^4 x^2 + c^2(1-x^2)}$$
$$= c\sqrt{1-(1-c^2)x^2} = c\sqrt{1-nx^2}$$

となる. それゆえ,もうひとつの点 N の切除線 u は $\mathrm{CQ}=u=$

---

[3] 法線影という呼び名が流布している.

$\dfrac{\mathrm{PM}}{\mathrm{MS}}\cdot\mathrm{CA}$ と表示される．また，法線 MS を延長し，その延長された法線に向って点 C から垂線 CR を引く．その垂線を延長していって，その延長線上の点 V を CV＝CA＝1 となるように定める．二つの三角形 △CRS, △MPS が相似であることにより $\dfrac{\mathrm{CR}}{\mathrm{CS}}=\dfrac{\mathrm{PM}}{\mathrm{MS}}$.　よって，$\mathrm{CQ}=\dfrac{\mathrm{CR}}{\mathrm{CS}}\cdot\mathrm{CV}$ となる．この等式は点 N の作図法を教えている．すなわち，点 V から軸 CA に向って垂線 VQ を引くことにより点 Q の位置が確定し，その垂線を延長して楕円と交叉する点を定めれば，それが所要の点 N である．

　このようにしてオイラーは差が積分可能であるような二つの弧を求めることができた．微分方程式の視点に立てば，微分方程式

$$dx\frac{\sqrt{1-nx^2}}{\sqrt{1-x^2}}+du\frac{\sqrt{1-nu^2}}{\sqrt{1-u^2}}=n(udx+xdu)$$

の 1 個の代数的積分

$$u^2+x^2=1+nx^2u^2$$

が見つかったのである．

　手探りで見つけた特殊解であっても，そこから取り出される諸事実は多い．$\mathrm{PS}=c^2x$ であるから $\mathrm{CS}=x-c^2x=nx$．それゆえ，

$$\mathrm{CR}=\frac{\mathrm{CQ}\cdot\mathrm{CS}}{\mathrm{CV}}=\frac{u\times nx}{1}=nux$$

となる．この等式は垂線 CR 自身が二つの弧の差 BM－AN もしくは BN－AM を与えていることを教えている．この差は $nx\sqrt{\dfrac{1-x^2}{1-nx^2}}$ と表される．$x=0$ および $x=1$ の場合にはこの

差は消失するが，これは 2 点 M, N が点 B および A 自身と一致する場合にほかならない．この差が最大になる場合を算出すると，方程式 $nx^4 - 2x^2 + 1 = 0$ に帰着する．これを解いて，$x = \dfrac{1}{\sqrt{1+c}}$ の場合に最大になることが判明する．ところがこれは $x = u$ となる場合にほかならない．言い換えると，2 点 M, N が同一の点 O において重なり合う場合である．この場合，最大値を求めると $BO - AO = nx^2 = 1 - c$ となるが，この数値は差 $CA - CB$ に等しい．ここから $CA + AO = CB + BO$ という等式も導かれる．

点 M が点 O の位置にある場合には，

$$CP = x = \frac{1}{\sqrt{1+c}}$$

となる．この数値を用いて計算を進めると，

$$PM = \frac{c\sqrt{c}}{\sqrt{1+c}}, \ PS = \frac{c^2}{\sqrt{1+c}}$$

が得られる．したがって $MS = \sqrt{PM^2 + PS^2} = \cdots = c\sqrt{c}$ となる．これに基づいて点 O の位置をさまざまな仕方で指定することが可能になる．

次に挙げる等式も有用である．

$$CM = CO = \frac{\sqrt{1+c^3}}{\sqrt{1+c}} = \sqrt{1 - c + c^2}$$
$$= \sqrt{1 + c^2 - 2c\cos 60°}$$

ここまでの考察を踏まえて，オイラーは次の定理を挙げた．

定理1　楕円の4分の1部分 ACB 上の任意の点 M において接線 HMK を引き，この接線と軸 CB との交点を H とする．接線を点 H とは反対側に延長し，点 K を HK = CA となる位置に定める．次に，点 K から軸 CB に平行な線分を引き，楕円との交点を N とする．このような状勢のもとで楕円の中心 C から接線に向けて垂線 CT を引くと，二つの弧 BM, AN の差は線分 MT に等しい（図2）.

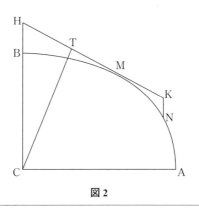

図2

　接線 HMK は線分 CRV（図1）と平行で，しかも長さが等しい．これに加えて $MT = CR$ であることに留意すれば定理1 はおのずと明らかである．楕円の弧のような「まがっている線」の差が「まっすぐな線」により測定することができることを，この定理は教えている．

　楕円の弧長積分を三角関数や指数関数や対数関数などを用いて表示することはできないが，弧と弧の和や差であれば，比較される二つの弧がある一定の関係で連繋しているという条件のもとで，この種の表示が可能になることがある．

ファニャノはそのような多くの事例を示し，オイラーはファニャノにならったのである．だが，オイラーにあってファニャノには

ない視点があった．それは微分方程式を解くという視点である．
二つの弧を表示する積分の和や差が積分可能である場合，微分
計算を実行すれば微分方程式に移行するが，その際，弧と弧を
結ぶ関係式はそのままその微分方程式の解を与えている．オイ
ラーは楕円や双曲線やレムニスケートの二つの弧の和や差の考察
に事寄せて，従来の手法では為し得なかった微分方程式の解を探
索しているのであり，そのようにして見出された積分はみな加
法定理の名に相応しい形状を備えている．

双曲線の場合

　楕円に続いてオイラーは双曲線を取り上げた．平面上に双曲線
AMN を描き，その中心を C とする（図3）．

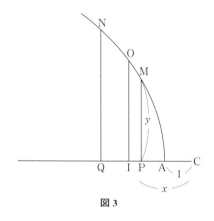

図3

半軸線を $CA = 1$ とし，共役半軸線を c とする．このよう
に状勢を定めるとき，切除線 $CP = x$ に対応する向軸線は
$PM = c\sqrt{x^2-1}$ となる．そこで

$$y = c\sqrt{x^2-1}$$

がここで考察される双曲線の方程式である．微分計算を適用す

ると微分 dx, dy を連繋する方程式

$$dy = \frac{cxdx}{\sqrt{x^2-1}}$$

が得られる．これを用いて計算を進めると，双曲線の線素が

$$dx = \sqrt{(dx)^2 + (dy)^2} = \sqrt{(dx)^2 + \left(\frac{cxdx}{\sqrt{x^2-1}}\right)^2}$$

$$= \cdots = \frac{dx\sqrt{(1+c^2)x^2-1}}{\sqrt{x^2-1}}$$

と表示される．これで双曲線の弧長積分

$$\mathrm{AM} = \int \frac{dx\sqrt{(1+c^2)x^2-1}}{\sqrt{x^2-1}}$$

が得られた．$1+c^2 = n$ と置くと，

$$\mathrm{AM} = \int dx\sqrt{\frac{nx^2-1}{x^2-1}}$$

という形になる．同様に，もうひとつの任意の切除線 $\mathrm{CQ} = u$ を
とると，対応する弧の長さは

$$\mathrm{AN} = \int du\sqrt{\frac{nu^2-1}{u^2-1}}$$

となる．

点 M が与えられたとき，もうひとつの点 N を適切に定めるこ
とにより，弧と弧の和 AM＋AN すなわち積分の和

$$\int dx\sqrt{\frac{nx^2-1}{x^2-1}} + \int du\sqrt{\frac{nu^2-1}{u^2-1}}$$

が積分可能であるようにするという問題を考えていく．課されて
いるのは x と u の関係式の探索だが，$u = -x$ のような自ずと
明らかな関係式は除外しなければならない．そこでオイラーは

$$\sqrt{\frac{nx^2-1}{x^2-1}} = u\sqrt{n}$$

と置いた．このとき同時に

$$\sqrt{\frac{nu^2-1}{u^2-1}} = x\sqrt{n}$$

となる．実際，どちらからも同一の方程式

$$nu^2x^2 - n(u^2+x^2) + 1 = 0$$

が生じるのである．このように定めると，k は定数として，二つの弧の和が積分可能になって，

$$\mathrm{AM} + \mathrm{AN} = \int u\,dx\sqrt{n} + \int x\,du\sqrt{n} = ux\sqrt{n} + k$$

と表示される．それゆえ，$u^2 = \dfrac{nx^2-1}{nx^2-n}$ はここで求められている

関係式の一例である．微分方程式の視点に立てば，x と u を連繋する方程式

$$nu^2x^2 - n(u^2+x^2) + 1 = 0$$

は微分方程式

$$\sqrt{\frac{nx^2-1}{x^2-1}}\,dx + \sqrt{\frac{nu^2-1}{u^2-1}}\,du = \sqrt{n}\,(u\,dx + x\,du)$$

の 1 個の代数的積分である．

　$x=1$ の場合には点 M は双曲線の先端点 A に重なるが，このような場合を想定しても定数 k は定まらない．定数 k を確定するには別の状況を考えていかなければならないが，たとえば 2 点 M，N が重なり合う場合を想定すると，$u=x$ として x が満たすべき方程式 $nx^4 - 2nx^2 + 1 = 0$ が現れる．これより

$$x^2 = 1 + \frac{c}{\sqrt{1+c^2}}, \text{ よって } x = \sqrt{1 + \frac{c}{\sqrt{1+c^2}}}$$

が生じる．

　2 点 M，N は同一の点 O において重なり合うとして，向軸線 OI を引くと，切除線 CI は

$$\mathrm{CI} = \sqrt{1 + \frac{c}{\sqrt{1+c^2}}}$$

となる．また，

$$2\mathrm{AO} = x^2\sqrt{n} + k = \left(1 + \frac{c}{\sqrt{1+c^2}}\right) \times \sqrt{1+c^2} + k$$

$$= c + \sqrt{1+c^2} + k.$$

これより定数 k は

$$k = 2\mathrm{AO} - c - \sqrt{1+c^2}$$

となる．よって，

$$\mathrm{AM} + \mathrm{AN} = ux\sqrt{n} + 2\mathrm{AO} - c - \sqrt{1+c^2}.$$

これを

$$\mathrm{ON} - \mathrm{OM} = ux\sqrt{n} - c - \sqrt{1+c^2}$$

と表示すると，二つの弧 ON, OM の差は幾何学的に指定可能であることが示されている．

■ レムニスケートの等分方程式 ■

レムニスケートの弧長積分

　楕円と双曲線に続いてオイラーはレムニスケート曲線を取り上げた．平面上に直交座標系 $\mathrm{CP} = x$, $\mathrm{PM} = y$ を設定して次数 4 の代数方程式

$$(x^2 + y^2)^2 = x^2 - y^2$$

を書くと，これがレムニスケートを表す方程式である（図 4）．

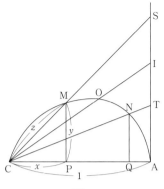

図4

図 4 にはレムニスケートの 4 分の 1 部分が描かれている．点 C はレムニスケートの中心と呼ばれる．その中心 C において，レムニスケートと軸 CA は $\frac{\pi}{4}$ の角度を作っている．中心 C から出発してレムニスケートに沿って進んでいくと，点 A において軸を直角に越えていく．また，CA $= 1$．

弦 CM $= z$ と置くと，$x^2 + y^2 = z^2$ よりレムニスケートの方程式は $z^4 = x^2 - y^2 = 2x^2 - z^2 = z^2 - 2y^2$ と表示される．これより

$$x = z\sqrt{\frac{1+z^2}{2}}, \ y = z\sqrt{\frac{1-z^2}{2}}$$

となる．微分計算を実行すると，

$$dx = \frac{dz(1+2z^2)}{\sqrt{2(1+z^2)}}, \ dy = \frac{dz(1-2z^2)}{\sqrt{2(1-z^2)}}.$$

これらを用いて計算を進めると，レムニスケートの線素

$$ds = \sqrt{(dx)^2 + (dy)^2}$$
$$= dz\sqrt{\frac{(1-z^2)(1+2z^2)^2 + (1+z^2)(1-2z^2)^2}{2(1+z^2)(1-z^2)}}$$
$$= \frac{dz}{\sqrt{1-z^4}}$$

が得られる．

197

　それゆえ，弦 CM $= z$ に対応する弧 CM の長さは，今日の語法でレムニスケート積分と呼ばれる積分

$$\int \frac{dz}{\sqrt{1-z^4}}$$

により表される．もうひとつの弦 CN $= u$ をとると，対応する弧 CN の長さは

$$\int \frac{du}{\sqrt{1-u^4}}$$

と表示される．弧 AN を，レムニスケートの 4 分の 1 部分の全体に関する弧 CN の補弧と呼ぶことにする．オイラーはファニャノが明らかにしたあれこれを回想した．弧 AN と弧 CM が等しくなるためには，あるいは弧 CN が弧 CM の 2 倍に等しくなるためには，またあるいは弧 AN が弧 CM の 2 倍に等しくなるためには，u としてどのような z の関数を指定しなければならないかということをファニャノは報告した．オイラーはこれらをファニャノから送付されてきた論文集を見て知ったのである．

レムニスケートの 2 等分方程式

　オイラーはファニャノの発見の再現から説き起こし，それから独自に発見した諸事実を書き並べていった．

定理 2　レムニスケートにおいて CM $= z$ を任意に引き，さらにもうひとつの弦 CN を

$$CN = u = \sqrt{\frac{1-z^2}{1+z^2}}$$

となるように引く．このとき，弧 CN は弧 AN に等しく，弧 CN は弧 AM に等しい．

これを確認する. 弧 $\text{CN} = \displaystyle\int \frac{du}{\sqrt{1-u^4}}$ において $u = \sqrt{\dfrac{1-z^2}{1+z^2}}$ と置くと,

$$du = \frac{-2zdz}{(1+z^2)\sqrt{1-z^4}}.$$

また,

$$u^4 = \frac{1-2z^2+z^4}{1+2z^2+z^4}.$$

よって,

$$1-u^4 = \frac{4z^2}{(1+z^2)^2}, \ \sqrt{1-u^4} = \frac{2z}{1+z^2}$$

となる. これらを代入すると, k は定数として,

$$\text{弧 CN} = -\int \frac{dz}{\sqrt{1-z^4}} = -\text{弧 CM} + k.$$

よって, 弧 CN＋ 弧 CM $= k$. 定数 k を定めるために $z = 0$, すなわち弧 CM $= 0$ という場合を想定すると, これに対応して弦 CN $= u = 1 =$ CA となり, 弧 CN はレムニスケートの4分の1部分 CMNA の全体に一致する. したがって CMNA＋0 $= k$ となり, 定数 k の値が確定した. これを代入すると, 弧 CN＋ 弧 CM $=$ 弧 CMNA. これより弧 CM $=$ 弧 AN が導かれる. 両辺に弧 MN を加えると弧 CMN $=$ 弧 ANM が得られる.

　レムニスケート積分 $\displaystyle\int \frac{dz}{1-z^4}$ において変数変換 $u = \sqrt{\dfrac{1-z^2}{1+z^2}}$ を実行して式変形を重ねていくだけのことにすぎないが, レムニスケートの二つの弧の比較という視点が定まっていなければ決して発見することはできないであろう. ひとたび発見されたなら観察の視点はさまざまに分岐する. 微分方程式論の建設を構想するオイラーの目には, 変数変換を指定する式 $u = \sqrt{\dfrac{1-z^2}{1+z^2}}$ はそのまま変数分離型微分方程式

$$\frac{dz}{\sqrt{1-z^4}}+\frac{du}{\sqrt{1-u^4}}=0$$

の 1 個の代数的積分

$$u^2z^2+u^2+z^2=1$$

と映じたであろう．しかもこの解にはレムニスケートの弧の比較
という出発点の光景が依然として息づいている．レムニスケート
の弧の比較はレムニスケート積分の加法定理への第一着手を与え
ているのである．

弧 CN の作図

　定理 2 に続いてここから派生する諸命題が並べられる．弦 CN
を与える式 $u=\sqrt{\dfrac{1-z^2}{1+z^2}}$ より，二つの等式

$$\sqrt{\frac{1+u^2}{2}}=\frac{1}{\sqrt{1+z^2}}\ \text{および}\ \sqrt{\frac{1-u^2}{2}}=\frac{z}{\sqrt{1+z^2}}$$

が導かれる．点 N の座標は二つの線分 CQ, QN の長さにより規定
される（図 4）．そこで CQ $=a$, QN $=b$ と置くと，N がレムニス
ケート上の点であることにより $(a^2+b^2)^2=a^2-b^2$ となる．弦 CQ
の長さ u は $\sqrt{a^2+b^2}$ に等しいから，$u^2=a^2+b^2$, $u^4=a^2-b^2$.
この二つの等式を連立方程式と見て a^2, b^2 を u を用いて
表示すると，$a^2=\dfrac{u^2(1+u^2)}{2}$, $b^2=\dfrac{u^2(1-u^2)}{2}$ となるが，
$u^2=\dfrac{1-z^2}{1+z^2}$ より $a=u\sqrt{\dfrac{1+u^2}{2}}=\dfrac{u}{\sqrt{1+z^2}}$, $b=u\sqrt{\dfrac{1-u^2}{2}}=$
$\dfrac{uz}{\sqrt{1+z^2}}$. この計算により

$$\frac{\text{QN}}{\text{CQ}}=\frac{b}{a}=z$$

という関係が明らかになった.

　そこで点 A において軸 CA の上方に向って垂線 AT を引き，次にその垂線と弦 CN の延長線との交点 T を定めると，線分 AT の長さは z，すなわち弦 CM の長さに等しい．この幾何学的状況を観察すると，レムニスケート上に指定された点 M に対してもう一つの点 N を作図する道筋が明らかになる．まず弦 CM と長さが等しくなるように垂線 AT を引き，2 点 C, T を結ぶ線分 CT とレムニスケートの交点 N を定めると，それが求める点である.

　弦 CM を延長していくとき，軸 CA 上の点 A に建てた垂線との交点を S とする．このとき，線分 AS は弦 CN と長さが等しいこともまた同じ理由により明らかである.

レムニスケートの 2 等分方程式

　とりわけ注目に値するのは 2 点 M, N が同一の点 O において重なりあう場合の考察である．その場合，レムニスケートの 4 分の 1 部分の全体 COA は点 O において 2 等分される．そのような点 O の位置は $u = \sqrt{\dfrac{1-z^2}{1+z^2}}$ を z と等置すれば定められる．実際，方程式 $u = z$ を変形すると z に関する 4 次方程式

$$z^4 + 2z^2 = 1$$

が現れる．これがレムニスケートの 2 等分方程式である．これを z^2 に関する 2 次方程式と見ると，$z^2 = \sqrt{2} - 1$ と表示される．平方根を開くと，弦 CO の長さ

$$CO = \sqrt{\sqrt{2} - 1}$$

が求められるのである．4 次方程式 $z^4 + 2z^2 = 1$ はレムニスケー

トの4分の1部分 COA の2等分方程式である．曲線の2等分点が代数方程式の解法を経由して定められたが，めざされたのは2等分であるにもかかわらず4次方程式が出現したのはなぜなのであろうか．また，他の3個の根はどこから発生したのであろうか．一見して何事でもないように見えながら実際には真に深遠な疑問であり，複素変数関数論の世界への入り口がこんなところに小さく開かれている．

定理3　レムニスケートに任意の弦 CM $= z$ を引き，さらにもうひとつの弦 $\mathrm{CM}^2 = \dfrac{2z\sqrt{1-z^4}}{1+z^4}$ を引くと，それに対応する弧 CM^2 は弦 CM に対応する弧 CM の2倍である（図5）．

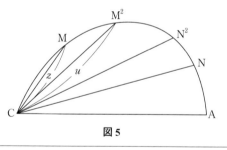

図5

これは微分計算を基礎にして式変形を重ねると容易に確認される．弧 CM $= \displaystyle\int \frac{dz}{\sqrt{1-z^4}}$，弧 $\mathrm{CM}^2 = u = \displaystyle\int \frac{du}{\sqrt{1-u^4}}$ と表示される．そこで後者の積分において $u = \dfrac{2z\sqrt{1-z^4}}{1+z^4}$ を代入する．まず

$$u^2 = \frac{4z^2 - 4z^6}{1 + 2z^4 + z^8}.$$

よって，

$$\sqrt{1-u^2} = \frac{1-2z^2-z^4}{1+z^4},$$

$$\sqrt{1+u^2} = \frac{1+2z^2-z^4}{1+z^4}.$$

よって,

$$\sqrt{1-u^4} = \frac{1-6z^4+z^8}{(1+z^4)^2}$$

となる. また微分計算により,

$$du = \frac{2dz(1-z^8)-4z^4dz(1+z^4)-8z^4dz(1-z^4)}{(1+z^4)^2\sqrt{1-z^4}}$$

$$= \frac{2dz-12z^4dz+2z^8dz}{(1+z^4)^2\sqrt{1-z^4}}$$

$$= \frac{2dz(1-6z^4+z^8)}{(1+z^4)^2\sqrt{1-z^4}}.$$

これらを代入すると, 等式

$$\frac{du}{\sqrt{1-u^4}} = \frac{2dz}{\sqrt{1-z^4}}$$

が得られる. これを積分すると, k は定数として, 等式

$$弧\ \mathrm{CM}^2 = 2\times弧\ \mathrm{CM}+k$$

が現れる. 定数 k は $z=0$ の場合を想定すると決定される. 実際, $z=0$ のときは $u=0$ であり, 二つの弧 $\mathrm{CM},\mathrm{CM}^2$ はいずれも消失する. それゆえ k もまた 0 であることが判明する. これで確認された.

変数変換を与える式 $u=\dfrac{2z\sqrt{1-z^4}}{1+z^4}$ を z に関する 8 次の代数方程式 $u^2=\dfrac{4z^2-4z^6}{1+2z^4+z^8}$, すなわち

$$1-\frac{4z^2}{u^2}+2z^4+\frac{4z^6}{u^2}+z^8 = 0$$

と見ると, これはレムニスケートの一般弧の 2 等分方程式である. 同じ代数方程式を二つの変数 z,u を連繋する代数方程式と

見ると，これによって微分方程式

$$\frac{du}{\sqrt{1-u^4}} = \frac{2dz}{\sqrt{1-z^4}}$$

の1個の代数的積分が与えられている．レムニスケートの一般
弧の2等分という幾何学的問題の考察により，従来の手法では
解き難い微分方程式の特殊解がもたらされた．円周等分と三角
関数の倍角の公式が連繋することを想起すれば，レムニスケート
の場合にも等分理論と連繋する何らかの関数が存在するのではな
いかという連想を誘われる．この連想に伴う強い印象がオイラー
の歩みを導いたのである．

2等分方程式再考

　一般弧の2等分方程式 $1-\dfrac{4z^2}{u^2}+2z^4+\dfrac{4z^6}{u^2}+z^8=0$ において
$u=1$ と置くと，4分の1部分 COA の2等分方程式

$$1-4z^2+2z^4+4z^6+z^8=0$$

が現れる．左辺の多項式は

$$1-4z^2+2z^4+4z^6+z^8=(1-2z^2-z^4)^2$$

と因数分解されるから，この2等分方程式は先ほど取り上げた2
等分方程式 $z^4+2z^2=1$ と実質的に同じものである．

レムニスケートの4等分方程式

　定理3 と同じ幾何学的状況のもとでレムニスケートの
4等分が考えられる．既述のように，弦 CM $=z$ に対して
弦 CN $=\sqrt{\dfrac{1-z^2}{1+z^2}}$ を定めると弧 AN$=$ 弧 CM となるので

あった. 弧 $CM^2 = 2 \times$ 弧 CM であることを考え合せると弧 $CM^2 = 2 \times$ 弧 AN ともなる. 同様に, 弦 $CM^2 = u$ に対して弦 $CN^2 = \sqrt{\dfrac{1-u^2}{1+u^2}}$ を定めると弧 $AN^2 =$ 弧 CM^2 となるから, 端点 A から見ると弧 $AN^2 = 2 \times$ 弧 AN となる. これで長さの等しい四つの弧 CM, MM^2, AN, NN^2 が得られた. ここで, $u = \dfrac{2z\sqrt{1-z^4}}{1+z^4}$ により $\sqrt{1-u^2} = \dfrac{1-2z^2-z^4}{1+z^4}$, $\sqrt{1+u^2} = \dfrac{1+2z^2-z^4}{1+z^4}$. よって, 上記の四つの弧に対応する弦は

$$CM = z, \ CN = \sqrt{\frac{1-z^2}{1+z^2}},$$

$$CM^2 = \frac{2z\sqrt{1-z^4}}{1+z^4}, \ CN^2 = \frac{1-2z^2-z^4}{1+2z^2-z^4}$$

と表示される (図 6).

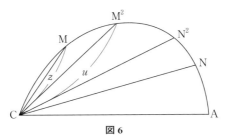

図 6

2 点 M^2 と N^2 がレムニスケートの中点 O において出会う場合を考えてみよう (図 7).

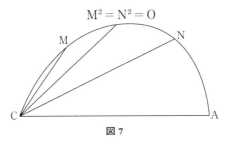

図 7

　この場合，記述のように弦 CO の長さは $\sqrt{\sqrt{2}-1}$ となるが，これに加えてレムニスケートの全体 COA は 3 点 M, O, N において 4 等分されて，　$\mathrm{CM}^2 = \mathrm{CN}^2 = \sqrt{\sqrt{2}-1}$ となる．そこで $\alpha = \sqrt{\sqrt{2}-1}$ と置き，$\mathrm{CN}^2 = \dfrac{1-2z^2-z^4}{1+2z^2-z^4}$ と表示されることを想起すると，方程式

$$\mathrm{CN}^2 = \frac{1-2z^2-z^4}{1+2z^2-z^4} = \alpha$$

が成立する．これはレムニスケートの 4 等分方程式である．この方程式の根の表示を求めて式変形を進めると，まず

$$1-2z^2-z^4 = \alpha(1+2z^2-z^4)$$

となる．これより

$$z^4 = \frac{-2(1+\alpha)z^2+1-\alpha}{1-\alpha}.$$

よって，

$$z^2 = \frac{-(1+\alpha)+\sqrt{2(1+\alpha^2)}}{1-\alpha},$$

これで弦 CM の長さ z の表示

$$z = \sqrt{\frac{-1-\alpha+\sqrt{2(1+\alpha^2)}}{1-\alpha}}$$

が得られた．弦 CN については，式変形を進めて，

$$\mathrm{CN} = \sqrt{\frac{1-z^2}{1+z^2}} = \sqrt{\frac{1 - \dfrac{1-(1+\alpha)+\sqrt{2(1+\alpha^2)}}{1-\alpha}}{1 + \dfrac{-(1+\alpha)+\sqrt{2(1+\alpha^2)}}{1-\alpha}}}$$

$$= \sqrt{\frac{2-\sqrt{2(1+\alpha^2)}}{-2\alpha+\sqrt{2(1+\alpha^2)}}}$$

$$= \sqrt{\frac{\left(2-\sqrt{2(1+\alpha^2)}\,\right)\left(2\alpha+\sqrt{2(1+\alpha^2)}\,\right)}{-4\alpha^2+2(1+\alpha^2)}}$$

$$= \sqrt{\frac{-2(1-\alpha)^2+2(1-\alpha)\sqrt{2(1+\alpha^2)}}{-2\alpha^2+2}}$$

$$= \sqrt{\frac{-1+\alpha+\sqrt{2(1+\alpha^2)}}{1+\alpha}}$$

という表示に到達する.

レムニスケートの 3 等分方程式の代数的解法

2 点 M^2 と N が重なり合う場合には 2 点 M, N^2 もおのずと重なり合うことになり, レムニスケートの全体 CMNA は 2 点 M, N において 3 等分される. 2 点 M^2, N が重なり合うという状況は等式

$$\frac{2z\sqrt{1-z^4}}{1+z^4} = \sqrt{\frac{1-z^2}{1+z^2}}$$

により表される. これは

$$1-2z-2z^3+z^4 = 0$$

と書き直される. これがレムニスケートの 3 等分方程式である. また, 2 点 M, N^2 が一致するという状況は等式

$$z = \frac{1-2z^2-z^4}{1+2z^2-z^4}$$

により表される. これは

$$1-z-2z^2-2z^3-z^4+z^5 = (1+z)(1-2z-2z^3+z^4) = 0$$

と表され，$1+z$ で割ると先ほどと同じ3等分方程式 $1-2z-2z^3+z^4=0$ が現れる．

　オイラーはこの3等分方程式を

$$(1-\mu z+z^2)(1-\nu z+z^2)=0$$

という形に分解した．ここで，μ,ν は

$$\mu+\nu=2,\ \mu\nu=-2$$

により定められる数値である．$\mu>\nu$ とすると $\mu-\nu=2\sqrt{3}$．それゆえ，

$$\mu=1+\sqrt{3},\ \nu=1-\sqrt{3}$$

となる．$z=\mathrm{CM}$ は2次方程式 $1-\mu z+z^2=0$ もしくは $1-\nu z+z^2=0$ の根として与えられるが，後者の方程式の根は虚根であるから適合しない．前者の方程式の根は二つとも正の実根で，

$$z=\frac{1+\sqrt{3}\pm\sqrt{2\sqrt{3}}}{2}$$

と表示される．これより

$$z^2=\frac{4+4\sqrt{3}\pm 2(1+\sqrt{3})\sqrt{2\sqrt{3}}}{4},$$

$$\frac{1-z^2}{1+z^2}=\frac{-2\sqrt{3}\mp(1+\sqrt{3})\sqrt{2\sqrt{3}}}{4+2\sqrt{3}\pm(1+\sqrt{3})\sqrt{2\sqrt{3}}}=\frac{\mp\sqrt{2\sqrt{3}}}{1+\sqrt{3}}$$

という数値が算出される．z の二つの数値のうち，$\dfrac{1-z^2}{1+z^2}>0$ となるものを採ると，

$$\mathrm{CM}=\frac{1+\sqrt{3}-\sqrt{2\sqrt{3}}}{2},\ \mathrm{CN}=\sqrt{\frac{2\sqrt{3}}{1+\sqrt{3}}}$$

となる．レムニスケートの3等分方程式はこうして代数的に解けて，これにより3等分点を与える点の位置を幾何学的に指定できることが明らかになった．

レムニスケートの一般弧の 2 等分方程式の代数的解法

レムニスケートの一般弧の幾何学的 2 等分も可能である．これを示すには一般弧の 2 等分方程式

$$1 - \frac{4z^2}{u^2} + 2z^4 + \frac{4z^6}{u^2} + z^8 = 0$$

が代数的に解けることを示さなければならない．オイラーはこの方程式を

$$(1 - \mu z^2 - z^4)(1 - \nu z^2 - z^4) = 0$$

と分解した．二つの数値 μ と ν は方程式 $\mu + \nu = \dfrac{4}{u^2}$, $\mu\nu = 4$ により定められる．$\mu > \nu$ として計算を進めると，

$$\mu - \nu = 4\sqrt{\frac{1}{u^4} - 1} = \frac{4}{u^2}\sqrt{1 - u^4}\,.$$

これより

$$\mu = \frac{2 + 2\sqrt{1 - u^4}}{u^2},\ \nu = \frac{2 - 2\sqrt{1 - u^4}}{u^2}$$

となる．そこで方程式 $1 - \mu z^2 - z^4 = 0$ を満たす z^2 の数値を求めると，

$$z^2 = \frac{-1 - \sqrt{1 - u^4} + \sqrt{2(1 + \sqrt{1 - u^4})}}{u^2}$$

$z > 0$ に留意して平方根を開くと z の数値が得られる．$a = \sqrt{1 - u^2}$, $b = \sqrt{1 + u^2}$ と置いて計算を進めると，$a^2 + b^2 = 2$, $ab = \sqrt{1 - u^4}$ より $2(1 + \sqrt{1 - u^4}) = a^2 + b^2 + 2ab = (a + b)^2$. よって，

$$z^2 = \frac{-1 - ab + (1 + b)}{u^2}$$

$$= \frac{(1 - a)(b - 1)}{u^2} = \frac{(1 - \sqrt{1 - u^2})(\sqrt{1 + u^2} - 1)}{u^2}\,.$$

これで

$$z = \frac{\sqrt{(1-\sqrt{1-u^2})(\sqrt{1+u^2}-1)}}{u}$$

という表示に到達する．もうひとつの方程式 $1-\nu z^2-z^4=0$ についても同様に計算を進めると，z のもうひとつの数値

$$z = \frac{\sqrt{-1+\sqrt{1-u^4}+\sqrt{2(1-\sqrt{1-u^4})}}}{u}$$

$$= \frac{\sqrt{(1+\sqrt{1-u^2})(\sqrt{1+u^2}-1)}}{u}$$

が得られる．

　レムニスケートの一般弧の2等分方程式は8次の代数方程式になり，代数的に解くことができた．8個の根の中に正の根が二つ，負の根が二つ存在し，他の4個の根は虚根である．正の根のうちのひとつは弦 CM の長さを与える数値である．では，もうひとつの根は何を表しているのであろうか．

　レムニスケートの4分の1部分 CM^{2}A を端点 A をこえて延長していくともうひとつの4分の1部分 Am^2C が描かれる（図8）．

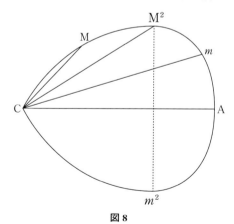

図8

その延長部分の点 m^2 は弦 CM^2 = 弦 Cm^2 となるように指定さ

れている．このとき，先ほどの計算により得られた z のもうひとつの正値は，弧 CM^2m^2 の半分の長さの弧 Cm に対応する弦を表している．

■ レムニスケート積分の倍角の公式 ■

レムニスケートの５等分

ここまでのところで観察された事柄を合わせるとレムニスケートの４分の１部分の幾何学的５等分が可能になる．５等分点を定める点を 1，2，3，4 とし，弦 C1 $= z$ とすると，2 倍の長さの弧 C2 に対応する弦は

$$弦\ C2 = \frac{2z\sqrt{1-z^4}}{1+z^4} = u$$

と表示される（図9）．

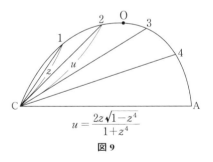

$$u = \frac{2z\sqrt{1-z^4}}{1+z^4}$$

図9

4 倍の長さの弧 C4 に対応する弦と弧 A4 に対応する弦は一致して，しかも弧 A4 の長さは弧 C1 に等しい．弧 A4 に対応する弦は $\dfrac{2u\sqrt{1-u^4}}{1+u^4}$．また，弧 A4 = 弧 C1 に対応する弦は $\sqrt{\dfrac{1-z^2}{1+z^2}}$．

それゆえ，等式

$$\frac{2u\sqrt{1-u^4}}{1+u^4}=\sqrt{\frac{1-z^2}{1+z^2}}$$

が成立する．ここに $u=\dfrac{2z\sqrt{1-z^4}}{1+z^4}$ を代入すると z に関する代数方程式が現れる．それがレムニスケートの4分の1部分の5等分方程式である．この方程式の代数的可解性に触れる言葉は見られないが，オイラーは代数的に解けることを確信していたように思う．この方程式により弦 CM の長さを与える z の値が求められ，その値を用いて C2 $= u$ の値が確定する．もうひとつの弦 C3 については，C2=A3 であるから，弦 C3 $=\sqrt{\dfrac{1-u^2}{1+u^2}}$ と表示される．

　こうしてレムニスケートの一般弧の2等分と4分の1部分の全体の3等分および5等分が可能であることが明らかになった．これらを組合わせれば，任意の自然数 m に対し，レムニスケートの4分の1部分の全体の 3×2^m 等分と 5×2^m 等分もまた可能である．これらはファニャノも知っていた事実であり，オイラーはファニャノの発見を再現したのである．

n 倍角の公式から $n+1$ 倍角の公式へ

　定理3で報告された等式 CM$^2 = u = \dfrac{2z\sqrt{1-z^4}}{1+z^4}$ は，三角関数との類比をたどると2倍角の公式に相当する．この公式があれば4倍角の公式，8倍角の公式，16倍角の公式，というふうに新たな倍角の公式が次々と手に入るが，倍角のタイプは限定されている．そこでオイラーは任意の倍数の倍角の公式の探究に向い，手始めに3倍角の公式を獲得した．それは

$$u = \frac{z(3-6z^4-z^8)}{1+6z^4-3z^8}$$

という公式である．ここで，z は任意の弧に対応する弦で，u は
その弧の 3 倍の長さの弧に対応する弦を与えている．この公式
を受け入れればレムニスケートの 4 分の 1 部分の 3 等分方程式

$1 = \dfrac{z(3-6z^4-z^8)}{1+6z^4-3z^8}$，すなわち

$$z^9-3z^8+6z^5+6z^4-3z+1 = 0$$

が書き下される．左辺の多項式は

$$z^9-3z^8+6z^5+6z^4-3z+1$$
$$= (z^5-z^4-2z^3-2z^2-z+1)(z^4-2z^3-2z+1)$$

と因数分解され，前に取り上げられた 3 等分方程式 $z^4-2z^3-2z+1 = 0$ との関係が明らかになる．一般の n に対して n 等分
を考えていくのであれば，n 倍角の公式に基づいて等分方程式を
書き下すという方針を採用するのが本来の姿である．

n 倍弧から $n+1$ 倍弧へ

　オイラーは n 倍弧から出発して $n+1$ 倍弧へと進む道筋を明ら
かにした．その様子は次に挙げる定理 4 に示されている．

定理 4

弧 CM に対する弦を z とし，弧 CM の n 倍の弧 CM^n に対応す
る弦 CM^n を u とすると，弧 CM の $n+1$ 倍の弧に対応する弦は

$$弦\ \mathrm{CM}^{n+1} = \frac{z\sqrt{\dfrac{1-u^2}{1+u^2}} + u\sqrt{\dfrac{1-z^2}{1+z^2}}}{1-uz\sqrt{\dfrac{(1-u^2)(1-z^2)}{(1+u^2)(1+z^2)}}}$$

となる．

オイラーの記述に沿ってこの定理を確認する．弧 CM はレムニスケート積分

$$弧\,\mathrm{CM} = \int \frac{dz}{\sqrt{1-z^4}}$$

により表示され，この弧の n 倍の弧は

$$\mathrm{CM}^n = \int \frac{du}{\sqrt{1-u^4}} = n\int \frac{dz}{\sqrt{1-z^4}}$$

と表される．微分 dz, du は等式 $du = \dfrac{ndz\sqrt{1-u^4}}{\sqrt{1-z^4}}$ により結ばれている．表記を簡明にするために，

$$z\sqrt{\frac{1-u^2}{1+u^2}} = P, \quad u\sqrt{\frac{1-z^2}{1+z^2}} = Q$$

と置くと，$n+1$ 倍の弧に対応する弦は $\mathrm{CM}^{n+1} = \dfrac{P+Q}{1-PQ}$ と表示される．この弦を s と表記することにすると，対応する弧は

$$\int \frac{ds}{\sqrt{1-s^4}} = (n+1)\int \frac{dz}{\sqrt{1-z^4}}$$

となること，言い換えると

$$\frac{ds}{\sqrt{1-s^4}} = \frac{(n+1)dz}{\sqrt{1-z^4}}$$

を証明しなければならない．

$s = \dfrac{P+Q}{1-PQ}$ であるから，微分すると，

$$ds = \frac{dP(1+Q^2) + dQ(1+P^2)}{(1-PQ)^2}$$

となる．また，

$$1-s^4 = \frac{(1-PQ)^4 - (P+Q)^4}{(1-PQ)^4}$$

$$= \frac{(1+P^2+Q^2+P^2Q^2)(1-P^2-Q^2-4PQ+P^2Q^2)}{(1-PQ)^4}.$$

それゆえ，

$$\sqrt{1-s^4} = \frac{\sqrt{(1+P^2)(1+Q^2)(1-P^2-Q^2-4PQ+P^2Q^2)}}{(1-PQ)^2}.$$

よって,

$$\frac{ds}{\sqrt{1-s^4}} = \frac{dP\sqrt{\dfrac{1+Q^2}{1+P^2}} + dQ\sqrt{\dfrac{1+P^2}{1+Q^2}}}{\sqrt{1-P^2-Q^2-4PQ+P^2Q^2}}$$

と表示される. この表示式の値を調べるのが次の課題である.

右辺の式において,

$$1+P^2 = \frac{1+u^2+z^2-u^2z^2}{1+u^2},$$
$$1+Q^2 = \frac{1+u^2+z^2-u^2z^2}{1+z^2}.$$

よって, $\dfrac{1+P^2}{1+Q^2} = \dfrac{1+z^2}{1+u^2}$. これで

$$\frac{ds}{\sqrt{1-s^4}} = \frac{dP\sqrt{\dfrac{1+u^2}{1+z^2}} + dQ\sqrt{\dfrac{1+z^2}{1+u^2}}}{\sqrt{1-P^2-Q^2-4PQ+P^2Q^2}}$$

という表示に到達した. ここで,

$$1-P^2 = \frac{1+u^2-z^2+u^2z^2}{1+u^2},$$
$$1-Q^2 = \frac{1+z^2-u^2+u^2z^2}{1+z^2}.$$

よって,

$$
\begin{aligned}
(1-P^2)(1-Q^2) &= 1-P^2-Q^2+P^2Q^2 \\
&= \frac{(1+u^2z^2)^2-(u^2-z^2)^2}{(1+z^2)(1+u^2)} \\
&= \frac{1-z^4-u^4+4u^2z^2+u^4z^4}{(1+z^2)(1+u^2)}
\end{aligned}
$$

となる. また,

$$4PQ = \frac{4uz\sqrt{(1-z^4)(1-u^4)}}{(1+z^2)(1+u^2)}.$$

これより

$$\sqrt{1-P^2-Q^2+P^2Q^2-4PQ}$$

$$=\frac{\sqrt{1-z^4-u^4+4u^2z^2+u^4z^4-4uz\sqrt{(1-z^4)(1-u^4)}}}{\sqrt{(1+z^2)(1+u^2)}}$$

$$=\frac{\sqrt{(1-z^4)(1-u^4)}-2uz}{\sqrt{(1+z^2)(1+u^2)}}.$$

これを代入して計算を進めると，

$$\frac{ds}{\sqrt{1-s^4}}=\frac{dP(1+u^2)+dQ(1+z^2)}{\sqrt{(1-z^4)(1-u^4)}-2uz}$$

という表示が得られる．

ここで，$P=z\sqrt{\dfrac{1-u^2}{1+u^2}}$, $Q=u\sqrt{\dfrac{1-z^2}{1+z^2}}$ に対して微分計算を

適用すると，

$$dP=dz\sqrt{\frac{1-u^2}{1+u^2}}-\frac{2zudu}{(1+u^2)\sqrt{1-u^4}}$$

$$dQ=du\sqrt{\frac{1-z^2}{1+z^2}}-\frac{2zudu}{(1+z^2)\sqrt{1-z^4}}$$

となる．$du=\dfrac{ndz\sqrt{1-u^4}}{\sqrt{1-z^4}}$ であることを回想すると，

$$dP=dz\sqrt{\frac{1-u^2}{1+u^2}}-\frac{2nuzdz}{(1+u^2)\sqrt{1-z^4}},$$

$$dQ=\frac{ndz\sqrt{1-u^4}}{1+z^2}-\frac{2zudz}{(1+z^2)\sqrt{1-z^4}}.$$

これより

$$dP(1+u^2)+dQ(1+z^2)=dz\sqrt{1-u^4}-\frac{2nuzdz}{\sqrt{1-z^4}}+ndz\sqrt{1-u^4}-\frac{2uzdz}{\sqrt{1-z^4}}$$

$$=(n+1)dz\sqrt{1-u^4}-\frac{2(n+1)uzdz}{\sqrt{1-z^4}}$$

$$=\frac{(n+1)dz}{\sqrt{1-z^4}}(\sqrt{(1-z^4)(1-u^4)}-2uz)$$

という表示が導かれて，等式

$$\frac{ds}{\sqrt{1-s^4}} = \frac{(n+1)dz}{\sqrt{1-z^4}}$$

に到達する．これを言い換えると，

$$\text{弧 } \mathrm{CM}^{n+1} = (n+1)\,\text{弧 CM}$$

ということにほかならない．これで定理 4 が確認された．

倍角の公式に向う

定理 4 により加法定理への道が開かれる．レムニスケートの 4 分の 1 部分の先端点 A から測定して，弧 CM, CM^n, CM^{n+1} と長さの等しい弧 Am, Am^n, Am^{n+1} をそれぞれ定めると，弧 Cm は弧 CM の補弧，Cm^n は弧 CM^n の補弧，Cm^{n+1} は弧 CM^{n+1} の補弧である（図 10）．

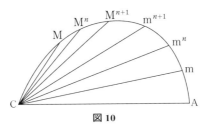

図 10

弦 CM $= z$, $\mathrm{CM}^n = u$, $\mathrm{CM}^{n+1} = s$ に対し，補弧の弦は

$$\mathrm{C}m = \sqrt{\frac{1-z^2}{1+z^2}},\ \mathrm{C}m^n = \sqrt{\frac{1-u^2}{1+u^2}},\ \mathrm{C}m^{n+1} = \sqrt{\frac{1-s^2}{1+s^2}}$$

となる．これに加えて，定理 4 により，

$$s = \frac{z\sqrt{\dfrac{1-u^2}{1+u^2}} + u\sqrt{\dfrac{1-z^2}{1+z^2}}}{1 - zu\sqrt{\dfrac{(1-u^2)(1-z^2)}{(1+u^2)(1+z^2)}}} = \frac{P+Q}{1-PQ}$$

と表示される．よって，

$$1+s^2 = 1+\left(\frac{P+Q}{1-PQ}\right)^2 = \frac{(1-PQ)^2+(P+Q)^2}{(1-PQ)^2}$$

$$= \frac{1+P^2+Q^2+P^2Q^2}{(1-PQ)^2} = \frac{(1+P^2)(1+Q^2)}{(1-PQ)^2},$$

$$1-s^2 = 1+\left(\frac{P+Q}{1-PQ}\right)^2 = \frac{(1-PQ)^2-(P+Q)^2}{(1+PQ)^2}$$

$$= \frac{1-P^2-Q^2-4PQ+P^2Q^2}{(1+PQ)^2}.$$

それゆえ,

$$\sqrt{\frac{1-s^2}{1+s^2}} = \sqrt{\frac{1-P^2-Q^2-4PQ+P^2Q^2}{(1+P^2)(1+Q^2)}}$$

となる. ここで,

$$\sqrt{1-P^2-Q^2+P^2Q^2-4PQ} = \frac{\sqrt{(1-z^4)(1-u^4)}-2uz}{\sqrt{(1+z^2)(1+u^2)}}$$

となることはすでに見たとおりである. また,

$$1+P^2 = \frac{1+u^2+z^2-u^2z^2}{1+u^2}, \ 1+Q^2 = \frac{1+u^2+z^2-u^2z^2}{1+z^2}.$$

よって,

$$\sqrt{(1+P^2)(1+Q^2)} = \frac{1+u^2+z^2-u^2z^2}{\sqrt{(1+u^2)(1+z^2)}}.$$

これにより

$$\sqrt{\frac{1-s^2}{1+s^2}} = \frac{\sqrt{(1-z^4)(1-u^4)}-2uz}{1+u^2+z^2-u^2z^2}$$

という表示が成立する.

表記を簡明にすることをめざして

$$A = \sqrt{\frac{(1-z^2)(1-u^2)}{(1+z^2)(1+u^2)}}$$

と置き, 分数式

$$\frac{A-uz}{1+uzA} = \frac{(A-uz)(1-uzA)}{(1+uzA)(1-uzA)}$$

の式変形を進めていく.

$$(1+uzA)(1-uzA)=1-u^2z^2A^2$$
$$=1-u^2z^2\times\frac{(1-z^2)(1-u^2)}{(1+z^2)(1+u^2)}$$
$$=\frac{(1+z^2)(1+u^2)-u^2z^2(1-z^2)(1-u^2)}{(1+z^2)(1+u^2)}$$
$$=\frac{(1+u^2z^2)(1+z^2+u^2-z^2u^2)}{(1+z^2)(1+u^2)},$$

$$(A-uz)(1-uzA)=A-uzA^2-uz+u^2z^2A$$
$$=(1+u^2z^2)A-uz(A^2+1)$$
$$=(1+u^2z^2)A-uz\Big(\frac{(1-z^2)(1-u^2)}{(1+z^2)(1+u^2)}+1\Big)$$
$$=(1+u^2z^2)A-uz\times\frac{2(1+u^2z^2)}{(1+z^2)(1+u^2)}$$
$$=\frac{(1+u^2z^2)}{(1+z^2)(1+u^2)}\times((1+z^2)(1+u^2)A-2uz)$$
$$=\frac{(1+u^2z^2)}{(1+z^2)(1+u^2)}\times(\sqrt{(1-z^4)(1-u^4)}-2uz).$$

これで等式

$$\sqrt{\frac{1-s^2}{1+s^2}}=\frac{\sqrt{\dfrac{(1-z^2)(1-u^2)}{(1+z^2)(1+u^2)}}-uz}{1+uz\sqrt{\dfrac{(1-z^2)(1-u^2)}{(1+z^2)(1+u^2)}}}$$

が得られた.

M はレムニスケートの 4 分の 1 部分の点とし，弧 CM の弦を z，その n 倍の弧 CM^n の弦を u とする．弧 CM の補弧を弦を Z，弧 CM^n の補弧の弦を U として，

$$Z=\sqrt{\frac{1-z^2}{1+z^2}},\ U=\sqrt{\frac{1-u^2}{1+u^2}}$$

と置く（図 11）.

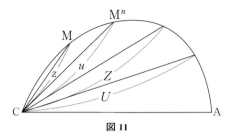

図 11

$P = zU$，$Q = uZ$ に留意すると，上記の計算により，

　弧 CM の $(n+1)$ 倍の弧の弦 $s = \dfrac{zU + uZ}{1 - zuZU}$，

　その補弧の弦 $\sqrt{\dfrac{1-s^2}{1+s^2}} = \dfrac{ZU - zu}{1 + zuZU}$

となることが帰結する.

弧の弦 $= a$ 　　　　　　　　　　補弧の弦 $= A$

2 倍弧の弦 $= b = \dfrac{2aA}{1 - a^2 A^2}$ 　　2 倍弧の補弧の弦 $= \dfrac{A^2 - a^2}{1 + a^2 A^2} = B$

3 倍弧の弦 $= c = \dfrac{aB + bA}{1 - abAB}$ 　　3 倍弧の補弧の弦 $= \dfrac{AB - ab}{1 + abAB} = C$

4 倍弧の弦 $= d = \dfrac{aC + cA}{1 - acAB}$ 　　4 倍弧の補弧の弦 $= \dfrac{AC - ac}{1 + acAC} = D$

5 倍弧の弦 $= e = \dfrac{aD + dA}{1 - adAD}$ 　　5 倍弧の補弧の弦 $= \dfrac{AD - ad}{1 + adAD} = E$

　　　　……　　　　　　　　　　　　……

　任意に指定された弧の弦から出発して 2 倍弧の弦が定められ，2 倍弧の弦から 3 倍弧の弦が定められ，3 倍弧の弦から 4 倍弧の弦が定められるというふうにどこまでも進んでいく. この状況を確認したのと同様の計算を繰り返すことにより，m 倍弧の弦 r，その補弧の弦を R とし，n 倍弧の弦を s，その補弧の弦を S として

$$R = \sqrt{\frac{1-r^2}{1+r^2}}, \ S = \sqrt{\frac{1-s^2}{1+s^2}}$$

と置くとき，$(m+n)$ 倍弧の弦は $\dfrac{rS+sR}{1-rsRS}$ と表され，その補弧

の弦は $\dfrac{RS-rs}{1+rsRS}$ と表されることが明らかになる．この状況は n

が負の整数の場合にも保持される．その場合には弦 s に負の符号

が附随して，二つの弧の差に対応する弦が表示され，$(m-n)$ 倍

弧の弦は $\dfrac{rS-sR}{1+rsRS}$ と表され，その補弧の弦は $\dfrac{RS+rs}{1-rsRS}$ と表さ

れる．この帰結を，たとえば $m=2, \ n=2$ の場合に適用すると，

4 倍弧の弦 d とその補弧の弦 D が 2 倍弧の弦 b とその補弧の弦

B を用いて，5 倍弧の弦 e とその補弧の弦 E が

$$d = \frac{2bB}{1-b^2B^2}, \ D = \frac{B^2-b^2}{1+b^2B^2}$$

と表される．あるいはまた $m=2, \ n=3$ の場合を考えると，2 倍

弧の弦 b とその補弧の弦 B および 3 倍弧の弦 c とその補弧の弦

C を用いて，

$$e = \frac{bC+cB}{1-bcBC}, \ E = \frac{BC-bc}{1+bcBC}$$

と表されることが明らかになる．

　こうして弦 $a=z$ から出発して $b, c, d, e, \cdots$ および B, C, D, E

を表示する式が得られたが，これらのすべてを z のみを用いて表

示すると次のようになる．

$$a = z \qquad\qquad A = \sqrt{\frac{1-z^2}{1+z^2}}$$

$$b = \frac{2z\sqrt{1-z^4}}{1+z^4} \qquad\qquad B = \frac{1-2z^2-z^4}{1+2z^2-z^4}$$

$$c = \frac{z(3-6z^4-z^8)}{1+6z^4-3z^8} \qquad C = \frac{(1+z^4)^2-4z^2(1+z^2)^2}{(1+z^4)^2+4z^2(1-z^2)^2}\sqrt{\frac{1-z^2}{1+z^2}}$$

$$d = \frac{4z(1+z^4)(1-6z^4+z^8)\sqrt{1-z^4}}{(1+z^4)^4+16z^4(1-z^4)^2}$$

$$D = \frac{(1-6z^4+z^8)^2-8z^2(1-z^4)(1+z^4)^2}{(1-6z^4+z^8)+8z^2(1-z^4)(1+z^4)^2}$$

これらの諸式には倍角の公式という呼び名がぴったりあてはまる.

微分方程式論の視点から

　レムニスケートの弧の弦とその補弧の弦に関する倍角の公式を微分方程式論の視点に立って観察すると，従来の手法では望めそうにない多くの微分方程式の積分がもたらされることを，オイラーは指摘した．オイラーがファニャノの諸論文に関心を寄せた理由がここに現れている．たとえば，微分方程式

$$\frac{du}{\sqrt{1-u^4}} = \frac{dz}{\sqrt{1-z^4}}$$

は積分 $u = z$ をもつが，この自明な積分のほかに

$$u = -\sqrt{\frac{1-z^2}{1+z^2}}$$

という積分も存在する．レムニスケートの弧の弦とその補弧の弦との関係がこれを教えているのである．微分方程式の一般積分には1個の任意定量 C が附随するから，u は z と C に依存する関数と考えられる．その関数は C のある値に対しては $u = z$ とな

り，他の何らかの値に対しては $u = -\sqrt{\dfrac{1-z^2}{1+z^2}}$ となる．これら
の二つの積分はきわめて簡明な形の代数的表示式である．

もうひとつの例として微分方程式

$$\frac{du}{\sqrt{1-u^4}} = \frac{2dz}{\sqrt{1-z^4}}$$

を取り上げると，二つの解

$$u = \frac{2z\sqrt{1-z^4}}{1+z^4}, \; u = \frac{-1+2z^2+z^4}{1+2z^2-z^4}$$

が目に留まる．これはレムニスケートの弧の2等分の考察により
明らかになったのである．いっそう一般的に，微分方程式

$$\frac{mdu}{\sqrt{1-u^4}} = \frac{ndz}{\sqrt{1-z^4}}$$

の1対の特別の積分もまた見出だされる．完全に一般的な積分
が見つかったわけではないが，その発見に向う道が十分に準備さ
れたと思うというのが，この時点でのオイラーの所見である．レ
ムニスケート曲線の弧長の考察が微分方程式の積分の発見を導い
たのである．

楕円と双曲線の弧長積分に関する事柄に立ち返るなら，微分
方程式

$$dx\sqrt{\frac{1-nx^2}{1-x^2}} + du\sqrt{\frac{1-nu^2}{1-u^2}} = (xdu+udx)\sqrt{n}$$

に対し，方程式

$$1-nx^2-nu^2+nu^2x^2 = 0$$

は1個の積分を与えている．また，微分方程式

$$dx\sqrt{\frac{1-nx^2}{1-x^2}} + du\sqrt{\frac{1-nu^2}{1-u^2}} = n(xdu+udx)$$

については，方程式

$$1-x^2-u^2+nu^2x^2 = 0$$

は1個の積分である.

　微分方程式の形をいくぶん一般的なものにして，微分方程式

$$dx\sqrt{\frac{f-gx^2}{h-kx^2}}+du\sqrt{\frac{f-gu^2}{h-ku^2}}=(xdu+udx)\sqrt{\frac{g}{h}}$$

を考えると，1個の積分

$$fh-gh(x^2+u^2)+gkx^2u^2=0$$

が見つかる．微分方程式

$$dx\sqrt{\frac{f-gx^2}{h-kx^2}}+du\sqrt{\frac{f-gu^2}{h-ku^2}}=(xdu+udx)\frac{g}{\sqrt{fk}}$$

であれば，方程式

$$fh-fk(x^2+u^2)+gkx^2u^2=0$$

が1個の積分を与えている.

■ 完全代数的積分の探究

微分方程式の特殊積分と完全積分

　オイラーは論文 E252「求長不能曲線の弧の比較に関するさまざまな観察」において楕円，双曲線，レムニスケートなど，求長不能曲線の弧長積分を考察し，さまざまな微分方程式の積分[※4]をそこから取り出すことに成功した．この成功の肝は求長不能曲線の弧と弧を比較することにあり，この比較を可能にする変数変換の中に微分方程式の積分の姿を見たのである．曲線の弧長を

[※4] オイラーは微分方程式の解を指して「微分方程式の積分」と呼んでいる．「積分」という言葉の本来の用法である.

経由することがなければなしがたい発見であり，オイラーはこれ
をファニャノの数学論文集に学んだのである．このようにして得
られた積分はどの場合にもみな 1 個の特殊積分だったが，完全
積分の探索へとつながる強固な土台が構築されたのはまちがいな
く，なお歩を進めて完全積分の発見を試みることが課題として課
せられることになった．オイラーはこれを続篇

（E 251）「微分方程式 $\dfrac{mdx}{\sqrt{1-x^4}} = \dfrac{ndy}{\sqrt{1-y^4}}$ の積分について」

において実行した．

　論文 E 251 は 36 個の節で編成されていて，冒頭の 2 節が序
文に該当する．第 2 節において，オイラーは簡単な微分方程式
$dx = dy$ を例として特殊積分と完全積分を説明した．たとえば
方程式 $x = y$ はたしかにこの微分方程式を満たしているから，
この方程式は 1 個の積分である．だが，2 個の変数 x, y を連繋
する方程式の探索という視点に立つと，方程式 $x = y$ は方程式
$dx = dy$ に内包される関係のごく一部分を表しているにすぎな
い．なぜなら，a は定量とするとき，方程式 $x = y \pm a$ もまた同
じ微分方程式を満たすからである．しかもここには不定定量 a
が存在する．それゆえ，この方程式には微分方程式 $dx = dy$ の
完全積分という呼び名が相応しい．

　不定量 a に定値をしてすればそのつど特殊積分が得られるこ
とを思えば，個々の特殊積分が表す x, y の関係が提示された微
分方程式 $dx = dy$ の表す関係よりも狭いことは明白である．オ
イラーは特殊積分と完全積分の関係をこんなふうに説明した．

代数的積分とは

　ある微分方程式について，その完全積分が超越的であるにもかかわらず，個々の特殊積分の間に代数的な積分が出現することがある．一例として，オイラーは微分方程式

$$dy = dx + (y-x)dx$$

を挙げた．方程式 $y = x$ がこの微分方程式を満たすことは明白で，これは代数的な特殊積分である．だが，この微分方程式の完全積分は，a は不定定量として，

$$y = x + ae^x$$

という形に表示される．超越関数 e^x に起因して，この積分は超越的というほかはないが，定量 a として $a = 0$ を採用すると代数的な特殊積分 $y = x$ が現れるのである．

　オイラーはこのような考察を踏まえて微分方程式

$$\frac{mdx}{\sqrt{1-x^4}} = \frac{ndy}{\sqrt{1-y^4}}$$

を考察した．オイラーは前論文 E 252 においてこの微分方程式の代数的な特殊積分を見つける道筋を明らかにしたが，上記の簡単な事例が物語るように，完全積分もまた代数的であるとは限らない．実際のところ，この微分方程式の両辺の積分をつくると，C は不定定量として，方程式

$$m \int \frac{dx}{\sqrt{1-x^4}} = n \int \frac{dy}{\sqrt{1-y^4}} + C$$

が現れる．この方程式は完全積分ではあるが，左右に見られるレムニスケート積分は円や双曲線の弧長積分を手掛かりにしても確定することができず，この意味においてこの完全積分は超越的である．このような状況を観察すると，ここからさらに歩を進めて x と y を連繋する代数方程式を見つけることができるとはとうてい思えないと，オイラーは率直に語っている．だが，それにも

かかわらずオイラーは，m と n が比率 $m:n$ が有理比であるならば，上記の微分方程式の代数的な完全積分を発見することに成功した．この発見を報告することが論文 E 251 の目的である．

発見にいたる道筋も注目に値する．オイラーは何かしら確実な方法をあらかじめ手中にして，その方法に案内されて完全積分に到達したのではなく，さまざまな試みと推測を重ねることにより発見にいたったのである．

微分方程式 $\dfrac{dx}{\sqrt{1-x^4}} = \dfrac{dy}{\sqrt{1-y^4}}$ の完全積分

オイラーは微分方程式の積分

$$\int \frac{dx}{\sqrt{1-x^4}} = \int \frac{dy}{\sqrt{1-y^4}}$$

の探究から出発した．まず方程式 $x = y$ は明らかにこの微分方程式の代数的積分である．これでともあれ 1 個の特殊積分が見つかった．次に，方程式

$$x = -\sqrt{\frac{1-y^2}{1+y^2}}$$

はもうひとつの代数的積分である．これを確認するために微分計算を遂行すると，次のように計算が進む．

$$x^2 = \frac{1-y^2}{1+y^2},$$

$$2x\,dx = \frac{-2y(1+y^2)-2y(1-y^2)}{(1+y^2)^2}\,dy = -\frac{4y\,dy}{(1+y^2)^2}$$

$$dx = -\frac{1}{x} \times \frac{2y\,dy}{(1+y^2)^2} = -\sqrt{\frac{1+y^2}{1-y^2}} \times \frac{-2y}{(1+y^2)^2}\,dy$$

$$= \frac{2y\,dy}{(1+y^2)\sqrt{(1-y^2)(1+y^2)}} = \frac{2y\,dy}{(1+y^2)\sqrt{1-y^4}}.$$

また，$y \geqq 0$ のとき，

$$\sqrt{1-x^4} = \sqrt{1-\left(-\sqrt{\frac{1-y^2}{1+y^2}}\right)^4}$$

$$= \sqrt{\frac{4y^2}{(1+y^2)^2}} = \frac{2y}{1+y^2}.$$

これより等式

$$\frac{dx}{\sqrt{1-x^4}} = \frac{dy}{\sqrt{1-y^4}}$$

が成立することが確認される.

$x = -\sqrt{\dfrac{1-y^2}{1+y^2}}$ の両辺を自乗して形を整えると，代数方程式

$$x^2 y^2 + x^2 + y^2 - 1 = 0$$

が現れる. これが第 2 の代数的特殊積分である.

　これで代数的特殊積分は二つになった. 続いてオイラーは完全代数的積分を報告した. そこには 1 個の不定定量が含まれていて，その定量にある特定の値を与えると完全積分の形が $x = y$ となり，別の特定の値を与えると完全積分は $x = -\sqrt{\dfrac{1-y^2}{1+y^2}}$ もしくは $x^2 y^2 + x^2 + y^2 - 1 = 0$ という形にならなければならない.

定理　微分方程式

$$\frac{dx}{\sqrt{1-x^4}} = \frac{dy}{\sqrt{1-y^4}}$$

の完全代数的積分は

$$x^2 + y^2 + c^2 x^2 y^2 = c^2 + 2xy\sqrt{1-c^4}$$

である. ここで，c は不定定量を表している.

　オイラーは試行錯誤を通じてこの完全積分を発見した. 発見

にいたるまでには大きな困難が伴っていたと思われるが，発見された方程式が提示された微分方程式を満たすことを確かめるのは容易である．オイラーの計算に沿ってこれを確認する．まず方程式 $x^2+y^2+c^2x^2y^2=c^2+2xy\sqrt{1-c^4}$ を微分すると，

$$2xdx+2ydy+c^2(2xdx\times y^2+x^2\times 2ydy)=2(dx\times y+x\times dy)\sqrt{1-c^4}$$

$$xdx+ydy+c^2xy(xdy+ydx)=(xdy+ydx)\sqrt{1-c^4}$$

と計算が進む．これより

（＊）　$dx(x+c^2xy^2-y\sqrt{1-c^4})+dy(y+c^2x^2y-x\sqrt{1-c^4})=0$

となる．他方，方程式 $x^2+y^2+c^2x^2y^2=c^2+2xy\sqrt{1-c^4}$ を y に関する 2 次方程式

$$(1+c^2x^2)y^2-2xy\sqrt{1-c^4}+x^2-c^2=0$$

と見てこれを解くと，

$$y=\frac{x\sqrt{1-c^4}+c\sqrt{1-x^4}}{1+c^2x^2}$$

と表示される．同様に，同じ方程式を x に関する 2 次方程式

$$(1+c^2y^2)x^2-2xy\sqrt{1-c^4}+y^2-c^2=0$$

と見ると，

$$x=\frac{y\sqrt{1-c^4}-c\sqrt{1-y^4}}{1+c^2y^2}$$

という表示が得られる．前者の x による y の表示式では平方根 $\sqrt{1-x^4}$ の前に正符号「＋」がつけられているが，後者の y による x の表示式では平方根 $\sqrt{1-y^4}$ の前には負符号「－」がついている．平方根は同時に二つの値を表す記号である．$x=0$ に対応して双方の表示式から同一の値 $y=c$ が得られるように符号を調整する必要がある．$\sqrt{1-x^4}$ に正符号「＋」をつけるなら，$\sqrt{1-y^4}$ には負符号「－」をつけなければならないのである．

$\sqrt{1-x^4}$ に負符号「$-$」をつけるなら，$\sqrt{1-y^4}$ には正符号「$+$」をつけることになり，以下の式変形は同様に進行する．

二つの表示式を変形すると，二つの等式

$$x + c^2 x y^2 - y\sqrt{1-c^4} = -c\sqrt{1-y^4},$$
$$y + c^2 x^2 y - x\sqrt{1-c^4} = c\sqrt{1-x^4}$$

が得られる．これらを微分方程式（＊）に代入すると，

$$-cdx\sqrt{1-y^4} + cdy\sqrt{1-x^4} = 0$$

となり，変形を進めると，提示された微分方程式

$$\frac{dx}{\sqrt{1-x^4}} = \frac{dy}{\sqrt{1-y^4}}$$

が現れる．これで，$x^2 + y^2 + c^2 x^2 y^2 = c^2 + 2xy\sqrt{1-c^4}$ はこの微分方程式の積分であることが確認された．x, y の代数方程式であるから代数的積分である．しかも，ここには任意定量 c が含まれていることに留意すると，完全積分であることが諒解される．

完全積分から特殊積分へ

微分方程式 $\dfrac{dx}{\sqrt{1-x^4}} = \dfrac{dy}{\sqrt{1-y^4}}$ の完全積分 $x^2 + y^2 + c^2 x^2 y^2 = c^2 + 2xy\sqrt{1-c^4}$ において $c = 1$ と定めると，既出の特殊積分 $x^2 + y^2 + x^2 y^2 = 1$ が現れる．オイラーは平方根の2価性を踏まえて計算を進めているが，ひとまず x, y は実変化量と限定したうえで，平方根の正負を区別してこの特殊積分の挙動を観察したと思う．

(x, y) 平面上に代数方程式 $x^2 + y^2 + x^2 y^2 = 1$ で表される曲線が描かれた情景を念頭に描いて計算を進める．この曲線は

第 1 象限と第 4 象限では $x = \sqrt{\dfrac{1-y^2}{1+y^2}}$ と表示され，第 2 象限と第 3 象限では $x = -\sqrt{\dfrac{1-y^2}{1+y^2}}$ と表示される．また，$\sqrt{1-x^4}$ は第 1 象限と第 2 象限では $\sqrt{1-x^4} = \dfrac{2y}{1+y^2}$ と表示され，第 3 象限と第 4 種限では $\sqrt{1-x^4} = -\dfrac{2y}{1+y^2}$ と表示される．前に $x = -\sqrt{\dfrac{1-y^2}{1+y^2}}$ が特殊積分であることを確認したときの計算を振り返ると，等式

$$dx = -\frac{1}{x} \times \frac{2ydy}{(1+y^2)^2}$$

はつねに成立する．これらの計算を組合わせると，

① 第 1 象限では $x = \sqrt{\dfrac{1-y^2}{1+y^2}}$ と置くと

$$\frac{dx}{\sqrt{1-x^4}} = -\frac{dy}{\sqrt{1-y^4}},$$

② 第 2 象限では $x = -\sqrt{\dfrac{1-y^2}{1+y^2}}$ と置くと

$$\frac{dx}{\sqrt{1-x^4}} = \frac{dy}{\sqrt{1-y^4}},$$

③ 第 3 象限では $x = -\sqrt{\dfrac{1-y^2}{1+y^2}}$ と置くと

$$\frac{dx}{\sqrt{1-x^4}} = -\frac{dy}{\sqrt{1-y^4}},$$

④ 第 4 象限では $x = \sqrt{\dfrac{1-y^2}{1+y^2}}$ と置くと

$$\frac{dx}{\sqrt{1-x^4}} = \frac{dy}{\sqrt{1-y^4}}$$

となることがわかる（図 12）．

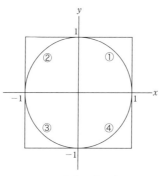

図 12　$x^2y^2+x^2+y^2=1$

方程式 $x^2+y^2+x^2y^2=1$ が微分方程式 $\dfrac{dx}{\sqrt{1-x^4}}=\dfrac{dy}{\sqrt{1-y^4}}$ の積分であるというのは，このような状況を指している．

　完全代数的積分における定量 c は有限と限定されているわけではない．完全積分方程式を c^2 で割って方程式

$$\frac{x^2+y^2}{c^2}+x^2y^2=1+2xy\sqrt{\frac{1}{c^4}-1}$$

を作り，$c=\infty$ の場合を考えると，方程式

$$x^2y^2=1+2xy\sqrt{-1}$$

すなわち

$$(xy-\sqrt{-1})^2=0$$

が生じる．これより虚方程式

$$x=\frac{\sqrt{-1}}{y}$$

が得られるが，これも特殊積分である．これを確認すると，まず微分計算により $dx=-\dfrac{\sqrt{-1}\,dy}{y^2}$ となる．次に，

$$\sqrt{1-x^4}=\sqrt{1-\frac{1}{y^4}}=\frac{\sqrt{-1}\sqrt{1-y^4}}{y^2}$$

となる．これらを組合わせて式変形を進めると，

$$\frac{dx}{\sqrt{1-x^4}} = -\frac{\sqrt{-1}\,dy}{y^2} \times \frac{y^2}{\sqrt{-1}\sqrt{1-y^4}} = -\frac{dy}{\sqrt{1-y^4}}$$

となる．これで確認された．

$c = \infty$ の場合を考えると虚の積分が得られたが，定量 c は実定量と限定されているわけでもない．オイラーは $c^2 = -1$ の場合を例に挙げている．この場合，完全積分方程式は

$$x^2 + y^2 - x^2 y^2 = -1$$

という形になる．これより $x^2 = \dfrac{y^2+1}{y^2-1}$．よって，

$$x = \pm\sqrt{\frac{y^2+1}{y^2-1}}$$

と表示される．方程式 $x^2 = \dfrac{y^2+1}{y^2-1}$ に対して微分計算を適用すると，

$$x^2 = 1 + \frac{2}{y^2-1},$$

$$2x\,dx = \cdots = -\frac{4y\,dy}{(y^2-1)^2},$$

$$dx = -\frac{1}{x} \times \frac{2y\,dy}{(y^2-1)^2}$$

と計算が進む．$x = \sqrt{\dfrac{y^2+1}{y^2-1}}$ の場合，

$$dx = -\sqrt{\frac{y^2-1}{y^2+1}} \times \frac{2y\,dy}{(y^2-1)^2}$$

$$= -\frac{2y\,dy}{(y^2-1)\sqrt{(y^2-1)(y^2+1)}}$$

$$= -\frac{2y\,dy}{(y^2-1)\sqrt{y^4-1}} = -\frac{2y\,dy}{\sqrt{-1}\,(y^2-1)\sqrt{1-y^4}},$$

$$\sqrt{1-x^4} = \sqrt{1-\left(\frac{y^2+1}{y^2-1}\right)^2} = \sqrt{-\frac{4y^2}{(y^2-1)^2}}$$

$$= \frac{\pm 2\sqrt{-1}\,y}{y^2-1},$$

$$\frac{dx}{\sqrt{1-x^4}} = \pm\,\frac{y^2-1}{2\sqrt{-1}\,y} \times \frac{-2y\,dy}{\sqrt{-1}\,(y^2-1)\sqrt{1-y^4}}$$

$$= \pm\,\frac{dy}{\sqrt{1-y^4}}.$$

それゆえ，$x = \sqrt{\dfrac{y^2+1}{y^2-1}}$ は特殊積分である．同様に $x =$ $-\sqrt{\dfrac{y^2+1}{y^2-1}}$ も特殊積分である．

　前論文 E252 ではレムニスケート曲線の弧の比較により特殊積分が見つけられたが，$x = \dfrac{\sqrt{-1}}{y}$ や $x = \sqrt{\dfrac{y^2+1}{y^2-1}}$ のような特殊積分は完全代数的積分を経由してはじめて発見されたのである．

レムニスケート積分の加法定理

　微分方程式 $\dfrac{dx}{\sqrt{1-x^4}} = \dfrac{du}{\sqrt{1-u^4}}$ の完全代数的積分に基づいて考察を進めると，レムニスケート曲線の弧長について新たな知見が手に入る．レムニスケート曲線 AM を描き，軸上に点 P を定め，切除線 AP の長さを AP $= u$ と置く（図 13）．

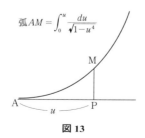

$$\text{弧} AM = \int_0^u \frac{du}{\sqrt{1-u^4}}$$

図 13

この線分に対応するレムニスケート曲線上の点を M で表すと，弧 AM の長さはレムニスケート積分により

$$\mathrm{AM} = \int_0^u \frac{du}{\sqrt{1-u^4}}$$

と表示される．u と定量 c を用いて x を

$$x = \frac{u\sqrt{1-c^4} \pm c\sqrt{1-u^4}}{1+c^2 u^2}$$

と定めると，二つの変化量 x, u は微分方程式 $\dfrac{dx}{\sqrt{1-x^4}} = \dfrac{du}{\sqrt{1-u^4}}$

を満たすことを，この微分方程式の完全代数的積分の形状が教えている．もうひとつのレムニスケート曲線 am を描き，切除線 $ap = x$ をとると，対応する弧 am の長さはレムニスケート積分

$$am = \int_0^x \frac{dx}{\sqrt{1-x^4}}$$

により表される（図 14）．

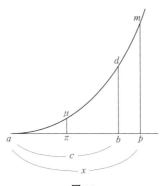

図 14

微分方程式の積分を作ると，C は定量として，等式

$$\int_0^x \frac{dx}{\sqrt{1-x^4}} = \int_0^u \frac{du}{\sqrt{1-u^4}} + C$$

が成立する．これをレムニスケート曲線の弧長の言葉で言い換え

ると,

$$弧\ am = 弧\ AM + C$$

ということにほかならない. 定量 C を決定するために $u = 0$ の場合を考えると, $x = c$ となる. それゆえ, C もまたレムニスケート積分により

$$C = \int_0^c \frac{dc}{\sqrt{1-c^4}}$$

と表され, 弧 ad の長さを表していることがわかる. あらためて等式

$$\int_0^x \frac{dx}{\sqrt{1-x^4}} = \int_0^u \frac{du}{\sqrt{1-u^4}} + \int_0^c \frac{dc}{\sqrt{1-c^4}}$$

を観察すると, 右辺の二つのレムニスケート積分の和が左辺の 1 個のレムニスケート積分と等置されている. これがレムニスケート積分の加法定理である. 楕円関数論の小さな泉がここに誕生した.

　切除線 $ab = c$ を定め, 対応する弧を ad と表記すると,

$$弧\ dm = 弧\ am - 弧\ ad$$

$$= \int_0^x \frac{dx}{\sqrt{1-x^4}} - \int_0^c \frac{dc}{\sqrt{1-c^4}}$$

$$= \int_0^x \frac{dx}{\sqrt{1-x^4}} - C = \int_0^u \frac{du}{\sqrt{1-u^4}} = 弧\ AM$$

となることが明らかになる.

　二つの弧 AM, am から第 3 の弧 ad が見出だされたが, 視点を変えると, 任意の点 d から出発して弧 AM と同じ長さの弧 dm を切り取ることができるという状況が観察される. すなわち, 弧 AM に対応する切除線を $AP = u$ とし, 点 d に対応する切除線を $ab = c$ とするとき, 切除線 ap を

$$ap = x = \frac{c\sqrt{1-u^4} + u\sqrt{1-c^4}}{1+c^2u^2}$$

と定めると，p に対応するレムニスケート曲線上の点を m とするとき，弧 dm の長さは弧 AM と等しいのである．

平方根 $\sqrt{1-c^4}$ の 2 価性に留意してこれを負と見ることにして，切除線

$$a\pi = \frac{c\sqrt{1-u^4} - u\sqrt{1-c^4}}{1+c^2u^2}$$

を定め，π に対応するレムニスケート上の点を μ とすると，弧 $d\mu$ もまた弧 AM に等しい．

このようにして任意の点 d から出発して，両側に向って弧 AM と等しい弧 $dm, d\mu$ を切り取ることができる．これは完全代数的積分が教えている事実である．オイラーはファニャノを大きくこえた地点に達している．

点 d の位置は任意だが，特に $c = u$ となるように弧 ad を指定すると，弧 ad は弧 AM に等しく，弧 am は弧 AM の 2 倍であることになる．これを言い換えると，

$$ap = x = \frac{2u\sqrt{1-u^4}}{1+u^4}$$

と定めれば弧 $am = 2 \times$ 弧 AM となるということである．これは 2 倍角の公式にほかならない．2 倍角の公式から 3 倍角の公式も導かれる．そのためには，まず 2 倍角の公式に基づいて点 d の位置を弧 $ad = 2 \times$ 弧 AM となるように定める．これは

$c = \dfrac{2u\sqrt{1-u^4}}{1+u^4}$ ととることと同じことであり，この c を用いて

$$x = \frac{c\sqrt{1-u^4} + u\sqrt{1-c^4}}{1+c^2u^2}$$

と定めれば，弧 $am = 3 \times$ 弧 AM となる．この x を再度 c とし

て用いて弧 $ad = 3 \times$ 弧 AM となるようにしておいて，そのうえ
で再び $x = \dfrac{c\sqrt{1-u^4} + u\sqrt{1-c^4}}{1+c^2 u^2}$ と定めれば，弧 AM の 4 倍の
弧 am が現れる．以下も同様に進行し，弧 AM の任意の倍数の
長さの弧が次々と指定される．しかもその作図の仕方は幾何学的
で，定規とコンパスのみを用いて実現される．

　レムニスケート曲線の弧の倍角の公式はオイラーの前論文
（E252）においてすでに報告されている[※5]．前回の定理 4 で，n 倍
弧を知って $n+1$ 倍弧を知る道筋が示された[※6]．

　レムニスケート積分の加法定理を基礎にすればこの定理は即座
に導かれる．弧 AM の n 倍弧を $ad = n \times$ AM とし，対応する
切除線を $ab = z$ とすると，

$$\int_0^z \frac{dz}{\sqrt{1-z^4}} = n \int_0^u \frac{du}{\sqrt{1-u^4}}$$

となる．そこで

$$x = \frac{z\sqrt{1-u^4} + u\sqrt{1-z^4}}{1+u^2 z^2}$$

ととれば，等式

$$\int_0^x \frac{dx}{\sqrt{1-x^4}} = (n+1) \int_0^u \frac{du}{\sqrt{1-u^4}}$$

が成立する．見かけは異なっているが，これは前回の定理 4 その
ものである．

　前論文 E252 ではいくぶん込み入った計算を通じて n 倍弧を
知って $n+1$ 倍弧を知る公式に到達し，そこから倍角の公式が導

[※5]　2 倍角の公式については定理 3（202 頁）参照．

[※6]　定理 4（213 頁）参照．

かれたが，続篇 E 251 に移ると微分方程式 $\dfrac{dx}{\sqrt{1-x^4}}=\dfrac{dy}{\sqrt{1-y^4}}$ の完全代数的積分 $x^2+y^2+c^2x^2y^2=c^2+2xy\sqrt{1-c^4}$ が確立され，レムニスケート積分の加法定理がそこから導かれた．倍角の公式の延長線上に三角関数をとらえようとするのは困難だが，加法定理から出発すれば倍角の公式はたちまち帰結する．この間の諸事情は三角関数の場合と同じである．

■ レムニスケート積分の加法定理にはじまる ■

微分方程式 $\dfrac{mdx}{\sqrt{1-x^4}}=\dfrac{ndy}{\sqrt{1-y^4}}$

前回までに微分方程式 $\dfrac{dx}{\sqrt{1-x^4}}=\dfrac{ndu}{\sqrt{1-u^4}}$ の完全積分が求められたが，同様にして $\dfrac{dy}{\sqrt{1-y^4}}=\dfrac{mdu}{\sqrt{1-u^4}}$ の完全積分もまた求められる．ここで n, m は任意の整数である．これらの二つの完全積分から u を消去して x と y を連繋する方程式を書き下したなら，それは微分方程式

$$\frac{mdx}{\sqrt{1-x^4}}=\frac{ndy}{\sqrt{1-y^4}}$$

の完全積分にほかならない．この消去にあたって用いられる二つの積分のうち，完全積分であるのはどちらか一方のみであればよい．なぜなら，その場合，u の消去により生じる x, y の方程式

には1個の任意の未知定量が含まれていて，すでに完全積分に
なっているからである．

　オイラーはこのような手順を踏んで微分方程式 $\dfrac{mdx}{\sqrt{1-x^4}} =$

$\dfrac{ndy}{\sqrt{1-y^4}}$ の完全積分の存在を論証した．オイラー自身は，この
道筋を「事の本質から取り出されたのではない」と語っている．
完全積分にいたる道が間接的に示されたにすぎないというのがそ
の理由である．だが，この方法の力は強く，いっそう一般的な微
分方程式にも適用される．オイラーはこのように前置きしたうえ
で，

$$\frac{dx}{\sqrt{1+mxx+nx^4}} = \frac{dy}{\sqrt{1+myy+ny^4}}$$

という形の微分方程式を提示して，この方程式の完全積分は

$$0 = cc - xx - yy + nccxxyy + 2xy\sqrt{1+mcc+nc^4}$$

であることを明示した．この命題を踏まえると，前にそうしたの
と同様に論証して，微分方程式

$$\frac{\mu dx}{\sqrt{1+mxx+nx^4}} = \frac{\nu dy}{\sqrt{1+myy+ny^4}}$$

の完全積分もまた手に入る．ここで μ, ν は任意の整数である．

　ここに提示された微分方程式の完全積分の形を想定して，オ
イラーは x と y の2次方程式

(1)　　$\alpha xx + \alpha yy = 2\beta xy + \gamma xxyy + \delta$

を書き下し，この方程式により満たされる微分方程式の形を決定
するという方針を打ち出した．論証の向きを逆にして，完全積分
の形を一般的な形で書き下し，そこから逆に微分方程式の探索に

向おうというのである．微分方程式 $\dfrac{dx}{\sqrt{1-x^4}}=\dfrac{dy}{\sqrt{1-y^4}}$ の完全

積分を発見したことが，代数的に解ける微分方程式の構成のた

めの土台になっているのである．

　方程式 (1) の微分を作ると，

$$2\alpha x dx + 2\alpha y dy = 2\beta(xdy+ydx) + 2\gamma xyydx + 2\gamma xxydy$$

$$\alpha x dx + \alpha y dy = \beta(xdy+ydx) + \gamma xyydx + \gamma xxydy$$

と計算が進み，ここから微分方程式

(2)　　$dx(\alpha x - \beta y - \gamma xyy) + dy(\alpha y - \beta x - \gamma xxy) = 0$

が生じる．次に，方程式 (1) を x に関する 2 次方程式と見ると，

$$x = \frac{\beta y + \sqrt{\alpha\delta + (\beta\beta - \alpha\alpha - \gamma\delta)yy + \alpha\gamma y^4}}{\alpha - \gamma yy}$$

という表示が得られる．同様に方程式 (1) を y に関する 2 次方

程式と見ると，y を x を用いて表示する式

$$y = \frac{\beta x - \sqrt{\alpha\delta + (\beta\beta - \alpha\alpha - \gamma\delta)xx + \alpha\gamma x^4}}{\alpha - \gamma xx}$$

が得られる．これらから

(3)　　$\alpha x - \beta y - \gamma xyy$

　　　　$= \sqrt{\alpha\delta + (\beta\beta - \alpha\alpha - \gamma\delta)yy + \alpha\gamma y^4}$

(4)　　$\alpha y - \beta x - \gamma xyy$

　　　　$= -\sqrt{\alpha\delta + (\beta\beta - \alpha\alpha - \gamma\delta)xx + \alpha\gamma x^4}$

という表示が導かれ，これらを方程式 (2) に代入すると，微分方

程式

(5) $$\frac{dx}{\sqrt{\alpha\delta+(\beta\beta-\alpha\alpha-\gamma\delta)xx+\alpha\gamma x^4}}$$

$$=\frac{dy}{\sqrt{\alpha\delta+(\beta\beta-\alpha\alpha-\gamma\delta)yy+\alpha\gamma y^4}}$$

が生じる. 方程式 (1) はこの微分方程式の積分にほかならない.

計算の続き

いろいろな式の形を簡明に表記するために,

$$\alpha\delta = A,\ \beta\beta-\alpha\alpha-\gamma\delta = C,\ \alpha\gamma = E$$

と置くと,

$$\delta = \frac{A}{\alpha},\ \gamma = \frac{E}{\alpha},\ \beta = \sqrt{C+\alpha\alpha+\frac{AE}{\alpha\alpha}}$$

と表示される. これにより微分方程式 (5) とその積分 (1) の表記が変り, (5) は

(6) $$\frac{dx}{\sqrt{A+Cxx+Ex^4}} = \frac{dy}{\sqrt{A+Cyy+Ey^4}}$$

となり, (1) は

(7) $$\alpha(xx+yy) = \frac{A}{\alpha} + \frac{E}{\alpha}xxyy + 2xy\sqrt{C+\alpha\alpha+\frac{AE}{\alpha\alpha}}$$

となる.（7) は微分方程式 (6) の積分であり, しかも完全積分である.

そこで

$$A = f\alpha\alpha,\ C = g\alpha\alpha,\ E = h\alpha\alpha$$

と置くと, 微分方程式 (6) は

$$\frac{dx}{\sqrt{f+gxx+hx^4}} = \frac{dy}{\sqrt{f+gyy+hy^4}}$$

という形になり，その完全積分方程式 (7) は

$$xx+yy = f+hxxyy+2xy\sqrt{1+g+fh}$$

という形になる．この方程式には未知定量が含まれていないように見えるが，それにもかかわらず完全積分であることをオイラーは指摘した．なぜなら上記の微分方程式の左右両辺の微分式において，留意するべきなのは f, g, h の比率のみだからである．f, g, h の代りに fcc, gcc, hcc と書いても微分方程式が変化することはないが，その積分は

$$xx+yy = fcc+hccxxyy+2xy\sqrt{1+gcc+fhc^4}$$

という形に変る．ここには未知定量 c が含まれていて，この積分は完全である．あるいはまた $cc = \dfrac{ee}{f}$ と置くと，この積分は

$$f(xx+yy) = fee+heexxyy+2xy\sqrt{f(f+gee+he^4)}$$

という形に表示される．

　こうして明らかになったように，微分方程式

$$\frac{dx}{\sqrt{f+gxx+hx^4}} = \frac{dy}{\sqrt{f+gyy+hy^4}}$$

が提示されたとき，y の値は x の代数関数[7] として

$$y = \frac{x\sqrt{1+gcc+fhc^4} \pm c\sqrt{1+gxx+fhx^4}}{1-hccxx}$$

と表示される．あるいはまた，完全積分のもうひとつの形を採用すれば，

---

[7]　加減乗除と「冪根をとる」という 5 種類の演算を施して組立てられる式を指して代数関数と呼んでいる．

$$y = \frac{x\sqrt{f(f+gee+he^4)} \pm e\sqrt{f(f+gxx+hx^4)}}{f-heexx}$$

という表示が得られる．特に $g=0$ の場合を考えると，微分方程式

$$\frac{dx}{\sqrt{f+hx^4}} = \frac{dy}{\sqrt{f+hy^4}}$$

の完全積分は

$$y = \frac{x\sqrt{f(f+he^4)} \pm e\sqrt{f(f+hx^4)}}{f-heexx}$$

と表示される．不定定量 e をさまざまに定めることにより無数の特殊積分が現れる．

m, n は有理数とするとき，微分方程式

$$\frac{mdx}{\sqrt{f+gxx+hx^4}} = \frac{ndy}{\sqrt{f+gyy+hy^4}}$$

の完全代数的積分もまた求められる．

左右両辺の微分式が異なる場合

ここまでのところで取り上げられた微分方程式では，左右両辺に現れる微分式の形が同一であった．完全積分として想定された代数方程式が x と y に関して対称的だったことに起因して，そのような現象が現れたのである．そこでこの限定を取り除き，x, y に関して対称的ではない代数方程式

(8) $$\alpha xx + \beta yy = 2\gamma xy + \delta xxyy + \varepsilon$$

から出発してみよう．この場合，

$$x = \frac{\gamma y + \sqrt{\alpha\varepsilon + (\gamma\gamma - \delta\varepsilon - \alpha\beta)yy + \beta\delta y^4}}{\alpha - \delta yy}$$

および

$$y = \frac{\gamma x - \sqrt{\beta\varepsilon + (\gamma\gamma - \delta\varepsilon - \alpha\beta)xx + \alpha\delta x^4}}{\beta - \delta xx}$$

と表示される．これより

(9)　$\alpha x - \gamma y - \delta xyy = \sqrt{\alpha\varepsilon + (\gamma\gamma - \delta\varepsilon - \alpha\beta)yy + \beta\delta y^4}$,

(10)　$\beta y - \gamma x - \delta xxy = -\sqrt{\beta\varepsilon + (\gamma\gamma - \delta\varepsilon - \alpha\beta)xx + \alpha\delta x^4}$.

これらの表示式を，方程式 (8) を微分して得られる方程式

$$dx(\alpha x - \gamma y - \delta xyy) + dy(\beta y - \gamma x - \delta xxy) = 0$$

に代入すると，微分方程式

$$\frac{dx}{\sqrt{\beta\varepsilon + (\gamma\gamma - \delta\varepsilon - \alpha\beta)xx + \alpha\delta x^4}} = \frac{dy}{\sqrt{\alpha\varepsilon + (\gamma\gamma - \delta\varepsilon - \alpha\beta)yy + \beta\delta y^4}}$$

が現れる．この方程式では，左右両辺の微分式の平方根内の多項式の形が異なっているが，この食い違いが生じた原因は単純で，出発点の代数方程式 (8) において y の代りに $z\sqrt{\dfrac{\alpha}{\beta}}$ を採用するだけで解消されてしまう．

もうひとつの道

　左右両辺に異なる微分式が現れる微分方程式に到達するもうひとつの道が存在する．オイラーの手引きに沿って代数方程式

$$x^4 + 2axxyy + 2bxx = c$$

から出発してみよう．この方程式を微分すると，

$$dx(x^3 + axyy + bx) + axxydy = 0$$

が生じる．これは

$$\frac{dx}{xy} = \frac{-a\,dy}{xx+ayy+b}$$

と表記されるが，まず方程式 $x^4+2axxyy+2bxx=c$ より

$$xy = \sqrt{\frac{c-2bxx-x^4}{2a}}.$$ 次に，同じ方程式を $(xx+ayy+b)^2 = c+(ayy+b)^2$ と変形することにより

$$xx+ayy+b = \sqrt{c+(ayy+b)^2}$$

という表示が得られる．これらを組合わせると，微分方程式

$$\frac{dx\sqrt{2a}}{\sqrt{c-2bxx-x^4}} = \frac{-a\,dy}{\sqrt{c+bb+2abyy+aay^4}}$$

が現れる．提示された方程式 $x^4+2axxyy+2bxx=c$ はこの微分方程式の1個の積分である．それを $y = \dfrac{\sqrt{c-2bxx-x^4}}{x\sqrt{2a}}$ と表記することもできる．

この積分は完全積分ではないが，微分方程式

$$\frac{a\,dy}{\sqrt{c+bb+2abyy+aay^4}} = \frac{a\,dz}{\sqrt{c+bb+2abzz+aaz^4}}$$

の完全積分を併用することにより完全積分を手にすることができる．この後者の微分方程式は，$f=c+bb$, $g=2ab$, $h=aa$ と置くと，前に考察した微分方程式 $\dfrac{dy}{\sqrt{f+gyy+hy^4}} = \dfrac{dz}{\sqrt{f+gzz+hz^4}}$ と同じ形であり，完全積分

$$y = \frac{z\sqrt{(c+bb)(c+bb+2abee+aae^4)} \pm e\sqrt{(c+bb)(c+bb+2abzz+aaz^4)}}{c+bb-aaeezz}$$

が求められる．これは完全積分である．表示式を $y = \dfrac{\sqrt{c-2bxx-x^4}}{x\sqrt{2a}}$ と並列して y を消去すると x と z を連繋

する代数的な方程式が出現する．それが，微分方程式

$$\frac{dx\sqrt{2a}}{\sqrt{c-2bxx-x^4}} = \frac{-adz}{\sqrt{c+bb+2abzz+aaz^4}}$$

の完全積分である．

左右両辺の微分式が同型の場合．一般的考察

　オイラーは左右両辺の微分式が同型の場合に立ち返り，いっそう一般的に考察した．これを言い換えると，出発点として設定する x, y の方程式は x と y に関して対称という限定のもとで，より一般的な形のものを考えるということである．そのような方程式として，オイラーは

(11)　　$0 = \alpha + 2\beta(x+y) + \gamma(xx+yy) + 2\delta xy + 2\varepsilon xy(x+y) + \zeta xxyy$

を提示した．これまでもそうしたように，ここでもまたこの方程式を微分すると，

$$dx(\beta + \gamma x + \delta y + 2\varepsilon xy + \varepsilon yy + \zeta xyy)$$
$$+ dy(\beta + \gamma y + \delta x + 2\varepsilon xy + \varepsilon xx + \zeta xxy) = 0.$$

これより微分方程式

$$\frac{dy}{\beta + \gamma x + \delta y + 2\varepsilon xy + \varepsilon yy + \zeta xyy} = \frac{-dx}{\beta + \gamma x + \delta x + 2\varepsilon xy + \varepsilon xx + \zeta xxy}$$

が得られる．提示された代数方程式を解くと，

$$y = \frac{-\beta - \delta x - \varepsilon xx \pm \sqrt{A + 2Bx + Cxx + 2Dx^3 + Ex^4}}{\gamma + 2\varepsilon x + \zeta xx}$$

と表示される．ここで，

$$\beta\beta - \alpha\gamma = A,\ \beta\delta - \alpha\varepsilon - \beta\gamma = B,$$
$$\delta\delta - \gamma\gamma - \alpha\zeta - 2\beta\varepsilon = C,\ \varepsilon\varepsilon - \gamma\zeta = E,$$
$$\delta\varepsilon - \beta\zeta - \gamma\varepsilon = D$$

と置いた．これより，

$$\beta+\delta x+\varepsilon xx+\gamma y+2\varepsilon xy+\zeta xxy = \pm\sqrt{A+2Bx+Cxx+2Dx^3+Ex^4},$$

$$\beta+\delta y+\varepsilon yy+\gamma x+2\varepsilon xy+\zeta xyy = \mp\sqrt{A+2By+Cyy+2Dy^3+Ey^4},$$

という表示が得られる．

　ここまでの計算を逆にたどると，微分方程式

$$\frac{dx}{\sqrt{A+2Bx+Cxx+2Dx^3+Ex^4}} = \frac{dy}{\sqrt{A+2By+Cyy+2Dy^3+Ey^4}}$$

の完全積分

$$0 = \alpha+2\beta(x+y)+\gamma(xx+yy)+2\delta xy+2\varepsilon xy(x+y)+\zeta xxyy$$

が求められたことになる．6個の係数 $\alpha, \beta, \gamma,\ \delta, \varepsilon, \zeta$ を A, B, C, D, E を用いて定めなければならないが，まず β と ε を方程式

$$\frac{BB(\varepsilon\varepsilon-E)-DD(\beta\beta-A)}{A\varepsilon\varepsilon-E\beta\beta}+\frac{2AD\varepsilon-2BE\beta}{B\varepsilon-D\beta} = C$$

により定め，次に他の4個の係数を

$$\gamma=\frac{A\varepsilon\varepsilon-E\beta\beta}{B\varepsilon-D\beta},\ \alpha=\frac{\beta\beta-A}{\gamma},\ \zeta=\frac{\varepsilon\varepsilon-E}{\gamma},$$

$$\delta=\frac{B\beta(\varepsilon\varepsilon-E)-D\varepsilon(\beta\beta-A)}{A\varepsilon\varepsilon-E\beta\beta},\ \text{あるいは}\ \delta=\gamma+\frac{B+\alpha\varepsilon}{\beta}$$

と順次定めていく．

微分式の平方根内の多項式が3次の場合

　上述の一般定理において特に $B=0,\ C=0,\ E=0$ の場合に着目すると，微分方程式

$$\frac{dx}{\sqrt{A+2Dx^3}} = \frac{dy}{\sqrt{A+2Dy^3}}$$

は完全積分可能であることが明らかになる．なぜなら，この場合，

$$\frac{-DD(\beta\beta-A)}{A\varepsilon\varepsilon}-\frac{2A\varepsilon}{\beta}=0 \text{ , あるいは } \varepsilon=\sqrt[3]{\frac{DD}{2AA}\beta(A-\beta\beta)}$$

となって β と ε が適宜定められ，それらの値を用いて順次 γ, α, ζ が確定するからである．

あるいはまた $B=0, C=0, E=0$ から出発すれば，係数 $\alpha, \beta, \gamma, \delta, \varepsilon, \zeta$ を定める作業はいっそう容易になる．実際，まず $E=0$ より $\zeta=\frac{\varepsilon\varepsilon}{\gamma}$ が与えられる．$B=0$ により $\delta=\gamma+\frac{\alpha\varepsilon}{\beta}$. $C=0$ より $\delta\delta-\gamma\gamma=\alpha\zeta+2\beta\varepsilon$ となる．ここで

$$\delta\delta-\gamma\gamma=\left(\gamma+\frac{\alpha\varepsilon}{\beta}\right)^2-\gamma\gamma=\frac{\alpha^2\varepsilon\varepsilon}{\beta\beta}+\frac{2\alpha\gamma\varepsilon}{\beta},$$

$$\alpha\zeta+2\beta\varepsilon=\frac{\alpha\varepsilon\varepsilon}{\gamma}+2\beta\varepsilon$$

となるから $\frac{\alpha^2\varepsilon\varepsilon}{\beta\beta}+\frac{2\alpha\gamma\varepsilon}{\beta}=\frac{\alpha\varepsilon\varepsilon}{\gamma}+2\beta\varepsilon$.

これより $\varepsilon(\alpha\varepsilon+2\beta\gamma)(\beta\beta-\alpha\gamma)=0$. よって，$\beta\beta=\alpha\gamma$ となるか，あるいは $\alpha\varepsilon\varepsilon+2\beta\gamma\varepsilon=0$ となるかのいずれかであることになるが，$\beta\beta=\alpha\gamma$ とすると $A=0$ となってしまう．また，$\varepsilon=0$ とすると $\zeta=0$ となり，したがって $D=0$ であることになってしまう．それゆえ，$\alpha\varepsilon=-2\beta\gamma$ となる．これより $\alpha=-\frac{2\beta\gamma}{\varepsilon}$, $\delta=\gamma+\frac{\alpha\varepsilon}{\beta}=-\gamma$. これらに $\zeta=\frac{\varepsilon\varepsilon}{\gamma}$ を合せると，

$$A = \beta\beta - \alpha\gamma = \beta\beta + \frac{2\beta\gamma}{\varepsilon} \times \gamma = \beta\beta + \frac{2\beta\gamma\gamma}{\varepsilon},$$

$$D = \delta\varepsilon - \beta\zeta - \gamma\varepsilon = -\gamma\varepsilon - \beta \times \frac{\varepsilon\varepsilon}{\gamma} - \gamma\varepsilon$$

$$= -2\gamma\varepsilon - \frac{\beta\varepsilon\varepsilon}{\gamma}$$

となる．これより $\varepsilon = \dfrac{2\beta\gamma\gamma}{A-\beta\beta}$．また，$\dfrac{\gamma D}{\varepsilon} = -(2\gamma\gamma + \beta\varepsilon)$ および

$2\gamma\gamma + \beta\varepsilon = \dfrac{A\varepsilon}{\beta}$．これより $\dfrac{\gamma D}{\varepsilon} = -\dfrac{A\varepsilon}{\beta}$．よって $\varepsilon\varepsilon = -\dfrac{\beta\gamma D}{A}$．

それゆえ，

$$\frac{4\beta\gamma^3}{(A-\beta\beta)^2} + \frac{D}{A} = 0$$

となる．これにより β,γ が適宜定められ，これらの値により他の係数 $\alpha,\delta,\varepsilon,\zeta$ が定められる．

　考察している微分方程式 $\dfrac{dx}{\sqrt{A+2Dx^3}} = \dfrac{dy}{\sqrt{A+2Dy^3}}$ において，A と D の数値は確定しているわけではなく，それらの比率が一定に保たれているならつねに同一の微分方程式である．そこで先ほど得られた式 $\dfrac{4\beta\gamma^3}{(A-\beta\beta)^2} + \dfrac{D}{A} = 0$ において比 $\dfrac{D}{A}$ を指定すると，この式により A の数値が確定する．だが，それでも γ と β は依然として不定である．そこで $\gamma = -Ac$, $\beta = Dc$ と置くと，$\varepsilon\varepsilon = -\dfrac{\beta\gamma D}{A}$ により $\varepsilon\varepsilon = DDcc$，すなわち $\varepsilon = Dc$ となる．これより

$$\delta = -\gamma = Ac, \; \zeta = \frac{\varepsilon\varepsilon}{\gamma} = \frac{DDcc}{-Ac} = -\frac{DDc}{A},$$

$$\alpha = -\frac{2\beta\gamma}{\varepsilon} = -\frac{2Dc}{Dc} \times (-Ac) = 2Ac$$

と表示される．これで微分方程式

$$\frac{dx}{\sqrt{A+2Dx^3}} = \frac{dy}{\sqrt{A+2Dy^3}}$$

の積分

$$0 = 2A + 2D(x+y) - A(xx+yy) + 2Axy$$

$$+ 2Dxy(x+y) - \frac{DD}{A}xxyy$$

が得られた．この積分は完全ではないが，γ と β を $\gamma = -A$, $\beta = Dcc$ と設定すれば完全積分に到達する．実際，この場合，前と同様に計算を進めて $\varepsilon\varepsilon = DDcc$，したがって $\varepsilon = Dc$ となる．これより $\delta = A$, $\zeta = -\frac{DDcc}{A}$, $\alpha = 2Ac$ が得られて，積分

$$0 = 2Ac + 2Dcc(x+y) - A(xx+yy)$$

$$+ 2Axy + 2Dcxy(x+y) - \frac{DDcc}{A}xxyy$$

に到達する．この積分には任意定量 c が含まれていて，完全である．y を x を用いて表すと，

$$y = \frac{Dcc + Ax + Dcxx \pm \sqrt{c\left(2A + \frac{DD}{A}c^3\right)(A+2Dx^3)}}{A - 2Dcx + \frac{DDcc}{A}xx}$$

となる．

$A = 1,\ D = \dfrac{1}{2}$ の場合

オイラーは $A = 1,\ D = \dfrac{1}{2}$ の場合を取り上げて，微分方程式

$$\frac{dx}{\sqrt{1+x^3}} = \frac{dy}{\sqrt{1+y^3}}$$

のいくつかの特殊積分を書いた．前述の完全積分に含まれる任意定量 c をあらためて $2c$ と表記することにすると，完全積分から分数が除去されて

$$0 = 4c + 4cc(x+y) - xx - yy + 2xy + 2cxy(x+y) - ccxxyy$$

という形になる．あるいはまた y を x を用いて表示すると，

$$y = \frac{2cc + x + cxx \pm 2\sqrt{c(1+c^3)(1+x^3)}}{1 - 2cx + ccxx}$$

という形になる．任意定量 c に特別の数値を指定すると特殊積分が現れる．オイラーは次の三つの特殊積分を挙げた．

Ⅰ． $c = 0$ とすると，$y = x$.

Ⅱ． $c = \infty$ とすると，$y = \dfrac{2 \pm 2\sqrt{1+x^3}}{xx}$.

Ⅲ． $c = -1$ とすると，

$$y = \frac{2 + x - xx}{1 + 2x + xx} = \frac{2 - x}{1 + x}.$$

一般化に向う

微分方程式の形の一般化に向うオイラーの歩みはさらに進み，

$$\frac{mdx}{\sqrt{A+2Bx+Cxx+2Dx^3+Ex^4}} = \frac{ndx}{\sqrt{A+2By+Cyy+2Dy^3+Ey^4}}$$

$$\frac{qdx}{\sqrt{Ax^4+2Bx^3+Cxx+2Dx+E}} = \frac{pdx}{\sqrt{\mathfrak{A}y^4+2\mathfrak{B}y^3+\mathfrak{C}yy+2\mathfrak{D}y+\mathfrak{E}}}$$

という形の微分方程式が取り上げられた．前者の微分方程式には左右両辺の微分式に係数 m, n が伴っている．後者の微分方程式では左右両辺の微分式の形が異なっている．

論文 E 251 の末尾にいくつかの微分方程式とその完全積分が列挙されている．まず微分方程式

$$\frac{dx}{\sqrt{f+gx}} = \frac{dy}{\sqrt{f+gy}}$$

の完全積分は

$$gg(xx+yy) - 2ggxy - 2ccg(x+y) + c^4 - 4ccf = 0$$

である．次に，微分方程式

$$\frac{dx}{\sqrt{f+gxx}} = \frac{dy}{\sqrt{f+gyy}}$$

の完全積分は

$$xx + yy - 2xy\sqrt{1+fgcc} - ccff = 0$$

である．微分方程式

$$\frac{dx}{\sqrt{f+gx^3}} = \frac{dy}{\sqrt{f+gy^3}}$$

の完全積分は

$$f(xx+yy) + \frac{ggcc}{4f}xxyy - gcxy(x+y)$$

$$-2fxy - gcc(x+y) - 2fc = 0$$

である．微分方程式

$$\frac{dx}{\sqrt{f+gx^4}} = \frac{dy}{\sqrt{f+gy^4}}$$

の完全積分は

$$f(xx+yy)-fcc-gccxxyy-2xy\sqrt{f(1+gc^4)}=0$$

である．微分方程式

$$\frac{dx}{\sqrt{fx+gx^4}}=\frac{dy}{\sqrt{fy+gy^4}}$$

の完全積分は

$$gg(xx+yy)-4ggcxxyy-4fgccxy(x+y)$$
$$-2ggxy-2fgc(x+y)+ffcc=0$$

である．最後にオイラーは微分方程式

$$\frac{dt}{\sqrt{f+gt^6}}=\frac{du}{\sqrt{f+gu^6}}$$

を取り上げて，その完全積分

$$gg(t^4+u^4)-4ggct^4u^4-4fgccttuu(tt+uu)$$
$$-2ggttuu-2fgc(tt+uu)+ffcc=0$$

を書き下した．任意定量 c として $c=\infty$ の場合を考えると，特殊積分

$$4gttuu(tt+uu)=f$$

が生じる．

オイラーの楕円関数論の回想

18世紀の半ば，レムニスケート曲線の線素に淵源する微分方程式 $\dfrac{dx}{\sqrt{1-x^4}}=\dfrac{dy}{\sqrt{1-y^4}}$ の代数的積分を探索して行き詰まっていたオイラーは，レムニスケート曲線の弧長に関するあれこれを論じるファニャノの諸論文に触発されて，眼前の壁を乗り越えることができた．ファニャノは微分方程式に関心を寄せてい

たわけではないが，ファニャノの論文集の中に $x = -\sqrt{\dfrac{1-y^2}{1+y^2}}$ という等式があり，オイラーの目にはそれが微分方程式 $\dfrac{dx}{\sqrt{1-x^4}} = \dfrac{dy}{\sqrt{1-y^4}}$ の 1 個の特殊積分 $x^2 y^2 + x^2 + y^2 - 1 = 0$ と映じたのである．ファニャノはレムニスケート曲線の等分点の探索に関心を寄せ，2 等分点，3 等分点，それに 5 等分点の幾何学的作図[8]に成功した．オイラーもまた独自にファニャノの足跡をたどりなおし，n 倍弧を知って $n+1$ 倍弧を知るという公式[9]の発見に到達した．

　微分方程式 $\dfrac{dx}{\sqrt{1-x^4}} = \dfrac{dy}{\sqrt{1-y^4}}$ の完全代数的積分 $x^2 + y^2 + c^2 x^2 y^2 = c^2 + 2xy\sqrt{1-c^4}$ にはレムニスケート積分の加法定理が包摂されていることを，オイラーは発見した．微分方程式という主要な関心事から派生しためざましい事実であり，これを踏まえれば n 倍弧を知って $n+1$ 倍弧を知るという公式はやすやす導かれる．ファニャノに示唆をうけて進むべき道を見出だしたオイラーはファニャノをこえてはるかに遠い地点まで歩を進めたが，後年のガウスやアーベルがそうしたように，一般に n 等分方程式を書き下してその代数的可解性を考察するという方向に進むことはなかった．オイラーの微分方程式論の視点に立てばレムニスケート積分の加法定理はいわば副産物であり，オイラーが一貫して関心を寄せていたのはどこまでも微分方程式なのであった．

---

[8]　定規とコンパスのみを用いて等分点を指定することと言い換えられる．

[9]　定理 4（213 頁）参照．

　オイラー以降に提案された語法によればレムニスケート積分は
第1種の楕円積分であり，楕円の弧長積分は第2種の楕円積分
である．楕円積分の名に該当する積分は微積分が発見された当
初からここかしこに現れている．だが，楕円関数論の名に相応し
い理論が誕生するためには理論形成の可能性を内包する萌芽の発
見が必要である．レムニスケート積分の加法定理は十分にその役
割を担い，ガウスとアーベルの手に継承されて今に続く楕円関数
論の礎石になったのである．

索　引

■数字

5 等分方程式　212

■かな

あ

アーベルの級数変形法　47
一般弧の 2 等分方程式　209

か

解析的不変量　34
関数 Λ の変換公式　71
基本解　87, 128
基本置換　30
クロネッカーの青春の夢　1
原始 2 次形式　83

さ

最愛の青春の夢　1
周期　106
主等式　141
主方程式　23, 169
『数論講義』　88
数論的同値性　34
正式な 1 次変換　90
正式に同値　34

た

第 1 の変換公式　27
第 2 の変換公式　28
第 2 種楕円積分　185

第 3 の変換公式　28
代数関数　243
注目すべき関係式　80
テータ関数　6
テータ関数の変換方程式　61
（正式）同値　84

は

倍角の公式　222
判別式　83
判別式タイプの数　84
判別式 D に対応する基本判別式　84
被約形式　105
ペルの方程式　96
変換公式　60

や

ヤコビ – ディリクレの記号　138

ら

隣接形式　105
類　84
類数　106
ルジャンドルの記号　110
レムニスケート　196
レムニスケート積分の加法定理　236
レムニスケートの 2 等分方程式　201
レムニスケートの 3 等分方程式　207
レムニスケートの 4 等分方程式　206

著者紹介：

高瀬 正仁（たかせ・まさひと）

昭和26年（1951年），群馬県勢多郡東村（現在みどり市）に生れる．数学者・数学史家．専門は多変数関数論と近代数学史．2009年度日本数学会賞出版賞受賞．

著書：

『双書⑪・大数学者の数学／アーベル（前編）不可能の証明へ』．現代数学社，2014年．
『双書⑯・大数学者の数学／アーベル（後編）楕円関数論への道』．現代数学社，2016年．
『双書⑰・大数学者の数学／フェルマ　数と曲線の真理を求めて』．現代数学社，2019年．
『数論のはじまり フェルマからガウスへ』．日本評論社，2019年．
『リーマンに学ぶ複素関数論　1変数複素解析の源流』．現代数学社，2019年．
『岡潔 多変数解析関数論の造形』．東京大学出版会，2020年．
『クンマー先生のイデアル論　数の神秘を求めて』．現代数学社，2021年．
『評伝 岡潔 —星の章』．筑摩書房，2021年．
『評伝 岡潔 —花の章』．筑摩書房，2022年．
『楕円関数論① アイゼンシュタイン』．現代数学社，2022年．　　　　他多数

双書24・大数学者の数学　クロネッカー①／青春の夢と楕円関数
楕円関数論2

2023年9月21日　　初版第1刷発行

著　　者　　高瀬正仁

発 行 者　　富田　淳

発 行 所　　株式会社　現代数学社
　　　　　　〒606-8425　京都市左京区鹿ヶ谷西寺ノ前町1
　　　　　　TEL 075 (751) 0727　FAX 075 (744) 0906
　　　　　　https://www.gensu.co.jp/

装　　幀　　中西真一（株式会社 CANVAS）

印刷・製本　　亜細亜印刷株式会社

ISBN978-4-7687-0615-2　　　　2023　Printed in Japan